建筑工程工程量清单计价

主　编　顾连胜　熊　燕

副主编　王振华　胡明华　范　珉

参　编　汤蒂莲　邵炜星　鲁圣鹏

　　　　李雪芹　袁志华

北京理工大学出版社

BEIJING INSTITUTE OF TECHNOLOGY PRESS

内 容 提 要

本书按照高等院校人才培养目标以及专业教学改革的需要，依据最新建筑工程工程量清单计价规范进行编写。全书共分为六章，主要内容包括建筑工程造价基本知识、建设工程定额、建筑面积计算、建筑工程工程量计算、建筑工程计价、工程价款结算和竣工决算等。

本书可作为高等院校土木工程类相关专业的教材，也可作为函授和自考辅导用书，还可供建筑工程施工现场相关技术和管理人员工作时参考使用。

图书在版编目（CIP）数据

建筑工程工程量清单计价 / 顾连胜，熊燕主编.—北京：北京理工大学出版社，2017.7

ISBN 978-7-5682-4215-8

Ⅰ.①建…　Ⅱ.①顾…　②熊…　Ⅲ.①建筑工程－工程造价－高等学校－教材　Ⅳ.①TU723.3

中国版本图书馆CIP数据核字(2017)第145121号

出版发行 / 北京理工大学出版社有限责任公司

社　　　址 / 北京市海淀区中关村南大街5号

邮　　　编 / 100081

电　　　话 / （010）68914775（总编室）

　　　　　　（010）82562903（教材售后服务热线）

　　　　　　（010）68948351（其他图书服务热线）

网　　　址 / http://www.bitpress.com.cn

经　　　销 / 全国各地新华书店

印　　　刷 / 北京紫瑞利印刷有限公司

开　　　本 / 787毫米×1092毫米　1/16

印　　　张 / 18.5　　　　　　　　　　　　　　责任编辑 / 高　芳

字　　　数 / 438千字　　　　　　　　　　　　文案编辑 / 赵　轩

版　　　次 / 2017年7月第1版　2017年7月第1次印刷　　责任校对 / 周瑞红

定　　　价 / 58.00元（含配套工程图）　　　　　责任印制 / 边心超

前　言

在经济建设迅速发展的今天，建筑市场也呈现蒸蒸日上的发展趋势。自《建设工程工程量清单计价规范》（GB 50500—2013）颁布实施以来，建筑行业一片繁荣，相应的建筑业所需求的造价工作者也在增多，建筑市场对造价工作者的要求也越来越高。为适应这一变化，作者选取典型案例，详细且系统地讲解了建筑工程工程量计算以及清单报价的编制填写方法。

本书与同类书相比，主要具有以下特点：

（1）实际操作性强。书中所有工程量计算的案例均以同一工程为基础进行编制，讲解实际操作中的有关问题及解决方法，便于提高读者的实际操作水平。

（2）将《房屋建筑与装饰工程工程量计算规范》（GB 50854—2013）与地区定额进行对比讲解，便于读者掌握工程量计算规则及综合单价的确定方法。

（3）在内容结构上，每章前面都有学习要求，每章后面均有本章小结和思考题，使学生在学习前对要讲的内容和要求有所了解，便于读者自学和巩固知识。

全书共分为六章，主要介绍了工程量清单计价的基本概念和基本原理、建筑工程定额原理及其应用、工程造价的构成，重点对建筑安装工程费用的构成及计算、建筑面积的计算、工程量清单的编制和工程量清单计价的实际操作进行了详细的讲述，同时也对工程价款结算和竣工决算等问题进行了详细阐述。

本书由顾连胜、熊燕担任主编，王振华、胡明华、范珉担任副主编，汤蒂莲、邵炜星、鲁圣鹏、李雪芹、袁志华参与了本书部分章节的编写工作。具体编写分工为：第1章由顾连胜编写，第2章、第3章由熊燕编写，第4章由顾连胜、王振华编写，第5章由范珉编写，第6章由胡明华编写，本书中图片、案例、例题由汤蒂莲、邵炜星、鲁圣鹏、李雪芹、袁志华共同编写。

本书编写过程中参考了大量同类专著和教材，书中直接或间接引用了参考文献所列图书中的部分内容，在此一并表示感谢。

本书既可以作为高等院校工程管理、土木工程等相关专业的教材，也可以作为建设单位、施工单位、设计及监理单位工程造价人员工作时的参考资料。

由于编者水平有限，书中难免有不当之处，恳请读者批评指正。

编　者

目 录

第1章 建筑工程造价基本知识

学习要求

(1)掌握建设项目的基本概念及其划分；

(2)熟悉建设项目建设程序及其与造价之间的对应关系；

(3)掌握工程造价的基本概念及其构成；

(4)熟悉工程造价的计价特点；

(5)了解"营改增"的有关知识。

1.1 建设项目概述

1.1.1 建设项目的概念与特点

建设项目一般是指在一个总体设计的范围内，在一定的约束条件下(时间、资源、质量)，经济上实行独立核算，管理上具有独立组织形式的基本建设单位。其特点包括以下几个方面：

(1)在一个总体设计的范围内，既包括主体工程，又包括配套工程，由一个或几个相互关联的单项工程组成。

(2)在一定的约束条件下(时间、资源、质量)，以形成固定资产为特定目标。

(3)经济上实行独立核算，管理上具有独立组织形式。

只要满足以上特点就是建设项目，如一所学校、一个住宅小区、一所工厂等。

1.1.2 建设项目的划分

为了准确地计算建设项目的造价，必须对整个建设项目进行分解，划分为更便于计算的基本单元。工程建设项目按其组成内容的不同，可分为单项工程、单位工程、分部工程和分项工程。

（1）单项工程是建设项目的组成部分，一般是指具有独立的设计文件，在竣工投产后可以独立发挥工程效益或设计生产能力的项目，如教学楼、食堂、办公楼等。

（2）单位工程是单项工程的组成部分，是指具有独立设计文件，可以独立组织施工，但建成后一般不能独立发挥生产能力和使用效益的工程，如土建工程、装饰工程、电气照明工程、给水排水工程、设备安装工程等。

（3）分部工程是单位工程的组成部分，是指在一个单位工程中，按照工程的不同部位，由不同工种的工人用不同工具和材料完成的工程，如土石方工程、桩基础工程、砌筑工程、混凝土及钢筋混凝土工程等。

（4）分项工程是分部工程的组成部分，是指在一个分部工程中，按不同的施工方法、不同的材料和规格所划分的施工分项工程，如混凝土及钢筋混凝土分部工程中的带形基础、独立基础、满堂基础、设备基础、矩形柱、异形柱等。

1.2　建设项目建设程序

建设程序是指建设过程中各项工作必须遵循的先后顺序。

目前，我国建设项目的建设程序一般划分为前期决策阶段、勘察设计阶段、建设准备阶段、施工阶段、竣工验收阶段和项目后评价阶段。

1.2.1　前期决策阶段

前期决策阶段是项目建设的最初阶段，主要包括编制项目建议书和编制可行性研究报告两项工作。

（1）编制项目建议书。项目建议书是要求建设某一具体项目的建议文件，是投资决策前对拟建项目的轮廓设想，其主要作用是为了推荐拟建项目，以便在一个确定的地区内，以自然资源和市场预测为基础，选择建设项目。

（2）编制可行性研究报告。可行性研究是指在项目建议书被批准后，对项目在技术上和经济上是否可行所进行的科学分析和论证，其最终成果为可行性研究报告。

可行性研究报告经有关部门批准后，作为确定建设项目、编制设计文件的依据，不得随意修改和变更，如有变更应经原批准部门同意。

1.2.2　勘察设计阶段

（1）勘察阶段。勘察阶段主要是根据建设工程的要求，对拟建场地的水文地质等进行实地调查和勘探，编制建设工程勘察报告，为建设项目的设计提供准确的地质资料。

（2）设计阶段。建设项目设计是指根据建设项目的要求，对建设项目所需的技术、经济、资源、环境等条件进行综合分析、论证，编制建设项目设计文件的活动。在设计阶段，利用设计方案比选和设计方案的优化，将会节省大量的施工变更费用。

设计过程一般可分为初步设计阶段和施工图设计阶段。但对于大型的、复杂的项目，可根据不同的行业特点和需要，在初步设计阶段后增加技术设计阶段。

1.2.3 建设准备阶段

为了保证工程按期开工并顺利进行，在开工建设前必须做好各项准备工作。这一阶段的准备工作主要包括：征地，拆迁，七通一平，通过招标投标选择施工单位、监理单位、材料供应商、设备供应商，办理施工许可证等。

1.2.4 施工阶段

在施工阶段，承包商按照设计进行施工，建成工程实体，实现项目质量、进度、投资、安全、环保等目标。

1.2.5 竣工验收阶段

当工程项目按合同要求全部完成后，由施工单位向建设单位提出竣工验收申请报告，建设单位组织验收。竣工验收是全面考核建设成果、检验设计和工程质量的重要步骤，也是建设项目投入生产和使用的标志。

1.2.6 项目后评价阶段

项目后评价是在项目竣工投产运营一段时间后，对项目的立项决策、设计施工、竣工投产、生产运营和建设效益等进行系统评价的一种技术活动。项目后评价主要从影响评价、经济效益评价和过程评价三个方面进行。

1.3 建筑工程造价概述

1.3.1 工程造价的概念

工程造价通常是指工程建设预计或实际支出的费用。由于所站的角度不同，工程造价有两种不同的含义。

第一种含义：从投资者（业主）的角度分析，工程造价是指建设一项工程预期开支或实际开支的全部固定资产投资费用。投资者在建设过程中所花费的全部费用，就构成了工程造价。从这个意义上讲，建设工程造价就是建设工程项目固定资产的总投资。

第二种含义：从市场交易的角度分析，工程造价是指为建成一项工程，预计或实际在工程发承包交易活动中所形成的建筑安装工程费用或建设工程总费用。显然，工程造价的第二种含义是指以建设工程这种特定的商品形式作为交易对象，通过招标投标或其他交易方式，在进行多次预估的基础上，最终由市场形成的价格。它是由需求主体（投资者）和供给主体(承包商)共同认可的价格。这一含义又因工程承发包方式及管理模式不同，故价格内容也不尽相同。

工程造价的两种含义实质上就是从不同角度把握同一事物的本质。对市场经济条件下的投资者来说，工程造价就是项目投资，是"购买"工程项目要付出的价格；同时，工程造价也是投资者作为市场供给的主体，"出售"工程项目时确定价格和衡量投资经济效益的尺度。对勘察、设计、施工、监理、材料设备供应商及咨询等机构来说，工程造价是他们作为市场主体出售商品和劳务价格的总和，或者是特指范围的工程造价。

1.3.2 工程计价的特征

工程项目的特点决定工程计价具有以下特征：

(1)计价的单件性。不同的建筑工程，在功能、规模、结构类型、材料设备、选址等方面不尽相同，这些特点决定了每项工程都必须单独计算造价。

(2)计价的多次性。工程项目周期长、规模大、造价高等特点，决定了工程项目需要按一定的建设程序进行决策和实施，相应地，工程计价也要分阶段多次进行。多次计价是逐步深化、逐步细化、逐步接近实际工程造价的过程。工程多次计价过程示意图如图1-1所示。

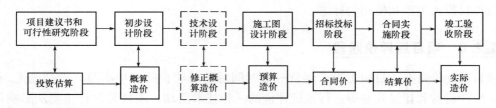

图1-1 工程多次计价过程示意图

1)投资估算：是指在项目建议书和可行性研究阶段通过编制估算文件预先测算和确定的工程造价。投资估算是建设项目进行决策、筹集资金和合理控制造价的主要依据。

2)设计概算：是指在初步设计阶段，根据设计意图，通过编制设计概算文件预先测算和确定的工程造价。与投资估算造价相比，设计概算造价的准确性有所提高，但受估算造价的控制。

3)修正概算：是指在技术设计阶段，根据技术设计的要求，通过编制修正概算文件预先测算和确定的工程造价。修正概算是对设计概算造价的修正和调整，比设计概算准确，但受设计概算造价控制。

4)工程预算：是指在施工图设计阶段，根据施工图纸，通过编制预算文件预先测算和确定的工程造价。预算造价比设计概算或修正概算更为详尽和准确，但同样受设计概算或修正概算的控制。

5)合同价：是指在工程发承包阶段通过签订承包合同所确定的价格。合同价属市场价格，是由发承包双方根据市场行情通过招标投标等方式达成一致、共同认可的成交价格，但合同价不等同于最终结算的实际工程造价。

6)中间结算：是指在工程施工过程和竣工验收阶段，按合同约定的调价范围和调价方法，对实际发生的工程量增减、材料价差等进行调整后计算和确定的价格，反映的是工程的实际造价。

7) 竣工决算：是指在竣工决算阶段，以实物数量和货币指标未计量单位，综合反映竣工项目从筹建到项目竣工交付使用所发生的全部建设费用。

（3）计价的组合性。建设项目的组合性决定了工程计价的组合性。工程造价的组合过程是：首先通过计算确定各分部分项工程造价，将所有分部分项工程造价汇总形成单位工程造价，再将所有单位工程造价汇总形成单项工程造价，最后将所有单项工程造价汇总形成建设工程总造价。

（4）计价方法的多样性。工程项目的多次计价有其各不相同的计价依据，而且每次计价的深度要求不同，由此决定了计价方法的多样性。例如，投资估算方法有设备系数法、生产能力指数估算法等；设计概算的方法有概算定额法、概算指标法和类似工程概算法；预算造价的方法有单价法和实物法等。不同的方法有不同的适用条件，计价时应根据具体情况加以选择。

（5）计价依据的复杂性。由于影响工程造价的因素较多，因此计价依据也具有复杂性。计价依据主要包括：设备和工程量的计算依据；人工、材料、机械等实物消耗量的计算依据；工程单价的计算依据，设备单价的计算依据；计算各种费用的依据；政府规定的税费文件和物价指数、工程造价指数等。

1.3.3 建设项目总投资及工程造价的构成

建设项目总投资包括固定资产投资和流动资产投资两部分。建设项目总投资中的固定资产投资（即工程造价）由建筑安装工程费用、设备及工器具购置费用、工程建设其他费用、预备费、建设期贷款利息和固定资产投资方向调节税构成。具体构成如图 1-2 所示。

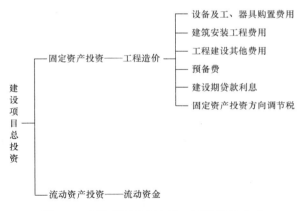

图 1-2　建设项目总投资及工程造价的构成

1.3.4 建筑安装工程费用的内容、组成及参考计算方法

我国现行的建筑安装工程费用项目组成按最新住房和城乡建设部、财政部"关于印发《建筑安装工程费用项目组成》的通知〔建标（2013）44 号〕"的规定执行。

（1）建筑安装工程费用的内容。在工程建设中，建筑安装工程是创造价值的活动。建筑安装工程费用作为建筑安装工程价值的货币表现，也被称为建筑安装工程造价，由建筑工程费用和安装工程费用两部分构成。

1）建筑工程费用的内容。

①各类房屋建筑工程和列入房屋建筑工程预算的供水、供暖、卫生、通风、燃气等设备费用及其装饰、油饰工程的费用，列入建筑工程预算的各种管道、电力、电信和电缆导线敷设工程的费用。

②设备基础、支柱、工作台、烟囱、水池、水塔等建筑工程，以及各种炉窑的砌筑工程和金属结构工程的费用。

③矿井开凿、井巷延伸、露天矿剥离，石油、天然气钻井，修建铁路、公路、桥梁、水库、堤坝、灌渠及防洪等工程的费用。

④为施工而进行的场地平整和水文地质勘察费用，原有建筑物和障碍物的拆除及施工临时用水、电、气、路和完工后的场地清理、环境绿化、美化等工作的费用。

2）安装工程费用的内容。

①生产、动力、起重、运输、传动和医疗、试验等各种需要安装的机械设备的装配费用，与设备相连的工作平台、梯子、栏杆等设施的工程费用，附属于安装设备的管线敷设工程费用，以及安装设备的绝缘、防腐、保温、油漆等工作的材料费用和安装费用。

②对单台设备进行单机试运转，对系统设备进行系统联动无负荷试运转工作的调试费用。

（2）建筑安装工程费用的组成及参考计算方法（按费用构成要素划分）。建筑安装工程费按照费用构成要素划分，由人工费、材料（包含工程设备，下同）费、施工机具使用费、企业管理费、利润、规费和税金组成。其中，人工费、材料费、施工机具使用费、企业管理费和利润包含在分部分项工程费、措施项目费、其他项目费中，如图 1-3 所示。

1）人工费：是指按工资总额构成规定，支付给从事建筑安装工程施工的生产工人和附属生产单位工人的各项费用。其内容包括：

①计时工资或计件工资：是指按计时工资标准和工作时间或对已做工作按计件单价支付给个人的劳动报酬。

②奖金：是指对超额劳动和增收节支支付给个人的劳动报酬，如节约奖、劳动竞赛奖等。

③津贴补贴：是指为了补偿职工特殊或额外的劳动消耗和由于其他特殊原因支付给个人的津贴，以及为了保证职工工资水平不受物价影响支付给个人的物价补贴，如流动施工津贴、特殊地区施工津贴、高温（寒）作业临时津贴、高空津贴等。

④加班加点工资：是指按规定支付的在法定节假日工作的加班工资和在法定日工作时间外延时工作的加点工资。

⑤特殊情况下支付的工资：是指根据国家法律、法规和政策规定，因病、工伤、产假、计划生育假、婚丧假、事假、探亲假、定期休假、停工学习、执行国家或社会义务等原因按计时工资标准或计时工资标准的一定比例支付的工资。

人工费的参考计算方法：

$$人工费 = \sum（工日消耗量 \times 日工资单价）$$

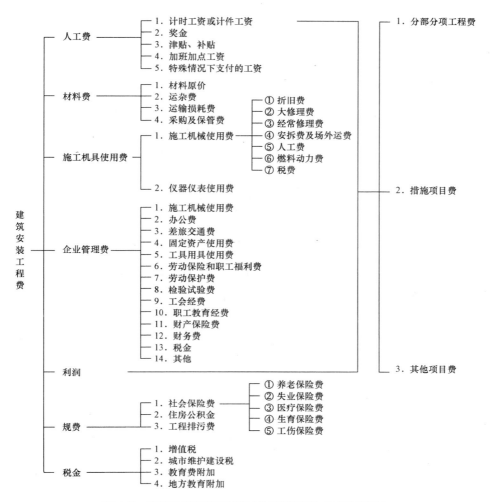

图 1-3 建筑安装工程费用组成(按费用构成要素划分)

$$日工资单价=\frac{生产工人平均月工资(计时计件)+平均月(奖金+津贴补贴+特殊情况下支付的工资)}{年平均每月法定工作日}$$

2)材料费:是指施工过程中耗费的原材料、辅助材料、构配件、零件、半成品或成品、工程设备的费用。其内容包括:

①材料原价:是指材料、工程设备的出厂价格或商家供应价格。

②运杂费:是指材料、工程设备自来源地运至工地仓库或指定堆放地点所发生的全部费用。

③运输损耗费:是指材料在运输装卸过程中不可避免的损耗。

④采购及保管费:是指为组织采购、供应和保管材料、工程设备的过程中所需要的各项费用。其包括采购费、仓储费、工地保管费、仓储损耗。

材料费的参考计算方法:

$$材料费=\sum(材料消耗量\times材料单价)$$

$$材料单价=\{(材料原价+运杂费)\times[1+运输损耗率(\%)]\}\times[1+采购保管费费率(\%)]$$

工程设备是指构成或计划构成永久工程一部分的机电设备、金属结构设备、仪器装置及其他类似的设备和装置。

工程设备的参考计算方法：

$$工程设备费 = \sum (工程设备量 \times 工程设备单价)$$

$$工程设备单价 = (设备原价 + 运杂费) \times [1 + 采购保管费费率(\%)]$$

3）施工机具使用费：是指施工作业所发生的施工机械、仪器仪表使用费或其租赁费。

①施工机械使用费：以施工机械台班耗用量乘以施工机械台班单价表示，施工机械台班单价应由下列七项费用组成：

a. 折旧费：是指施工机械在规定的使用年限内，陆续收回其原值的费用。

b. 大修理费：是指施工机械按规定的大修理间隔台班进行必要的大修理，以恢复其正常功能所需的费用。

c. 经常修理费：是指施工机械除大修理以外的各级保养和临时故障排除所需的费用。包括为保障机械正常运转所需替换设备与随机配备工具附具的摊销和维护费用，机械运转中日常保养所需润滑与擦拭的材料费用及机械停滞期间的维护和保养费用等。

d. 安拆费及场外运费：安拆费是指施工机械（大型机械除外）在现场进行安装与拆卸所需的人工、材料、机械和试运转费用以及机械辅助设施的折旧、搭设、拆除等费用；场外运费是指施工机械整体或分体自停放地点运至施工现场或由一施工地点运至另一施工地点的运输、装卸、辅助材料及架线等费用。

e. 人工费：是指机上司机（司炉）和其他操作人员的人工费。

f. 燃料动力费：是指施工机械在运转作业中所消耗的各种燃料及水、电等。

g. 税费：是指施工机械按照国家规定应缴纳的车船使用税、保险费及年检费等。

施工机械使用费的参考计算方法：

$$施工机械使用费 = \sum (施工机械台班消耗量 \times 机械台班单价)$$

机械台班单价 = 台班折旧费 + 台班大修费 + 台班经常修理费 + 台班安拆费及场外运费 + 台班人工费 + 台班燃料动力费 + 台班车船税费

②仪器仪表使用费：是指工程施工所需使用的仪器仪表的摊销及维修费用。

仪器仪表使用费的参考计算方法：

$$仪器仪表使用费 = 工程使用的仪器仪表摊销费 + 维修费$$

4）企业管理费：是指建筑安装企业组织施工生产和经营管理所需的费用。其内容包括：

①管理人员工资：是指按规定支付给管理人员的计时工资、奖金、津贴补贴、加班加点工资及特殊情况下支付的工资等。

②办公费：是指企业管理办公用的文具、纸张、账表、印刷、邮电、书报、办公软件、现场监控、会议、水电、烧水和集体取暖降温（包括现场临时宿舍取暖降温）等费用。

③差旅交通费：是指职工因公出差、调动工作的差旅费、住勤补助费，市内交通费和误餐补助费，职工探亲路费，劳动力招募费，职工退休、退职一次性路费，工伤人员就医路费，工地转移费以及管理部门使用的交通工具的油料、燃料等费用。

④固定资产使用费：是指管理和试验部门及附属生产单位使用的属于固定资产的房屋、设备、仪器等的折旧、大修、维修或租赁费。

⑤工具用具使用费：是指企业施工生产和管理使用的不属于固定资产的工具、器具、家具、交通工具和检验、试验、测绘、消防用具等的购置、维修和摊销费。

⑥劳动保险和职工福利费：是指由企业支付的职工退职金、按规定支付给离休干部的经费、集体福利费、夏季防暑降温、冬季取暖补贴、上下班交通补贴等。

⑦劳动保护费：是指企业按规定发放的劳动保护用品的支出。如工作服、手套、防暑降温饮料以及在有碍身体健康的环境中施工的保健费用等。

⑧检验试验费：是指施工企业按照有关标准规定，对建筑以及材料、构件和建筑安装物进行一般鉴定、检查所发生的费用，包括自设试验室进行试验所耗用的材料等费用。不包括新结构、新材料的试验费，对构件做破坏性试验及其他特殊要求检验试验的费用和建设单位委托检测机构进行检测的费用，对此类检测发生的费用，由建设单位在工程建设其他费用中列支。但对施工企业提供的具有合格证明的材料进行检测不合格的，该检测费用由施工企业支付。

⑨工会经费：是指企业按《工会法》规定的全部职工工资总额比例计提的工会经费。

⑩职工教育经费：是指按职工工资总额的规定比例计提，企业为职工进行专业技术和职业技能培训，专业技术人员继续教育、职工职业技能鉴定、职业资格认定以及根据需要对职工进行各类文化教育所发生的费用。

⑪财产保险费：是指施工管理用财产、车辆等的保险费用。

⑫财务费：是指企业为施工生产筹集资金或提供预付款担保、履约担保、职工工资支付担保等所发生的各种费用。

⑬税金：是指企业按规定缴纳的房产税、车船使用税、土地使用税、印花税等。

⑭其他：包括技术转让费、技术开发费、投标费、业务招待费、绿化费、广告费、公证费、法律顾问费、审计费、咨询费、保险费等。

企业管理费的参考计算方法如下。

以分部分项工程费为计算基础：

$$企业管理费费率(\%) = \frac{生产工人年平均管理费}{年有效施工天数 \times 人工单价} \times 人工费占分部分项工程费比例(\%)$$

以人工费和机械费合计为计算基础：

$$企业管理费费率(\%) = \frac{生产工人年平均管理费}{年有效施工天数 \times (人工单价 + 每一工日机械使用费)} \times 100\%$$

以人工费为计算基础：

$$企业管理费费率(\%) = \frac{生产工人年平均管理费}{年有效施工天数 \times 人工单价} \times 100\%$$

5)利润：是指施工企业完成所承包工程获得的盈利。

利润的参考计算方法有两种：第一种是施工企业根据企业自身需求并结合建筑市场实际自主确定，列入报价中；第二种是工程造价管理机构在确定计价定额中利润时，应以定额人工费或(定额人工费+定额机械费)作为计算基数，其费率根据历年工程造价积累的资料，并结合建筑市场实际确定，以单位(单项)工程测算，利润在税前建筑安装工程费的比重可按不低于5%且不高于7%的费率计算。利润应列入分部分项工程和措施项目中。

6)规费：是指按国家法律、法规规定，由省级政府和省级有关权力部门规定必须缴纳或计取的费用。其内容包括：

①社会保险费。

a. 养老保险费：是指企业按照规定标准为职工缴纳的基本养老保险费。

b. 失业保险费：是指企业按照规定标准为职工缴纳的失业保险费。

c. 医疗保险费：是指企业按照规定标准为职工缴纳的基本医疗保险费。

d. 生育保险费：是指企业按照规定标准为职工缴纳的生育保险费。

e. 工伤保险费：是指企业按照规定标准为职工缴纳的工伤保险费。

②住房公积金：是指企业按规定标准为职工缴纳的住房公积金。

③工程排污费：是指按规定缴纳的施工现场工程排污费。

其他应列而未列入的规费，按实际发生计取。

社会保险费和住房公积金应以定额人工费为计算基础，根据工程所在地省、自治区、直辖市或行业建设主管部门规定费率计算。

$$社会保险费和住房公积金 = \sum（工程定额人工费 \times 社会保险费和住房公积金费率）$$

7)税金：是指国家税法规定的应计入建筑安装工程造价内的增值税、城市维护建设税、教育费附加以及地方教育附加。

(3)建筑安装工程费用组成及参考计算方法（按造价形成划分）。建筑安装工程费按照工程造价形成由分部分项工程费、措施项目费、其他项目费、规费、税金组成。分部分项工程费、措施项目费、其他项目费包含人工费、材料费、施工机具使用费、企业管理费和利润，如图 1-4 所示。

1)分部分项工程费：是指各专业工程的分部分项工程应予列支的各项费用。

①专业工程：是指按现行国家计量规范划分的房屋建筑与装饰工程、仿古建筑工程、通用安装工程、市政工程、园林绿化工程、矿山工程、构筑物工程、城市轨道交通工程、爆破工程等各类工程。

②分部分项工程：是指按现行国家计量规范对各专业工程划分的项目，如房屋建筑与装饰工程划分的土石方工程、地基处理与边坡支护工程、桩基工程、砌筑工程、混凝土及钢筋混凝土工程等。

各类专业工程的分部分项工程划分见现行国家或行业计量规范。

分部分项工程费的参考计算方法：

$$分部分项工程费 = \sum（分部分项工程量 \times 综合单价）$$

式中，综合单价包括人工费、材料费、施工机具使用费、企业管理费和利润以及一定范围的风险费用。

2)措施项目费：是指为完成建设工程施工，发生于该工程施工前和施工过程中的技术、生活、安全、环境保护等方面的费用。其内容包括：

①安全文明施工费：是指在合同履行过程中，承包人按照国家法律、法规、标准等规定，为保证安全施工、文明施工，保护现场内外环境和搭拆临时设施等所采用的措施而发生的费用。

a. 环境保护费：是指施工现场为达到环保部门要求所需要的各项费用。

b. 文明施工费：是指施工现场文明施工所需要的各项费用。

c. 安全施工费：是指施工现场安全施工所需要的各项费用。

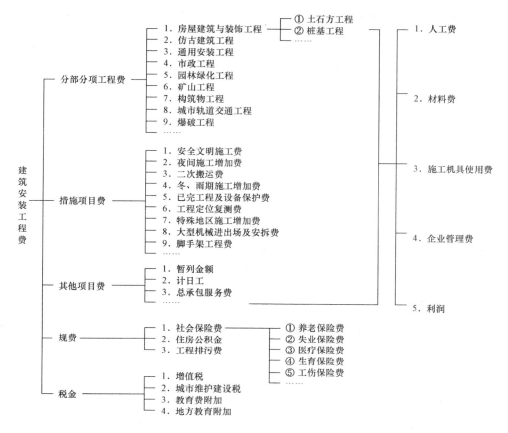

图 1-4　建筑安装工程费用组成(按造价形成划分)示意图

　　d. 临时设施费：是指施工企业为进行建设工程施工所必须搭设的生活和生产用的临时建筑物、构筑物和其他临时设施费用。其包括临时设施的搭设、维修、拆除、清理费或摊销费等。

　　②夜间施工增加费：是指因夜间施工所发生的夜班补助费、夜间施工降效、夜间施工照明设备摊销及照明用电等费用。

　　③二次搬运费：是指因施工场地条件限制而发生的材料、构配件、半成品等一次运输不能到达堆放地点，必须进行二次或多次搬运所发生的费用。

　　④冬、雨期施工增加费：是指在冬期或雨期施工需增加的临时设施、防滑、排除雨雪，人工及施工机械效率降低等费用。

　　⑤已完工程及设备保护费：是指竣工验收前，对已完工程及设备采取的必要保护措施所发生的费用。

　　⑥工程定位复测费：是指工程施工过程中进行全部施工测量放线和复测工作的费用。

　　⑦特殊地区施工增加费：是指工程在沙漠或其边缘地区、高海拔、高寒、原始森林等特殊地区施工增加的费用。

　　⑧大型机械设备进出场及安拆费：是指机械整体或分体自停放场地运至施工现场或由一个施工地点运至另一个施工地点，所发生的机械进出场运输及转移费用及机械在施工现

场进行安装、拆卸所需的人工费、材料费、机械费、试运转费和安装所需的辅助设施的费用。

⑨脚手架工程费：是指施工需要的各种脚手架搭、拆、运输费用以及脚手架购置费的摊销(或租赁)费用。

措施项目及其包含的内容详见各类专业工程的现行国家或行业计量规范。

措施费的参考计算方法：

国家计量规范规定应予计量的措施项目，其计算公式为

$$措施项目费 = \sum(措施项目工程量 \times 综合单价)$$

国家计量规范规定不宜计量的措施项目计算方法如下：

$$措施项目费 = 计算基数 \times 相应的费率(\%)$$

3)其他项目费。

①暂列金额：是指建设单位在工程量清单中暂定并包括在工程合同价款中的一笔款项，用于施工合同签订时尚未确定或者不可预见的所需材料、工程设备、服务的采购，施工中可能发生的工程变更、合同约定调整因素出现时的工程价款调整以及发生的索赔、现场签证确认等的费用。

②计日工：是指在施工过程中，施工企业完成建设单位提出的施工图纸以外的零星项目或工作所需的费用。

③总承包服务费：是指总承包人为配合、协调建设单位进行的专业工程发包，对建设单位自行采购的材料、工程设备等进行保管以及施工现场管理、竣工资料汇总整理等服务所需的费用。

4)规费：与按费用构成要素划分中的一致。

5)税金：与按费用构成要素划分中的一致。

1.3.5　建筑安装工程费用组成(适用于定额计价)

建筑安装工程费用由直接费、间接费、利润和税金组成。

(1)直接费。直接费是建筑工程的制造成本，由直接工程费和措施费组成。

1)直接工程费。直接工程费是指工程施工过程中耗费的构成工程实体的各项费用，包括人工费、材料费、施工机械使用费。

①人工费：直接从事建设工程施工的生产工人开支的各项费用。其内容包括以下5项：

a. 基本工资：发放给生产工人的基本工资。

b. 工资性补贴：按规定标准发放的物价补贴，如煤、燃气补贴，交通补贴，住房补贴，流动施工津贴等。

c. 辅助工资：生产工人年有效施工天数以外非作业天数的工资，包括职工学习、培训期间的工资，调动工作、探亲、休假期间的工资，因气候影响的停工工资，女工哺乳期间的工资，病假在六个月以内的工资及产、婚、丧假期的工资。

d. 福利费：按规定标准计提的职工福利费。

e. 劳动保护费：按规定标准发放的劳动保护用品的购置费及修理费，服装补贴，防暑降温费，在有碍身体健康环境施工的保健费用等。

②材料费：施工过程中耗用的构成工程实体的原材料、辅助材料、构配件、零件、半成品等的费用。其内容包括以下 4 种：

a. 材料原价（或供应价格）。

b. 材料运杂费：材料自来源地运至工地仓库或指定堆放地点所发生的全部费用。

c. 运输损耗费：材料在运输装卸过程中不可避免的损耗。

d. 采购及保管费：为组织采购、供应和保管材料过程中所需要的各项费用。其包括采购费、仓储费、工地保管费、仓储损耗等。

③施工机械使用费：施工机械作业所发生的机械使用费以及机械安拆费和场外运输费。施工机械台班单价应由下列 7 项费用组成：

a. 折旧费：施工机械在规定的使用年限内，陆续收回其原值及购置资金的时间价值。

b. 大修理费：施工机械按规定的大修理间隔台班进行必要的大修理，以恢复其正常功能所需的费用。

c. 经常修理费：施工机械除大修理以外的各级保养和临时故障排除所需的费用。其包括为保障机械正常运转所需替换设备与随机配备工具附具的推销和维护费用，机械运转中日常保养所需润滑与擦拭的材料费用及机械停滞期间的维护和保养费用等。

d. 安拆费及场外运费：安拆费是指施工机械在现场进行安装与拆卸所需的人工、材料、机械和试运转费用以及机械辅助设施的折旧、搭设、拆除等费用；场外运费是指一般施工机械（不包括大型机械）整体或分体自停放地点远至施工现场或由一施工地点运至另一施工地点的运输、装卸、辅助材料及架线等费用。

e. 人工费：机上司机（司炉）和其他操作人员的工作日人工费及上述人员在施工机械规定的年工作台班以外的人工费。

f. 燃料动力费：施工机械在运转作业中所消耗的各种燃料及水、电等。

g. 车船使用税：是指施工机械按照国家规定和有关部门规定应缴纳的车船使用税、保险费及年检费等。

2）措施费。措施费是指为完成工程项目施工，发生于该工程施工前和施工过程非工程实体项目的费用。措施费由施工技术措施费和施工组织措施费组成。

①施工技术措施费。

a. 大型机械设备进出场及安拆费：大型机械设备进出场及安拆费是指机械整体或分体自停放地点运至施工现场或由一个施工地点运至另一个施工地点时，发生的机械进出场运输和转移的费用，大型机械在施工现场进行安装、拆卸所需的工人工资、材料费、机械费、试运转费和安装所需的辅助设施的费用。

b. 施工排水费：为了确保工程在正常条件下施工，采取各种排水措施所发生的费用。

c. 施工降水费：为了确保工程在正常条件下施工，采取的降水措施所发生的费用。

d. 地上、地下设施、建筑物的临时保护设施费：竣工验收前，对地下、地上设施和建筑物进行保护所需的费用。

e. 混凝土、钢筋混凝土模板及支架费：混凝土施工过程中需要的各种钢模板、木模板、支架等的支、拆、运输费用及模板、支架的摊销（或租赁）费用。

f. 脚手架费：为高空施工作业、堆放和运送材料，并保证施工安全而设置的操作平台和架设的工具费用。

g. 垂直运输机械费：建筑物、构筑物在垂直方向采用大型运输机械进行运输而发生的费用。

②施工组织措施费。

a. 安全防护、文明施工费：按照国家现行的建筑施工安全、施工现场环境与卫生标准和有关规定，购置和更新施工安全防护用具及设施、改善安全生产条件和作业环境所需要的费用。它由措施费所含的文明施工费、环境保护费、临时设施费和安全施工费组成。

b. 检验试验费：对建筑材料、构件和建筑安装物进行一般鉴定、检查所发生的费用。其包括建设工程质量见证取样检测费、建筑施工企业配合检测及自设试验室进行试验所耗用的材料和化学药品等费用；不包括新结构、新材料的试验费和建设单位对具有出厂合格证明的材料进行检验（规范另有要求的除外），也不包括对构件做破坏性试验及其他有特殊要求需检验试验的费用。

c. 冬、雨期施工费：施工单位在施工规范规定的冬期气温条件下施工增加的费用，包括人工与机械的降效费用。

d. 夜间施工费：因夜间施工所发生的夜班补助费、夜间施工降效、夜间施工照明设备摊销及照明用电等费用。

e. 已完工程及设备保护费：竣工验收之前，对已完工程及设备进行保护所需的费用。

f. 二次搬运费：因施工场地狭小等特殊情况而发生的二次搬运费用。

（2）间接费。间接费由规费和企业管理费组成。

1）规费。规费是指政府和有关权力部门规定必须缴纳的费用，包括以下内容：

①工程排污费：施工现场按规定缴纳的工程排污费。

②社会保障费：包括养老保险费、失业保险费、医疗保险费、生育保险费和工伤保险费。

③住房公积金：企业按规定标准为职工缴纳的住房公积金。

④危险作业意外伤害保险：按照《中华人民共和国建筑法》规定，企业为从事危险作业的建筑安装施工人员支付的意外伤害保险费。

2）企业管理费。企业管理费是指施工企业组织施工生产和经营管理所需的费用。

①管理人员工资：管理人员的基本工资、工资性补贴、职工福利费、劳动保护费等。

②办公费：企业管理办公用的文具、纸张、账表、印刷、邮电、书报、会议、水电、烧水和集体取暖（包括现场临时宿舍取暖）用煤等费用。

③差旅交通费：职工因公出差、调动工作的差旅费、住勤补助费、市内交通费和误餐补助费，职工探亲路费，劳动力招募费，职工离退休、退职一次性路费，工伤人员就医路费，工地转移费以及管理部门使用的交通工具的油料、燃料、养路费及牌照费等。

④固定资产使用费：管理和试验部门及附属生产单位使用的属于固定资产的房屋、设备仪器等的折旧、大修、维修或租赁费等。

⑤工具用具使用费：管理使用的不属于固定资产的生产工具、器具、家具、交通工具和检验、试验、测绘、消防用具等的购置、维修和摊销费。

⑥劳动保险费：企业支付离退休职工的异地安家补助费、职工退职金、六个月以上的长病假人员工资、职工死亡安葬补助费、抚恤费、按规定支付给离休干部的各项经费。

⑦工会经费：企业按职工工资总额计提的工会经费。

⑧职工教育经费：企业为职工学习先进技术和提高文化水平，按职工工资总额计提的费用。

⑨财产保险费：施工管理用财产、车辆保险。

⑩财务费、税金和其他。

a. 财务费是指企业为筹集资金而发生的各种费用。

b. 税金是指企业按规定缴纳的房产税、车船使用税、土地使用税、印花税等。

c. 其他包括技术转让费、技术开发费、业务招待费、绿化费、广告费、公证费、法律顾问费、审计费、咨询费等。

（3）利润。利润是指施工企业完成所承包工程获得的盈利。

（4）税金。税金是指国家税法规定的应计入建筑工程造价内的增值税、城乡维护建设税、教育费附加及地方教育费附加。

1.3.6 设备及工器具购置费用构成

设备及工器具购置费由设备购置费和工、器具及生产家具购置费组成。

（1）设备购置费。设备购置费是指为建设项目购置或自制的达到固定资产标准的各种国产或进口设备、工具、器具的购置费用。

固定资产指使用年限在一年以上，单位价值在规定限额以上的资产。

$$设备购置费＝设备原价（进口设备抵岸价）＋设备运杂费$$

设备原价是指国产设备或进口设备的原价；设备运杂费是指除设备原价之外的关于设备采购、运输、途中包装及仓库保管等方面支出费用的总和。

1）国产设备原价的构成与计算。

①国产标准设备原价。国产标准设备是指按照主管部门颁布的标准图纸和技术要求，由我国设备生产厂批量生产的，符合国家质量检测标准的设备。国产标准设备一般以设备制造厂的交货价（即出厂价）为设备原价。如果设备由设备成套公司提供，则以订货合同为设备原价。有的设备有两种出厂价，即带有备品备件的出厂价和不带备品备件的出厂价，在计算设备原价时，一般按带有备品备件的出厂价计算。

②国产非标准设备原价。国产非标准设备是指国家尚无定型标准，各设备生产厂不可能在工艺过程中采用批量生产，只能按一次订货，并根据具体的设计图纸制造的设备。国产非标准设备的原价通常的计算方法有成本计算估价法、系列设备插入估价法、分部组合估价法、定额估价法等。

成本计算估价法是一种比较常用的方法，其组成和计算见表1-1。

表1-1 国产非标准设备原件的构成与计算

国产非标准设备原件的构成与计算	（1）材料费	材料费＝材料净重×（1＋加工损耗系数）×每吨材料综合价
	（2）加工费	加工费＝设备总重量（吨）×设备每吨加工费
	（3）辅助材料费	辅助材料费＝设备总重量×辅助材料费指标
	（4）专用工具费	按（1）～（3）项之和乘以一定百分比计算
	（5）废品损失费	按（1）～（4）项之和乘以一定百分比计算
	（6）外购配套件费	设备价格＋运杂费

	(7)包装费	按以上(1)~(6)项之和乘以一定百分比计算
国产非标准设备原件的构成与计算	(8)利润	可按(1)~(6)项加第(7)项之和乘以一定利润率计算
	(9)税金(主要指增值税)	当期销项税额-进项税额,其中当期销项税额=销售额×适用增值税税率,销售额为(1)~(8)项之和
	(10)非标准设备设计费	按国家规定的设计费收费标准计算
	(11)单台非标准设备原价	{[(材料费+加工费+辅助材料费)×(1+专用工具费费率)×(1+废品损失费费率)+外购配套件费]×(1+包装费费率)-外购配套件费}×(1+利润率)+销项税金+非标准设备设计费+外购配套件费

【例1-1】 某工厂采购一台国产非标准设备,制造厂生产该台设备所用材料费为20万元,加工费为2万元,辅助材料费为4 000元,专用工具费费率为1.5%,废品损失费费率为10%,外购配套件费为5万元,包装费费率为1%,利润率为7%,增值税税率为17%,非标准设备设计费为2万元,求该国产非标准设备的原价。

【解】 专用工具费=(20+2+0.4)×1.5%=0.336(万元)

废品损失费=(20+2+0.4+0.336)×10%=2.274(万元)

包装费=(22.4+0.336+2.274+5)×1%=0.300(万元)

利润=(22.4+0.336+2.274+0.3)×7%=1.772(万元)

销项税金=(22.4+0.336+2.274+5+0.3+1.772)×17%=5.454(万元)

该国产非标准设备的原价=22.4+0.336+2.274+0.3+1.772+5.454+2+5=39.536(万元)

2)进口设备原价。进口设备原价是指进口设备的抵岸价,即抵达买方边境港口或边境车站,且交完关税的价格。进口设备抵岸价的构成与进口设备的交货类别有关。

进口设备的交货类别有内陆交货类、目的地交货类、装运港交货类。我国进口设备较多采用装运港交货类中的装运港船上交货价(FOB)。

进口设备抵岸价的构成公式为

进口设备抵岸价=货价+国外运费+运输保险费+银行财务费+外贸手续费+关税+
增值税+消费税+海关监管手续费+车辆购置附加费

其中:

①货价。一般是指装运港船上交货价(FOB)。设备货价可分为原币货价和人民币货价。原币货价一般折算为美元表示;人民币货价按原币货价乘以外汇市场美元兑换人民币中间价确定。进口设备货价按有关生产厂商询价、报价、订货合同价计算。

②国际运费。即从装运港(站)到达我国抵达港(站)的运费。我国进口设备大部分采用海洋运输,小部分采用铁路运输,个别采用航空运输。进口设备国际运费计算公式为

国际运费(海、陆、空)=原币货价(FOB价)×运费费率(%)

国际运费(海、陆、空)=运量×单位运价

③运输保险费。对外贸易货物运输保险是由保险人(保险公司)与被保险人(出口人或进口人)订立保险契约,在被保险人交付议定的保险费后,保险人根据保险契约的规定对货物在运输过程中发生的承保责任范围内的损失给予经济上的补偿,这是一种财产保险。

$$运输保险费=\frac{原币货价(FOB)+国际运费}{1-保险费费率}×保险费费率$$

④银行财务费。一般是指我国银行手续费。

银行财务费＝人民币货价(FOB)×银行财务费费率(0.4%～0.5%)

⑤外贸手续费。外贸手续费是指按商务部规定的外贸手续费率计取的费用。一般计算公式为

外贸手续费＝[装运港船上交货价(FOB)＋国际运费＋运输保险费]×外贸手续费费率(1.5%)

⑥关税。关税是由海关对进出国境或关境的货物和物品征收的一种税。一般计算公式为

关税＝到岸价格(CIF)×进口关税税率

到岸价格(CIF)＝装运港船上交货价(FOB)＋国际运费＋运输保险费

⑦消费税。对部分进口设备(如轿车、摩托车等)征收，一般计算公式为

$$应纳消费税额＝\frac{到岸价＋关税}{1-消费税税率}×消费税税率$$

⑧增值税。增值税是对从事进口贸易的单位和个人，在进口商品报关进口后征收的税种。我国增值税条例规定，进口应税产品均按组成计税价格和增值税税率直接计算应纳税额。即

进口产品增值税额＝组成计税价格×增值税税率

组成计税价格＝关税完税价格＋关税＋消费税

增值税税率根据规定的税率计算。

⑨海关监管手续费。海关监管手续费是指海关对进口减税、免税、保税货物实施监督、管理、提供服务的手续费。对于全额征收进口关税的货物不计本项费用。

海关监管手续费＝到岸价×海关监管手续费费率(一般为0.3%)

⑩车辆购置附加费。进口车辆需缴进口车辆购置税。其计算公式如下：

进口车辆购置附加费＝(到岸价＋关税＋消费税＋增值税)×进口车辆购置附加费费率

【例1-2】 某项目进口一批工艺设备，其银行财务费为4.25万元，外贸手续费为18.9万元，关税税率为20%，增值税税率为17%，抵岸价为1 792.19万元。该批设备无消费税、海关监管手续费，计算该批进口设备的到岸价格(CIF)。

解：到岸价格$＝\dfrac{1\ 792.19－4.25－18.9}{(1+17\%)×(1+20\%)}＝1\ 260(万元)$

3)设备运杂费。设备运杂费通常由下列各项构成：

①运费和装卸费。国产设备由设备制造厂交货地点起至工地仓库(或施工组织设计指定的需要安装设备的堆放地点)止所产生的运费和装卸费；进口设备则由我国到岸港口或边境车站起至工地仓库(或施工组织设计指定的需要安装设备的堆放地点)止所产生的运费和装卸费。

②包装费。在设备原价中没有包含的，为运输而进行的包装支出的各种费用。

③设备供销部门的手续费。按有关部门规定的统一费率计算。

④采购及仓库保管费。采购及仓库保管费是指采购、验收、保管和收发设备所发生的各种费用。其包括设备采购人员、保管人员和管理人员的工资、工资附加费、办公费、差旅交通费，设备供应部门办公和仓库所占固定资产使用费、工具用具使用费、劳动保护费、检验试验费等。这些费用可按主管部门规定的采购与保管费费率计算。

设备运杂费按设备原价乘以设备运杂费费率计算。其计算公式为

$$设备运杂费＝设备原价×设备运杂费费率$$

其中，设备运杂费费率按各部门及省、市等的规定计取。

（2）工具、器具及生产家具购置费。工具、器具及生产家具购置费是指新建或扩建项目初步设计规定的，保证初期正常生产必须购置的没有达到固定资产标准的设备、仪器、工卡模具、器具、生产家具和备品备件等的购置费用。

$$工具、器具及生产家具购置费＝设备购置费×定额费费率$$

1.3.7　工程建设其他费用构成

工程建设其他费用是指从工程筹建起到工程竣工验收交付使用止的整个建设期间，除建筑安装工程费用和设备及工、器具购置费用外的，为保证工程建设顺利完成和交付使用后能够正常发挥效用而发生的各项费用。

（1）土地使用费。土地使用费是指通过划拨方式取得土地使用权而支付的土地征用及迁移补偿费，或者通过土地使用权出让方式取得土地使用权而支付的土地使用权出让金。

1）土地征用及迁移补偿费。土地征用及迁移补偿费是指建设项目通过划拨方式取得无限期的土地使用权，依照《中华人民共和国土地管理法》等规定所支付的费用。其总和一般不得超过被征土地年产值的 30 倍，土地年产值则按该地被征用前 3 年的平均产量和国家规定的价格计算。具体内容包括：土地补偿费、青苗补偿费和被征用土地上的房屋、水井、树木等附着物补偿费、安置补助费，缴纳的耕地占用税或城镇土地使用税、土地登记费及征地管理费、征地动迁费，水利、水电工程和水库淹没处理补偿费等。

2）土地使用权出让金。土地使用权出让金是指建设项目通过土地使用权出让方式，取得有限期的土地使用权，依照《中华人民共和国城镇国有土地使用权出让和转让暂行条例》规定，支付的土地使用权出让金。建设用地使用权出让有协议、招标、公开拍卖三种方式。

（2）与建设项目有关的其他费用。

1）建设管理费。建设管理费是指建设单位从项目筹建开始直至办理竣工决算为止发生的项目建设管理费用。其内容包括：

①建设单位管理费：指建设单位发生的管理性质的开支。其包括工作人员工资、工资性补贴、施工现场津贴、职工福利费、住房公积金、基本养老保险费、基本医疗保险费、失业保险费、工伤保险费、办公费、差旅交通费、劳动保护费、工具用具使用费、固定资产使用费、必要的办公及生活用品购置费、必要的通信设备及交通工具购置费、零星固定资产购置费、招募生产工人费、技术图书资料费、业务招待费、设计审查费、工程招标费、合同契约公证费、法律顾问费、咨询费、工程质量监督检测费、审计费、完工清理费、竣工验收费、印花税和其他管理性开支。

②工程监理费：指建设单位委托工程监理单位实施工程监理的费用。

由于工程监理是受建设单位委托的工程建设技术服务，属建设管理范畴。如采用监理，建设单位管理工作量转移至监理单位，监理费应根据委托的监理工作范围和监理深度在监理合同中商定。因此，工程监理费应从建设管理费中开支，在工程建设其他费用项目中不单独列项。

2)可行性研究费。可行性研究费是指在建设项目前期工作中，编制和评估项目建议书（或预可行性研究报告）、可行性研究报告所需的费用。

可行性研究费依据前期研究委托合同计算。编制预可行性研究报告参照编制项目建议书收费标准并可适当调整。

3)研究试验费。研究试验费是指为本建设工程项目提供或验证设计数据、资料等进行必要的研究试验及按照设计规定在建设过程中必须进行试验、验证所需的费用。但不包括：应由科技三项费用（即新产品试制费、中间试验费和重要科学研究补助费）开支的项目；应在建筑安装费用中列支的施工企业对建筑材料、构件和建筑物进行一般鉴定、检查所发生的费用及技术革新的研究试验费；应自勘察设计费或工程费用中开支的项目。

研究试验费按照研究试验内容和要求进行编制。

4)勘察设计费。勘察设计费是指委托勘察设计单位进行工程水文地质勘察、工程设计所发生的各项费用。其包括工程勘察费、初步设计费（基础设计费）、施工图设计费（详细设计费）、设计模型制作费。依据勘察设计委托合同计算。

5)环境影响评价费。环境影响评价费是指按照《中华人民共和国环境保护法》《中华人民共和国环境影响评价法》等规定，为全面、详细评价本建设项目对环境可能产生的污染或造成的重大影响所需的费用。其包括编制环境影响报告书（含大纲）、环境影响报告表和评估环境影响报告书（含大纲）、评估环境影响报告表等所需的费用。依据环境影响评价委托合同计算。

6)劳动安全卫生评价费。劳动安全卫生评价费是指按照人社部的有关规定，为预测和分析建设工程项目存在的职业危险、危害因素的种类和危险危害程度，并提出先进、科学、合理可行的劳动安全卫生技术和管理对策所需的费用。其包括编制建设项目劳动安全卫生预评价大纲和劳动安全卫生预评价报告书以及为编制上述文件所进行的工程分析和环境现状调查等所需费用。

劳动安全卫生评价费依据劳动安全卫生预评价委托合同计列，或按照建设项目所在省（市、自治区）劳动行政部门规定的标准计算。

7)场地准备及临时设施费。场地准备及临时设施费包括场地准备费和临时设施费。

①场地准备费是指建设项目为达到工程开工条件所发生的场地平整和对建设场地遗留的有碍于施工建设的设施进行拆除清理的费用。

②临时设施费是指为满足施工建设需要而供到场地界区的临时水、电、路、信、气等工程费用和建设单位的现场临时建（构）筑物的搭设、维修、拆除、摊销或建设期间租赁费用，以及施工期间专用公路或桥梁的加固、养护、维修等费用。此费用不包括已列入建筑安装工程费用中的施工单位临时设施费用。

场地准备及临时设施应尽量与永久性工程统一考虑。建设场地的大型土石方工程应进入工程费用中的总图运输费用中。

新建项目的场地准备及临时设施费应根据实际工程量估算，或按工程费用的比例计算。改扩建项目一般只计拆除清理费。

$$场地准备及临时设施费＝工程费用×费率＋拆除清理费$$

发生拆除清理费时，可按新建同类工程造价或主材费、设备费的比例计算。凡可回收材料的拆除采用以料抵工方式，不再计算拆除清理费。

8)引进技术和引进设备其他费。引进技术和引进设备其他费包括以下几项：

①引进项目图纸资料翻译复制费、备品备件测绘费。

②买方出国人员费用：包括买方人员出国设计联络、出国考察等所发生的差旅费、生活费、制装费等。

③卖方来华人员费用：包括卖方来华工程技术人员现场办公费用、往返现场交通费用、工资、食宿费用、接待费用等。

④银行担保及承诺费：指引进项目由国内外金融机构出面承担风险和责任担保所发生的费用，以及支付贷款机构的承诺费用。

引进技术及引进设备的费用计算方法如下：

①引进项目图纸资料翻译复制费：根据引进项目的具体情况计列或按引进货价（FOB）的比例估列；引进项目发生备品备件测绘费时按具体情况估列。

②出国人员费用：依据合同规定的出国人次、期限和费用标准计算。生活费及制装费按照财政部、外交部规定的现行标准计算，旅费按中国民航公布的国际航线票价计算。

③来华人员费用：应依据引进合同有关条款规定计算。引进合同价款中已包括的费用内容不得重复计算。来华人员接待费用可按每人次费用指标计算。

④银行担保及承诺费：应按担保或承诺协议计取。投资估算和概算编制时可以担保金额或承诺金额为基数乘以费率计算。

⑤引进设备材料的国外运输费、国外运输保险费、关税、增值税、外贸手续费、银行财务费、国内运杂费、引进设备材料国内检验费、海关监管手续费等按引进货价（FOB或CIF）计算后计入相应的设备材料费中。单独引进软件不计关税，只计增值税。

9）工程保险费。工程保险费是指建设项目在建设期间根据需要对建筑工程、安装工程及机器设备进行投保而发生的保险费用。其包括建筑安装工程一切险和人身意外伤害险等。

不同的建设项目可根据工程特点选择投保险种，根据投保合同计列保险费用。编制投资估算和概算时可按工程费用的比例估算。

10）特殊设备安全监督检验费。特殊设备安全监督检验费是指在施工现场组装的锅炉及压力容器、压力管道、消防设备、燃气设备、电梯等特殊设备和设施，由安全监察部门按有关安全监察条例和实施细则以及设计技术要求进行安全检验，应由建设项目支付的、向安全监察部门缴纳的费用。其按照建设项目所在省（市、自治区）安全监察部门的规定标准计算。无具体规定的，在编制投资估算和概算时可按受检设备现场安装费的比例估算。

11）市政公用设施建设及绿化补偿费。市政公用设施建设及绿化补偿费是指使用市政公用设施的建设工程项目，按照项目所在地省一级人民政府有关规定缴纳的市政公用设施建设配套费，以及绿化工程补偿费用。按工程所在地人民政府规定标准计列；不发生或按规定免征项目不计取。

（3）与未来企业生产经营有关的其他费用。

1）联合试运转费。联合试运转费是指新建项目或新增加生产能力的工程，在交付生产前按照批准的设计文件所规定的工程质量标准和技术要求，进行整个生产线或装置的负荷联合试运转或局部联动试车所发生的费用净支出（试运转支出大于收入的差额部分费用）。试运转支出包括试运转所需原材料、燃料与动力、低值易耗品、其他物料消耗及工具用具使用费、机械使用费、保险金、施工单位参加试运转人员工资以及专家指导费等；试运转收入包括试运转期间的产品销售收入和其他收入。

联合试运转费不包括应由设备安装工程费用开支的调试及试车费用，以及在试运转中暴露出来的因施工原因或设备缺陷等发生的处理费用。

不发生试运转或试运转收入大于(或等于)费用支出的工程，不列此项费用。

2)生产准备及开办费。生产准备及开办费是指建设项目为保证正常生产(或营业、使用)而发生的人员培训费、提前进厂费以及投产使用初期必备的生产生活用具、工器具等购置费。它包括以下几项：

①人员培训费及提前进厂费：自行组织培训或委托其他单位培训的人员工资、工资性补贴、职工福利费、差旅交通费、劳动保护费、学习资料费等。

②为保证初期正常生产、生活(或营业、使用)所必需的生产办公、生活家具用具购置费。

③为保证初期正常生产(或营业、使用)必需的第一套不够固定资产标准的生产工具、器具、用具购置费(不包括备品备件费)。

生产准备及开办费的计算：新建项目按设计定员为基数计算，改、扩建项目按新增设计定员为基数计算。

$$生产准备费＝设计定员×生产准备费指标(元/人)$$

可采用综合的生产准备费指标进行计算，也可以按上述费用内容的分类指标计算。

3)专利及专有技术使用费。专利及专有技术使用费包括国外设计与技术资料费及引进有效专利、专有技术使用费和技术保密费，国内有效专利、专有技术使用费；商标使用费、特许经营权费等。

专利及专有技术使用费按专利使用许可协议和专有技术使用合同的规定计列，专有技术的界定应以省、部级鉴定批准为依据；项目投资中只计需在建设期支付的专利及专有技术使用费。协议或合同规定在生产期支付的使用费应在成本中核算。

1.3.8 预备费及其构成

按我国现行规定，预备费包括基本预备费和涨价预备费。

(1)基本预备费。基本预备费是指在初步设计及概算内难以预料的工程费用，费用内容包括：

1)在批准的初步设计范围内，技术设计、施工图设计及施工过程中所增加的工程费用，设计变更、局部地基处理等增加的费用。

2)一般自然灾害造成的损失和预防自然灾害所采取的措施费用。实行工程保险的工程项目费用应适当降低。

3)竣工验收时为鉴定工程质量对隐蔽工程进行必要的挖掘和修复费用。

基本预备费的计算公式为

$$基本预备费＝(建筑安装工程费＋设备及工器具购置费＋工程建设其他费用)×基本预备费费率$$

(2)涨价预备费。涨价预备费是指在建设期间内，由于价格等变化引起工程造价变化而事先预留的费用。涨价预备费的内容包括人工、设备、材料、施工机械的价差费，建筑安装工程费及工程建设其他费用调整，利率、汇率调整等增加的费用。

涨价预备费一般根据国家规定的投资综合价格指数，以估算年份价格水平的投资额为基数，采用复利方法计算。其计算公式为

$$PF = \sum_{t=0}^{n} I_t \left[(1+f)^m (1+f)^{0.5} (1+f)^{t-1} - 1 \right]$$

式中　　PF——价差预备费；

n——建设期年份数；

I_t——估算静态投资额中第 t 年投入的工程费用；

f——年涨价率；

m——建设前期年限（从编制估算到开工建设，单位：年）。

【例 1-3】　某建设项目建安工程费为 5 000 万元，设备购置费为 3 000 万元，工程建设其他费用为 2 000 万元，项目建设前期年限为 1 年，建设期为 3 年，各年投资计划额为：第一年完成投资 20%，第二年完成投资 60%，第三年完成投资 20%。年均投资价格上涨率为 6%，求建设项目建设期间价差预备费。

解：第一年涨价预备费为

$PF_1 = (5\,000 + 3\,000 + 2\,000) \times 20\% \times [(1+6\%) \times (1+6\%)^{0.5} - 1] = 182.67$（万元）

第二年涨价预备费为

$PF_2 = (5\,000 + 3\,000 + 2\,000) \times 60\% \times [(1+6\%) \times (1+6\%)^{0.5} \times (1+6\%) - 1]$
$= 940.90$（万元）

第三年涨价预备费为

$PF_3 = (5\,000 + 3\,000 + 2\,000) \times 20\% \times [(1+6\%) \times (1+6\%)^{0.5} \times (1+6\%)^2 - 1]$
$= 452.45$（万元）

建设项目建设期间价差预备费为

$PF = 182.67 + 940.90 + 452.45 = 1\,576.02$（万元）

1.3.9　建设期贷款利息及其计算

建设期贷款利息包括向国内银行和其他非银行金融机构贷款、出口信贷、外国政府贷款、国际商业银行贷款以及在境内外发行的债券等在建设期间内应偿还的借款利息。

当总贷款是分年均衡发放时，建设期利息的计算可按当年借款在年中支用考虑。即当年贷款按半年计息，上年贷款按全年计息。其计算公式为

$$q_t = \left(P_{t-1} + \frac{1}{2} A_t \right) \times i$$

式中　　q_t——建设期第 t 年应计利息；

P_{t-1}——建设期第 $(t-1)$ 年年末贷款累计金额与利息累计金额之和；

A_t——建设期第 t 年贷款金额；

i——年利率。

【例 1-4】　某新建项目，建设期为 3 年，分年均衡进行贷款，第一年贷款为 300 万元，第二年贷款为 600 万元，第三年贷款为 400 万元，年利率为 12%，建设期内利息只计息不支付，计算建设期贷款利息。

解：在建设期，各年利息计算如下：

$$q_1 = 300 \times 12\% \div 2 = 18 \text{（万元）}$$
$$q_2 = (300 + 18 + 600 \div 2) \times 12\% = 74.16 \text{（万元）}$$

$$q_3=(300+18+600+74.16+400\div2)\times12\%=143.06(万元)$$

建设期贷款利息$=q_1+q_2+q_3=18+74.16+143.06=235.22(万元)$

1.4 建筑业营改增对工程造价的影响

1.4.1 营业税概述

营业税是指对在我国境内提供应税劳务、转让无形资产或销售不动产的单位和个人，就其所取得的营业额征收的一种税。营业税则通常按照营业收入总额和适用税率直接征税，不能减除进项税额。

(1)营业税的征税范围。营业税的征税范围包括在我国境内提供应税劳务、转让无形资产或销售不动产。营改增试点前，营业税应税劳务包括交通运输业、建筑业、金融保险业、邮电通信业、文化体育业、娱乐业、服务业7大行业提供的劳务。其中，建筑业按3%的税率征收。

(2)营业税的计税方法。营业税从属性划分属于价内税，计税方法简便，应纳税额以营业额乘以相应税率，营业额中包括应纳税额。应纳税额计算公式为

$$应纳税额=营业额\times税率$$

如某建筑工程的营业额是1 000万元，则

$$应纳税额=1\ 000\times3\%=30(万元)$$

(3)营业税的会计处理。企业购进货物或接受劳务和服务时实际支付或应付的含税金额，分别核算为"主营业务成本""管理费用""销售费用"和"财务费用"。

企业提供营业税应税劳务、转让无形资产或者销售不动产时，以实际收到或应收的价款，借记"银行存款""应收账款"等科目，贷记"主营业务收入"科目；以实际收到或应收价款乘以营业税税率计算的金额，借记"营业税税金及附加"科目，贷记"应交税费－应交营业税"科目。

解缴税款时，借记"应交税费－应交营业税"科目，贷记"银行存款"科目。

从以上会计处理可以看出，营业税下购进货物或接受劳务和服务以包括进项税额的"含税金额"进行成本费用核算，营业税应纳税额进行当期损益核算。

1.4.2 增值税概述

增值税是以商品在流转过程中产生的增值额作为计税依据而征收的一种流转税，属于价外税。所谓的流转税，就是下游承担整个价款的税负，针对应税劳务的增值部分作为纳税基数。增值税的主要特点是以销项税减去进项税，让纳税人只为产品和服务的增值部分纳税。

(1)增值税的征税范围。营改增试点前，增值税的征税范围包括在中华人民共和国境内销售货物或者是提供加工、修理修配劳务以及进口货物。

自2014年1月1日起，交通运输业、邮政业以及部分现代服务业已在全国范围内营改增试点。营改增试点的部分现代服务业包括研发和技术服务、信息技术服务、文化创意服务、物流辅助服务、有形动产租赁服务、鉴证咨询服务、广播影视服务等。

(2)增值税的计税方法。增值税从属性划分属于价外税，计税方法分为一般计税方法和简易计税方法。

1)计税方法的适用范围。一般纳税人销售货物或者提供加工修理修配劳务和应税服务适用一般计税方法计税。一般纳税人销售财政部和国家税务总局规定的特定货物或提供财政部和国家税务总局规定的特定应税服务，可以选择适用简易计税方法计税，但一经选择，36个月内不得变更。小规模纳税人销售货物或提供加工修理修配劳务或应税服务适用简易计税方法计税。

2)一般计税方法。一般计税方法应纳税额是指当期销项税额抵扣进项税额后的余额。当期销项税额小于当期进项税额不足抵扣时，其不足部分可以结转下期继续抵扣。

应纳税额计算公式为

$$应纳税额＝当期销项税额－当期进项税额$$

进项税额是指纳税人购进货物或者接受增值税应税劳务和服务而支付或者负担的增值税额。销项税额是指纳税人提供应税服务按照销售额和增值税税率计算的增值税额。（注：销项税额为增值税纳税人销售货物和应交税劳务，按照销售额和适用税率计算并向购买方收取的增值税税额；进项税额是指纳税人购进货物或应税劳务所支付或者承担的增值税税额）。

销项税额计算公式为

$$销项税额＝销售额×税率$$

一般计税方法的销售额不包括销项税额。纳税人采用销售额和销项税额合并定价方法的，按照下列公式计算销售额：

$$销售额＝含税销售额÷（1＋税率）$$

增值税（一般计税）的税目及税率见表1-2。

表1-2　增值税（一般计税）的税目及税率

序号	税目	税率/%
（一）	销售或进口以外的货物	17
（二）	销售或进口下列货物： 1. 粮食、食用植物油 2. 自来水、暖气、冷水、热水、煤气、石油液化气、天然气、沼气、居民用煤炭制品 3. 图书、报纸、杂志 4. 饲料、化肥、农药、农机、农膜 5. 国务院规定的其他货物 （1）农产品 （2）音像制品 （3）电子出版物 （4）二甲醚	13
（三）	出口货物，国务院另有规定除外	0
（四）	提供加工、修理修配劳务	17
（五）	提供交通运输业、邮政业服务和基础电信服务	11
（六）	提供有形动产租赁服务	17
（七）	提供研发和技术服务、信息技术服务、文化创意服务、物流辅助服务、鉴证咨询服务、广播影视服务以及增值电信	6

【例 1-5】 某商店为增值税一般纳税人，2012 年 6 月零售粮食、食用植物油、各种蔬菜和水果取得含税收入 500 000 元，销售酸奶、奶油取得含税收入 80 000 元，销售其他商品取得含税收入 240 000 元，本月购进货物取得增值税专用发票 30 张，共计税金 85 000 元；本月购进税控收款机抵扣信息的扫描器具一批，取得增值税普通发票注明价款为 3 000 元，则应缴纳的增值税税额为多少元？

解： 应纳增值税 = 500 000 ÷ (1+13%) × 13% + (80 000 + 240 000) ÷ (1+17%) ×

17% - 85 000

= 19 017.85(元)

3)简易计税方法。简易计税方法的应纳税额是指按照销售额和增值税征收率计算的增值税额，不得抵扣进项税额。应纳税额计算公式为

应纳税额 = 销售额 × 增值税征收率

简易计税方法的销售额不包括其应纳税额，纳税人采用销售额和应纳税额合并定价方法的，按照下列公式计算销售额：

销售额 = 含税销售额 ÷ (1+增值税征收率)

增值税(简易计税)的税目及税率见表 1-3。

表 1-3　增值税(简易计税)的税目及税率

序号	税目	税率/%
(一)	小规模纳税人	3
(二)	一般纳税人销售自产的下列货物： (1)县级及县级以下小型水力发电单位生产的电力； (2)建筑用和生产建筑材料所用的砂、土、石料； (3)以自己采掘的砂、土、石料或其他矿物连续生产的砖、瓦、石灰(不含烧结实心砖、瓦)； (4)用微生物、微生物代谢产物、动物毒素、人或动物的血液或组织制成的生物制品； (5)自来水； (6)商品混凝土(仅限于以水泥为原料生产的水泥混凝土)	6

(3)增值税的会计处理。企业购进货物或接受增值税应税劳务和服务时，按照增值税扣税凭证注明或计算的进项税额借记"应交税费—应交增值税(进项税额)"科目，实际支付或应付的金额与进项税额差额分别核算为"主营业务成本""管理费用""销售费用"和"财务费用"，以实际支付或应付的金额，贷记"银行存款""应付账款"等科目。

企业销售货物或提供增值税应税劳务和服务时，以实际收到或应收的金额，借记"银行存款""应收账款"等科目，以销售额乘以相应税率计算的销项税额贷记"应交税费—应交增值税(销项税额)"科目，以实际收到或应收的金额与销项税额的差额贷记"主营业务收入"科目。

解缴税款时，以"应交税费—应交增值税"科目"贷"方期末余额为增值税应纳税额，借记"应交税费—应交增值税"科目，贷记"银行存款"科目。

从以上会计处理可以看出，增值税下购进货物或接受增值税应税劳务和服务以扣除进项税额后的"不含税金额"进行成本费用核算，销项税额也不包括在主营业务收入中，进项税额和销项税额分别在"应交税费—应交增值税"科目的"借""贷"两个相反方向核算，应纳税额(销项税额 - 进项税额)直接在"应交税费—应交增值税"科目核算，不进行当期损益核算。

1.4.3　营业税与增值税的区别

(1)征税范围不同。营业税与增值税是我国长期共存的两大流转税税种，分别适用不同的征税范围，且在征税范围既相互排斥又互为补充，即同一应税对象要么适用营业税，要么适用增值税，不会既征营业税又征增值税。

(2)计税方法不同。比较分析营业税与增值税的计税方法，两者呈现两项显著性差异。

1)计税依据的差异。营业税属价内税，应纳税额的计算依据营业额中包括应纳税额；增值税属价外税，应纳税额的计算依据销售额中不包括销项税额或应纳税额，即使销售货物或提供增值税应税劳务和服务采用"价税合并"定价办法，含税销售额也要折减为不含税销售额。

2)进项抵扣的差异。营业税计税简便，不需要抵扣，应纳税额相对于营业额税负比率为"定值"，不受购进货物或接受增值税应税劳务和服务的影响，而增值税一般计税方法计税相对复杂，需要进行税额抵扣，应纳税额相对于销售税额税负比率为"变值"，不仅与销项税额相关，而且受购进货物或接受增值税应税劳务和服务而取得的进项税额的影响；增值税简易计税方法与营业税计算方法基本一致，只是计算依据为不含税的销售额，而不是含税的营业额。

营业税与增值税计税方法的差异对比见表1-4。

表1-4　营业税与增值税计税方法的差异对比

税种		计税方法	成本核算	营业收入核算	应纳税额核算
营业税		应纳税额＝营业额×税率	以"含税金额"进行成本核算（包括进项税额）	包括营业税额	营业税应纳税额参与当期损益核算，计算营业利润时需要从营业收入中扣减应纳税额
增值税	一般计税法	应纳税额＝销项税额－进项税额 销项税额＝销售额×税率	成本费用不包括可抵扣的进项税额	不包括进项税额和销项税额	增值税应纳税额不参与当期损益核算，计算营业利润不需要扣除应纳税额
	简易计税法	应纳税额＝销售额×税率			

(3)财务核算。财务核算方面的差异由营业税与增值税分别属于价内税和价外税的本质属性差异所决定，是财务核算对税制属性差异的反映，是研究工程计价规则的基础。

1)成本费用核算的差异。营业税与增值税两种税制在成本费用核算方面的本质差异是：购进货物或接受劳务和服务的可抵扣进项税额是否进入成本费用核算。营业税下成本费用以包括可抵扣进项税额的含税价格核算，成本费用项目包括可抵扣的进项税额；增值税下成本费用核算以扣除可抵扣进项税额的不含税价格核算，成本费用项目不包括可抵扣的进项税额，简而言之，营业税下成本费用包括进项税额，增值税下成本费用不包括进项税额。

2)应纳税额核算的差异。营业税与增值税两种税制在应纳税额核算方面的本质差异是：

应纳税额是否计入当期损益核算，是否影响营业利润，营业税下应纳税额计入当期损益核算，营业收入扣减应纳税额后计算营业利润，应纳税额影响营业利润，增值税下应纳税额不计入当期损益核算，通过债务类科目"应交税金—应交增值税"核算，营业利润的核算与应纳税额无关，应纳税额不影响营业利润。简而言之，营业税下营业利润扣减应纳税额，增值税下营业利润不扣减应纳税额。

3)营业收入核算的差异。营业税与增值税两种税制在营业收入核算方面的本质差异是：营业收入核算是否包括应纳税额或销项税额。营业税下以营业额核算营业收入，包括应纳税额；增值税下以销售额核算营业收入，销售额不包括销项税额或应纳税额，简而言之，营业税下营业收入包括应纳税额，增值税下营业收入不包括销项税额或应纳税额。

1.4.4 营改增政策与现状

(1)营改增的概念。1994 年我国税制改革，确立了我国流转税的两大主要税种——营业税和增值税。营改增就是将现行征收营业税的应税劳务(交通运输业、建筑业、金融保险业、邮电通信业、文化体育业、娱乐业、服务业 7 项劳务)、转让无形资产或销售不动产由营业税改征增值税。

(2)营改增的进展。

2009 年 1 月 1 日，《中华人民共和国增值税暂行条例》实施。

2011 年 11 月 1 日《增值税暂行条例实施细则》颁布。

2011 年 11 月 16 日印发《营业税改征增值税试点方案》通知，先从交通运输业与部分现代服务业试点。

2012 年 1 月 1 日上海试点，同年 7 月 31 日，试点扩大至北京等 8 个省。

2013 年 8 月 1 日起，全国试点。

2014 年 1 月 1 日起，全国铁路运输和邮政服务业纳入应该增试点；同年 6 月 1 日，电信业纳入试点。

2015 年 5 月 18 日，《关于 2015 年深化经济体制改革重点工作的意见》，2015 年全覆盖、扩大到建筑业、房地产业、金融业和生活服务业等领域。

2015 年年底，财政部长楼继伟在全国财政工作会议上表示，2016 年将全面推开营改增改革，将建筑业、房地产业、金融业和生活服务业纳入试点范围。

2016 年 2 月 22 日，住房和城乡建设部发布《关于做好建筑业营改增建设工程计价依据调整准备工作的通知》，明确建筑业的增值税税率拟为 11%。各部门要在 2016 年 4 月底前完成计价依据的调整准备。

(3)营改增的目的。

1)避免重复征税，减轻企业负担。改变营业税的"道道征收、全额征税"模式，仅对商品生产、流通、劳务中的"增值部分"征税，减少重复征税。

2)服务业和制造业税制统一。完善和打通二、三产业增值税抵扣链条，促进社会分工协作，使我国财税制度更加符合市场经济的发展要求，提高市场效率。

3)有效避免偷税、漏税。增值税形成的"环环征收、层层抵扣"链条，可以形成上、下游产业之间的相互监督与督促，有效避免偷税、漏税。

1.4.5 营改增对建筑业的影响

(1)营改增的关键。增值税下费用项目"价税分离"是"产品定价"的前提，是计价规则的核心，是现行计价规则的本质变化，是适应税制变化的根本要求。

工程计价时，实行"价税分离"，税金以税前造价乘以税率计算，关键是要合理计算人、材、机、管理费的除税价格，合理分析与计算进项税额。

实际纳税时，实行预交销项税额，定期核算增值税，关键是要尽量取得当期的进项增值税额进行抵扣。

(2)对资质共享、联营挂靠、混合经营、资质、合同等经营模式的影响。

1)进销项税无法匹配，无法抵扣进项税。合同签订主体与实际施工主体不一致，销项税主体是合同签约方(资质企业)，进项税主体是实际施工方(挂靠方)，进销项不匹配。

2)无法建立增值税抵扣链条，不能实现分包成本进项税抵扣。一是内部总分包时，中标单位与实际施工单位之间无合同关系，不开具发票，影响进项抵扣；二是外部挂靠时，中标单位与实际施工单位未按照总分包进行核算，无法建立增值税抵扣链条。

(3)对供应商选择的影响。营改增对供应商选择的影响主要有以下几点：

1)不同供应商报价之间的比例关系不受该供应商本身税率的影响，只与采购的应税货物或应税服务的税率、购买方的城建税税率和教育费附加征收率有关。

2)选择供应商的标准是利润最大化，而非纳税最低或支出最少。因此，该选择的标准是在综合考虑各项因素基础上的一个广为企业股东接受的标准。

3)对于一般纳税人，不同供应商的报价不能直接进行比较，因为其抵扣的进项税额不同，对城建税及教育费附加的影响不同。在选择时需要将不同类型的供应商按照开具发票的情况进行分类，将不同供应商的价格按照比例进行转换，按照转换后的价格进行比较，从而确定能够给企业带来最大利润的供应商。

(4)分包管理。劳务分包费税收抵扣政策不明朗：建筑劳务成本越来越高，如果按照管理规定是不能抵扣的，这必将加大企业负担；如果按照现有规定，劳务分包开具3%的增值税发票，总包企业实际税负依然上升；如果劳务企业税率开到6%或11%，劳务企业难以获取进项税额，必然转嫁成本给总包企业，劳务费将出现大幅度涨价。

分包商的选择难度增加：分包商资格选择将直接影响企业税负水平。

(5)工程造价组成的变化。

1)营改增后工程造价的变化。营业税下的工程造价如图1-5所示；增值税下的工程造价如图1-6所示。图1-5和图1-6中附加税费指的是城市维护建设税、教育费附加和地方教育附加。

2)增值税下工程造价的计算。通过一个工程在营业税和增值税两种税制下造价计算为例说明工程计价规则应用，计算案例表见表1-5。

①直接费。营业税下以包括进项税额的含税金额计算，进项业务所支付的不含税价款、进项税额两者之和为直接费含税金额。

增值税下以不含进项税额的不含税价款计算直接费，其中水费按市场不能取得增值税专用发票考虑，进项税额为"0"；人工费按工资总额计算，不包括进项税额。

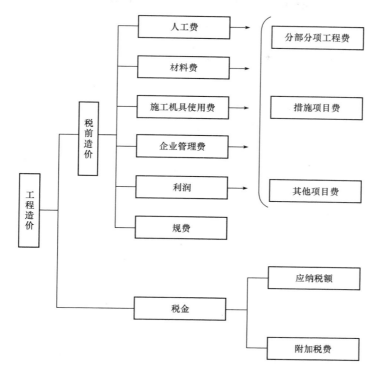

图 1-5　营业税下的工程造价

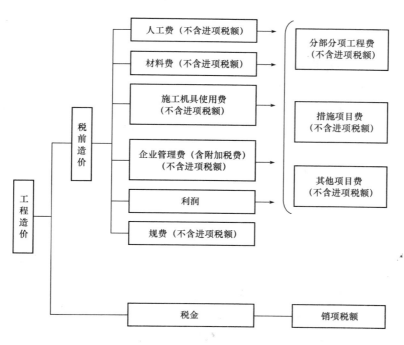

图 1-6　增值税下的工程造价

表 1-5 计算案例表

序号	项目	营业税下/万元	增值税下/万元
一	直接费	446	400
(一)	人工费	60	60
(二)	材料费	344	304
1	钢筋	200＋34(进项税额)＝234	200
2	商品混凝土	100＋6(进项税额)＝106	100
3	水(无发票)	4＋0(进项税额)＝4	4
(三)	机械费	36＋6(进项税额)＝42	36
二	企业管理费	446×5%＝22	22－22×35%÷1.15×15%＝21
三	规费	60×16.7%＝10	10
四	利润	446×4.5%＝20	20
五	税前造价	446＋22＋10＋20＝498	400＋21＋10＋20＝451
六	税金	498×3.09%＝15.4	451×11%＝49.6
七	工程造价	498＋15.4＝513.4	451＋49.6＝500.6

②企业管理费。营业税下根据现行费用定额规定以直接费为基数乘以 5% 计算，其费用的 35% 包含进项税额，进项业务增值税平均税率为 15%；增值税下企业管理费水平不变，但应扣除进项税额，进项税额＝22×35%÷1.15×15%＝1(万元)。

③规费。营业税下根据现行费用定额规定以人工费为基数乘以 16.7% 计算；增值税下无变化。

④利润。营业税下根据现行费用定额规定以直接费为基数乘以 4.5% 计算；增值税下获利水平维持不变，获利金额无变化。

⑤税金。税金均未考虑附加税费。营业税下以税前造价计算，税率＝营业税税率÷(1－营业税税率)＝3%÷(1－3%)＝3.09%；增值税下以不含税进项税额的税前造价计算，税率＝增值税税率＝11%。

本章小结

本章对建筑工程造价的基本知识作了详细的介绍。

首先，介绍了建设项目的基本概念及其分解，建设项目从上到下可分为单项工程、单位工程、分部工程和分项工程，这种分解结构体现了工程计价的组合性特点。

其次，介绍了建设项目的建设程序及其各阶段的主要任务。

再次，介绍了工程造价的概念、工程计价的特点和工程造价的构成，其中，对建筑安装工程费用的内容作了详细的介绍。

最后，介绍了营改增的相关知识。

思考题

(1)什么是建设项目？建设项目可分解为哪些子项目？请举例说明。

(2)请简述建设项目的建设程序。

(3)什么是工程造价？工程计价的特点有哪些？

(4)建设项目总投资及工程造价的构成有哪些？

(5)建筑安装工程造价包括哪些内容？

(6)进口设备抵岸价的构成有哪些？

(7)工程建设其他费用的构成有哪些？

(8)增值税有哪几种计税方法？

第2章 建设工程定额

学习要求

(1)掌握建设工程定额的概念和分类；
(2)掌握工人和机械的工作时间分类；
(3)掌握施工定额中人工、材料和机械消耗量的编制方法；
(4)熟悉预算定额中人工、材料、机械消耗量的构成；
(5)掌握预算定额的应用。

2.1 建设工程定额概述

2.1.1 建设工程定额的概念

定额是一种规定的额度。建设工程定额是指在正常施工条件下，完成一定计量单位的合格建筑产品所必须消耗资源的数量标准。

建设工程定额是建设工程设计、预算、施工及管理的基础。由于工程建设产品具有构造复杂、规模大、生产周期长等特点，决定了建设工程定额的多种类、多层次，同时，也决定了定额在工程建设管理中占有极其重要的地位。

2.1.2 建设工程定额的分类

建设工程定额是各类工程定额的总称。在建设工程造价计价的不同阶段，需要根据不同的情况套用不同的定额。建设工程定额包括许多种类的定额，可以按不同的原则和方法进行分类。

(1)按定额反映的生产要素消耗内容分类。

1)劳动消耗定额。劳动消耗定额简称劳动定额(也称为人工定额),是指在正常施工条件下,完成一定合格产品所规定的劳动消耗的数量标准。其主要表现形式是人工时间定额和人工产量定额,两者互为倒数。

2)材料消耗定额。材料消耗定额是指在合理节约使用材料的条件下,完成一定的合格产品所需消耗材料的数量标准。

3)机械消耗定额。机械消耗定额又称为机械台班使用定额,是指在合理使用机械和合理的施工组织条件下,完成一定合格产品所规定的施工机械消耗的数量标准。其主要表现形式是机械时间定额和机械产量定额,两者互为倒数。

(2)按定额的编制程序和用途分类。

1)施工定额。施工定额是企业内部使用的定额,它以同一性质的施工过程为研究对象。施工定额由劳动定额、材料消耗定额、机械台班消耗定额组成。它既是企业投标报价的依据,也是企业控制成本的依据。

2)预算定额。预算定额是编制工程预(结)算时计算和确定一个规定计量单位的分项工程或结构构件的人工、材料、机械台班耗用量(或货币量)的数量标准。它是对施工定额的综合和扩大。

3)概算定额。概算定额是编制扩大初步设计概算时计算和确定扩大分项工程的人工、材料、机械台班耗用量(或货币量)的数量标准。它是对预算定额的综合和扩大。

4)概算指标。概算指标是在初步设计阶段编制工程概算所采用的一种定额,是以整个建筑物或构筑物为对象,以"m²""m³"或"座"等为计量单位规定人工、材料、机械台班耗用量的数量标准。

5)投资估算指标。投资估算指标是在项目建议书和可行性研究阶段编制、计算投资需要量时使用的一种定额,一般以独立的单项工程或完整的工程项目为对象。

(3)按定额的编制单位和执行范围分类。

1)全国统一定额。全国统一定额是由国家建设行政主管部门根据全国各专业工程的生产技术与组织管理情况而编制的、在全国范围内执行的定额。

2)行业统一定额。行业统一定额是按照国家定额分工管理的规定,由各行业部门根据本行业情况编制的、只在本行业和相同专业性质使用的定额。

3)地区统一定额。地区统一定额是按照国家定额分工管理的规定,由各省、直辖市、自治区建设行政主管部门根据本地区情况编制的、在其管辖的行政区域内执行的定额,如各省、市、自治区"建筑工程预算定额"等。

4)企业定额。企业定额是企业根据自身具体情况编制,在本企业使用的定额,如施工企业定额等。

5)补充定额。当现行定额项目不能满足生产需要时,根据现场实际情况一次性补充定额,并报当地造价管理部门批准或备案。

(4)按投资的费用性质分类。

1)建筑工程定额。建筑工程定额是建筑工程施工定额、建筑工程预算定额、建筑工程概算定额和建筑工程概算指标的统称。建筑工程一般是指房屋和构筑物工程。其包括土建工程、电气工程(动力、照图、弱电)、暖通技术(水、暖、通风工程)、工业管道工程、特殊构筑物工程等。广义上被理解为包含其他各类工程,如道路、铁路、桥梁、隧道、运河、堤坝、港口、电站、机场等工程。建筑工程定额是指用于建筑工程的计价定额。因此，建筑工程定额在整个工程建设定额中是一种非常重要的定额，在定额管理中占有突出的地位。

2）设备安装工程定额。设备安装工程是对需要安装的设备进行定位、组合、校正、调试等工作的工程。在工业项目中，机械设备安装工程和电气设备安装工程占有重要地位。在非生产性的建设项目中，由于社会生活和城市设施的日益现代化，设备安装工程量也在不断增加。设备安装工程定额是指用于设备安装工程的计价定额。

3）建筑安装工程费用定额。建筑安装工程费用定额是指与建筑安装施工生产的个别产品无关，而为企业生产全部产品所必需，为维持企业的经营管理活动所必须发生的各项费用开支的费用消耗标准。

4）工器具定额。工器具定额是为新建或扩建项目投产运转而首次配置的工具、器具的数量标准。工具和器具是指按照有关规定不符合固定资产标准的工具、器具和生产用家具。

5）工程建设其他费用定额。工程建设其他费用定额是除建筑安装工程、设备和工器具购置外的其他费用开支的标准。工程建设其他费用的发生和整个项目的建设密切相关。

2.1.3　建设工程定额的特点

（1）科学性。建设工程定额的科学性包括两重含义：一重含义是指建设工程定额和生产力发展水平相适应，反映出工程建设中生产消费的客观规律；另一重含义是指建设工程定额管理在理论、方法和手段上适应现代科学技术和信息社会发展的需要。

建设工程定额的科学性，首先表现在用科学的态度制定定额，尊重客观实际，力求定额水平合理；其次表现在制定定额的技术方法上，利用现代科学管理的成就，形成一套系统的、完整的、在实践中行之有效的方法；最后表现在定额制定和贯彻的一体化，制定是为了提供贯彻的依据，贯彻是为了实现管理的目标，也是对定额的信息反馈。

（2）系统性。建设工程定额是相对独立的系统，它是由多种定额结合而成的有机的整体。其结构复杂，有鲜明的层次，有明确的目标。从整个国民经济来看，进行固定资产生产和再生产的工程建设，是一个有多项工程集合体的整体。工程建设本身包括农林水利、轻纺、机械、煤炭、电力、石油、冶金、化工、建材工业、交通运输、邮电工程，以及商业物资、科学教育文化、卫生体育、社会福利和住宅工程等。它的多种类和多层次决定了工程建设定额的多种类、多层次。

（3）统一性。建设工程定额的统一性，主要是由国家对经济发展的有计划的宏观调控职能决定的。建设工程定额的统一性按照其影响力和执行范围来看，有全国统一定额、地区统一定额和行业统一定额等；按照定额的制定、颁布和贯彻使用来看，有统一的程序、统一的原则、统一的要求和统一的用途。为了使国民经济按照既定的目标发展，就需要借助于某些标准、定额、参数等，对工程建设进行规划、组织、调节、控制。而这些标准、定额、参数必须在一定的范围内是一种统一的尺度，才能实现上述职能，才能利用它对项目的决策、设计方案、投标报价、成本控制进行比选和评价。借助统一的建设工程定额可以对社会投资进行监督。

（4）指导性。建设工程定额的指导性体现在两个方面：一方面，工程建设定额作为国家各地区和行业颁布的指导性依据，可以规范建设市场的交易行为，在具体的建设产品定价过程中也可以起到相应的参考性作用。同时，统一定额还可以作为政府投资项目定价以及造价控制的重要依据。另一方面，在现行工程量清单计价方式下，体现交易双方自主定价的特点，承包商投标报价的主要依据是企业定额，但企业定额的编制和完善仍然离不开统一定额的指导。

(5)稳定性与时效性。建设工程定额是一定时期技术发展和管理水平的反映，在一段时间内都表现出稳定的状态。稳定的时间有长有短，一般为5～10年。当生产力向前发展了，定额就会与已经发展了的生产力不相适应，它原有的作用就会逐渐减弱以至消失，需要重新编制或修订。

2.2 工 时 研 究

2.2.1 工时研究的概念

工时研究是在一定的标准测定条件下，确定操作者作业活动所需时间总量的一套方法。工时研究的直接结果是制定时间定额，在建筑施工中主要是确定施工的时间定额或产量定额。

进行工时研究，必须对施工过程进行研究。

2.2.2 施工过程研究

施工过程是工程建设的生产过程。它是由不同工种、不同技术等级的建筑工人完成的，并且必须有一定的劳动对象——建筑材料、半成品、配件等；一定的劳动工具、手动工具、小型机具和机械等。

在研究施工过程中，首先应对施工过程进行分类。根据不同的需要可进行不同的分类。

(1)按施工过程劳动分工的特点不同，可分为个人完成的过程、施工班组完成的过程和施工队完成的过程。

(2)按施工过程的完成方法不同，可分为手工操作过程(手动过程)、机械化过程(机动过程)和机手并动过程(半机械化过程)。

(3)按施工过程组织上的复杂程度，可分为工序、工作过程和综合工作过程。

1)工序。工序是组织上分不开和技术上相同的施工过程。工序的主要特征是：工人班组、工作地点、施工机具和材料均不发生变化。如果其中有一个因素发生变化，就意味着从一个工序转入另一个工序。

2)工作过程。工作过程是由同一工人或同一工人班组所完成的在技术操作上相互有机联系的工序的总和。其特点是人员编制不变、工作地点不变，但材料或(和)工具可以变化。

3)综合工作过程。综合工作过程是同时进行的、在组织上有机联系在一起的、最终能获得一种产品的工作过程的总和。例如，浇灌混凝土结构的施工过程，是由搅拌、运送、浇灌和捣实混凝土等工作过程组成的。

2.2.3 工人工作时间的分类

工人工作时间是指工人在工作班内消耗的工作时间。按照我国现行的工作制度，工人在一个工作班内消耗的工作时间是 8 h。按其消耗的性质，可以分为必须消耗的时间和损失时间两大类。必须消耗的时间（即定额时间）是工人在正常施工条件下，为完成一定数量合格产品所必须消耗的时间，它是制定定额的主要依据；损失时间（即非定额时间）是与产品生产无关，而与施工组织和技术上的缺点有关，与工人在施工过程的个人过失或某些偶然因素有关的时间消耗。

工人工作时间的分类示意图如图 2-1 所示。

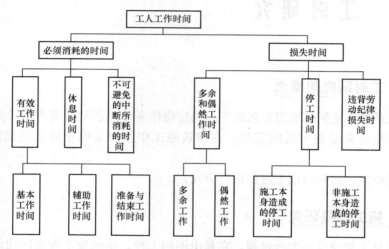

图 2-1　工人工作时间的分类示意图

（1）必须消耗的时间（即定额时间）。必须消耗的时间包括有效工作时间、休息时间和不可避免的中断时间。

1）有效工作时间。有效工作时间是从生产效果来看与产品生产直接有关的时间消耗。其中包括基本工作时间、辅助工作时间、准备与结束工作时间的消耗。

①基本工作时间。基本工作时间是工人完成基本工作所消耗的时间，是完成一定产品的施工工艺过程所消耗的时间。这些工艺过程可以改变材料、结构、产品的外形或性质。基本工作时间所包括的内容依工作性质而各不相同。例如，抹灰工的基本工作时间包括准备工作时间、润湿表面时间、抹灰时间、抹平抹光的时间。基本工作时间的长短和工作量大小成正比。

②辅助工作时间。辅助工作时间是为保证基本工作能顺利完成所做的辅助性工作所消耗的时间。辅助工作不能使产品的形状大小、性质或位置发生变化，如施工过程中工具的校正和小修、机械的调整、搭设小型脚手架等。

③准备与结束工作时间。准备与结束工作时间是执行任务前或任务完成后所消耗的工作时间，如工作地点、劳动工具和劳动对象的准备工作时间，工作结束后的整理工作时

间等。

2)休息时间。休息时间是工人在施工过程中为恢复体力所必需的短暂休息和生理需要的时间消耗。这种时间是为了保证工人体力充沛地进行工作，应作为必须消耗的时间。

3)不可避免的中断时间。不可避免的中断时间是由于施工工艺特点引起的工作中断所消耗的时间，如汽车司机在等待汽车装、卸货时消耗的时间等。

(2)损失时间(即非定额时间)。损失时间包括多余和偶然工作时间、停工时间、违背劳动纪律损失时间。

1)多余和偶然工作时间。多余和偶然工作时间包括多余工作引起的时间损失和偶然工作引起的时间损失两种情况。

①多余工作。多余工作是工人进行了任务以外的而又不增加产品数量的工作，如对已养护好的混凝土构件进行多余的养护等。多余工作的时间损失，一般都是由于工程技术人员或工人的差错而引起的修补废品和多余加工造成的，不能作为必须消耗的时间。

②偶然工作。偶然工作是工人在任务外进行的，但能够获得一定产品的工作，如抹灰工不得不补上偶然遗忘的墙洞等。

2)停工时间。停工时间是工作班内停止工作造成的时间损失。停工时间按其性质可分为施工本身造成的停工时间和非施工本身造成的停工时间两种。

①施工本身造成的停工时间，是由于施工组织不善、材料供应不及时、工作地点组织不良等情况引起的停工时间。

②非施工本身造成的停工时间，是由于气候条件以及水源、电源中断引起的停工时间。

3)违背劳动纪律损失时间。违背劳动纪律损失时间是指工人在工作班内擅自离开工作岗位、迟到早退、工作时间办私事等造成的时间损失。

2.2.4 机械工作时间的分类

机械工作时间是指机械在工作班内消耗的工作时间。按其消耗的性质可以分为必须消耗的时间和损失时间两大类，如图2-2所示。

(1)必须消耗的时间。必须消耗的时间包括有效工作时间、不可避免的无负荷工作时间和不可避免的中断时间。

1)有效工作时间，包括正常负荷下的工作时间和有根据地降低负荷下的工作时间。

①正常负荷下的工作时间，是机械在与机械说明书规定的计算负荷相符的情况下进行工作的时间。

②有根据地降低负荷下的工作时间，是在个别情况下机械由于技术上的原因，在低于其计算负荷下工作的时间，如汽车运输重量轻而体积大的货物时，不能充分利用汽车的载重吨位，因而低于其计算负荷。

2)不可避免的无负荷工作时间，是由施工过程的特点和机械结构的特点造成的机械无负荷工作时间，如载重汽车在工作班时间的单程"放空车"等。

3)不可避免的中断时间，是与工艺过程的特点、机械的使用和保养、工人休息等有关的不可避免的中断时间。例如，汽车装货和卸货时的停车时间。

(2)损失时间。损失时间包括多余工作时间、停工时间、违反劳动纪律时间和低负荷下工作时间。

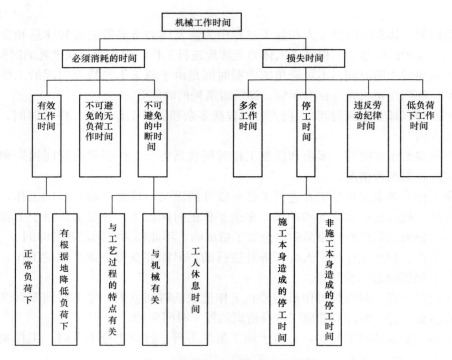

图 2-2　机械工作时间分类示意图

1)多余工作时间、停工时间和违反劳动纪律时间,其含义见前文,此处不再赘述。

2)低负荷下的工作时间,是由工人或技术人员的过错所造成的施工机械降低负荷的情况下工作的时间,如工人装车的砂、石数量不足引起的汽车在低负荷的情况下工作所延续的时间。

2.2.5　工时定额的测定方法

工时定额的测定方法有测时法、写实记录法、工作日写实法和简易测定法等。

(1)测时法。测时法主要适用于测定那些重复的循环工作的工时消耗,是精确度比较高的一种计时观察法。其主要测定"有效工作时间"中的"基本工作时间",有选择测时法和连续测时法两种。

1)选择测时法。选择测时法又称间隔测时法,是间隔选择施工过程中非紧连的组成部分(工序或操作)进行工时测定。

2)连续测时法。连续测时法是连续测定一个施工过程各工序或操作的延续时间。连续测时法每次要记录各工序或操作的终止时间,并计算出本工序的延续时间。

(2)写实记录法。写实记录法是一种研究各种性质的工作时间消耗的方法。采用这种方法,可以获得分析工作时间消耗的全部资料。

(3)工作日写实法。工作日写实法主要是一种研究整个工作班内的各种工时时间消耗的方法。运用工作日写实法主要有两个目的:一是取得编制定额的基础资料;二是检查定额的执行情况,找出缺点,改进工作。

（4）简易测定法。简易测定法主要测定工作时间中的基本工作时间，其他时间根据相应的系数计算。

2.3 施工定额

2.3.1 施工定额简介

（1）施工定额的概念。施工定额一般也称为企业定额，是指在正常的施工条件下，以同一性质的施工过程为对象而规定的完成单位合格产品所需消耗的劳动力、材料、机械台班使用的数量标准。

施工定额反映企业的技术水平和管理水平，是施工单位内部管理用的定额，是生产性定额。

（2）施工定额的作用。

1）施工定额是企业计划管理的依据。施工企业的计划管理主要体现在施工组织设计的编制和施工作业计划的制订两个方面。

①施工组织设计是施工企业全面安排和指导施工生产以确保其按计划顺利进行的依据。企业编制施工组织设计，首先是根据施工图纸计算工程量，再根据平均先进的劳动定额计算出各施工过程所需要的劳动量，根据材料消耗定额和机械台班定额计算出材料需要量和机械台班数量，按计划工期，合理安排各施工过程的顺序和进度。

②施工作业计划是施工企业进行计划管理的重要环节。在实际施工过程中，要对施工中劳动力需要量和施工机械使用进行平衡，并计算出材料需要量和实物工程量等，都需要以施工定额为依据。

2）施工定额是组织和指导生产的有效工具。施工企业组织和指挥施工工人、班组进行施工，是按照作业计划，通过向工人和生产班组下达施工任务单和限额领料单来实现的。施工任务单既是下达施工任务的文件，也是施工工人、班组与施工队进行经济核算的原始凭证。施工任务单上的工程项目名称、计量单位、时间定额（或产量定额）、工程量等，均需取自施工定额的劳动定额。限额领料单上的材料消耗需取自施工定额中的材料消耗定额。

3）施工定额是计算工人劳动报酬的依据。一个工人所付出的劳动主要指劳动数量、质量、劳动成果和产生效益等方面，在实际施工中，施工企业根据工人班组完成分配任务和材料实际耗用量的情况对工作进行考核。施工定额是计算工资的基础，也是发放奖励工资的依据。

4）施工定额是推广先进技术的必要手段。施工定额水平中包含某些已成熟的先进施工技术和经验，工人要达到和超过施工定额就必须掌握和运用这些生产技术。同时，施工定额中往往明确要求采用某些先进的施工工具和施工方法，所以，贯彻施工定额也就意味着推广先进的技术。

5)施工定额是编制施工预算，加强企业成本管理和经济核算的基础。施工预算是施工单位用以确定单位工程施工过程中人工、材料、机械和资金需用量的计划文件。它是一种企业内部预算。施工预算是以施工定额、施工图纸和现场实际情况为依据来进行编制的。在编制过程中，要适当考虑在现有技术、设备及劳动者素质等情况下尽可能采取节约人工、材料、机械的措施，以节约成本，有效控制人力、物力消耗，创造更佳的经济效益。

6)施工定额是编制工程量清单报价的依据。根据工程造价改革的目标，要逐步形成以市场价格为主的价格机制。随着现行国家标准《建设工程工程量清单计价规范》(GB 50500—2013)的颁布实施，由招标人按照国家统一的工程量计算规则提供数量，由投标人根据施工定额及市场价格自主报价，并按照低价中标的工程造价计价模式将全面推广。因此，建筑施工企业根据自身实际、市场供需、施工规范制定符合自身发展需要的企业定额，显得越来越重要。

7)施工定额是编制预算定额的基础。预算定额是在施工定额的基础上综合而成的。以施工定额为基础编制预算定额，可以避免大量的现场测定定额的复杂工作，缩短定额编制周期，也能保证预算定额与实际的生产和经营管理水平相适应。

由此可见，施工定额在建筑安装企业管理的各个环节中都是不可缺少的。施工定额管理是企业的基础性工作，随着市场经济的不断成熟，施工定额作为衡量施工企业管理水平、竞争力的一个十分重要的指标，显得越来越重要。

（3）施工定额的编制原则。

1)平均先进性原则。定额水平是施工定额的核心，是指由定额规定的完成单位合格产品所需消耗的人工、材料和机械台班数量标准。平均先进水平就是在正常的施工条件下，多数工人可以达到或超过，少数工人可以接近的水平。

2)简明适用性原则。简明适用是就施工定额的内容和形式而言，要方便于定额的贯彻和执行。制定施工定额的目的就是适用于企业内部管理，具有可操作性。做到项目划分合理，步距大小适当，文字通俗易懂，计算方法简便，册(章、节)的编排要方便基层单位的使用。定额的简明性应服从适应性的要求。

3)以专为主，专群结合的原则。编制施工定额，要以专家为主，这是实践经验的总结。施工定额的编制要求有一支经验丰富、技术与管理知识全面、有一定政策水平、熟悉企业情况的稳定的专家队伍。同时，也要注意必须走群众路线，尤其是在现场测试和组织新定额试点时尤其重要。

2.3.2 劳动定额

（1）劳动定额的概念。劳动定额又称为人工消耗定额，是指在正常的施工技术和组织条件下，某级工人在单位时间内完成合格产品所需的劳动消耗量标准。

（2）劳动定额的表现形式。劳动定额有两种表现形式，即时间定额和产量定额。

1)时间定额，是指某工种、某种技术等级的工人班组或个人，在合理的生产技术和生产组织条件下，完成符合质量要求的单位产品所必需的工作时间(单位：工日/m^3、工日/m^2等)。

2)产量定额，是指某工种、某种技术等级的工人班组或个人，在合理的生产技术和生产组织条件下，在单位时间（工日）内应完成合格产品的数量（单位：$m^3/$工日、$m^2/$工日等）。

时间定额和产量定额互为倒数。

（3）劳动定额的编制。

1）技术测定法。技术测定法是应用2.2节所述的几种计时观察法获得工时消耗数据、制定劳动消耗定额。这种方法有较充分的科学依据，准确程度较高，但工作量较大，测定的方法和技术较复杂。为保证定额的质量，对那些工料消耗比较大的定额项目应首先选择这种方法。

时间定额是在确定基本工作时间、辅助工作时间、准备与结束时间、不可避免中断时间及休息时间的基础上制定的。

①确定基本工作时间。基本工作时间在必须消耗的工作时间中占的比重最大。基本工作时间消耗根据计时观察资料来确定。其做法是，首先确定工作过程每一组成部分的工时消耗，然后再综合出工作过程的工时消耗。

②确定辅助工作以及准备与结束工作时间。辅助工作时间以及准备与结束工作时间的确定方法与基本工作时间相同。

③确定不可避免的中断时间。施工中有两种不同的工作中断情况：一种情况是由工艺特点所引起的不可避免中断，此项工作消耗可以列入工作过程的时间定额；另一种情况是由于班组工人所担负的任务不均衡引起的中断，这种工作中断应通过改善班组人员编制、合理进行劳动分工来克服。

不可避免的中断时间根据测时资料通过整理分析获得。

④确定休息时间。休息时间是工人恢复体力所必需的时间，应列入工作过程时间定额。休息时间应根据工作班作息制度、经验资料、计时观察资料以及对工作的疲劳程度作全面分析来确定。应考虑尽可能利用不可避免的中断时间作为休息时间。

⑤确定时间定额。确定基本工作时间、辅助工作时间、不可避免的中断时间、准备与结束时间和休息时间之后，可以计算时间定额。其计算公式如下：

$$工序作业时间＝基本工作时间＋辅助工作时间＝基本工作时间/（1－辅助工作时间\%）$$
$$规范时间＝准备与结束工作时间＋不可避免的中断时间＋休息时间$$
$$定额时间＝工序作业时间/（1－规范时间\%）$$

【例2-1】 人工挖二类土，由测时资料可知，挖 $1 m^3$ 需消耗基本工作时间 6 h，辅助工作时间占工序作业时间的 2%，准备与结束时间、不可避免的中断时间、休息时间分别占工作日的 3%、2%、18%，试确定时间定额。

解：
$$基本工作时间＝6 h＝0.75 工日/m^3$$
$$工序作业时间＝0.75/（1－2\%）＝0.765（工日/m^3）$$
$$时间定额＝0.765/（1－3\%－2\%－18\%）＝0.994（工日/m^3）$$

2）比较类推法。比较类推法是选定一个已精确测定好的典型项目的定额，经过对比分析，计算出同类型其他相邻项目的定额的方法。采用这种方法制定定额简单易行、工作量小，但往往会因对定额的时间构成分析不够，对影响因素估计不足，或所选典型定额不当而影响定额的质量。本方法适用于制定同类产品品种多、批量小的劳动定额和材料消耗定额。比较类推法的计算公式为

$$t = p \times t_0$$

式中 t——比较类推同类相邻定额项目的时间定额；

         p——各同类相邻项目耗用工时的比例；

         t_0——典型项目的时间定额。

【例 2-2】 已知挖一类土，地槽在 1.5 m 以内槽深和不同槽宽的时间定额及各类土耗用工时的比例见表 2-1，推算挖二、三、四类土地槽的时间定额。

工日/m³

表 2-1 挖地槽时间定额比较类推表

项目	耗用工时比例 p	挖地槽深度在 1.5 m 以内	
		上口宽(在 m 以内)	
		0.8	1.5
一类土(典型项目)	1.00	0.167	0.144
二类土	1.43	0.238	0.205
三类土	2.50	0.417	0.357
四类土	3.76	0.629	0.538

解： 挖二类土上口宽为 0.8 m 以内的时间定额 t_2 为

$$t_2 = 1.43 \times 0.167 = 0.239 \text{(工日/m}^3\text{)}$$

挖三、四类土地槽的时间定额计算方法同上。

3)统计分析法。统计分析法是将以往施工中所积累的同类型工程项目的工时耗用量加以科学地统计、分析，并考虑施工技术与组织变化的因素，经分析研究后制定劳动定额的一种方法。

采用统计分析法需有准确的原始记录和统计工作基础，并且选择正常的及一般水平的施工单位与班组。同时，还要选择部分先进和落后的施工单位与班组进行分析和比较。

由于统计分析资料是过去已经达到的水平，且包含了某些不合理的因素，水平可能偏于保守，为了使定额保持平均先进水平，应从统计资料中求出平均先进值。

平均先进值的计算步骤如下：

①删除统计资料中特别偏高、偏低及明显不合理的数据。

②计算出算术平均值。

③在工时统计数组中，取小于上述算术平均值的数组，再计算其平均值，即为所求的平均先进值。

【例 2-3】 已知工时消耗统计数组：60、40、70、50、70、70、40、50、40、60、100。试求平均先进值。

解： ①删除明显不合理的数据。上述数组中 100 是明显偏高的数据，应删除。

②计算算术平均值。

    算术平均值=(60+40+70+50+70+70+40+50+40+60)/10=55

③计算平均先进值。选数组中小于算术平均值 55 的数据求平均先进值。

    平均先进值=(40+50+40+50+40)/5=44

4)经验估计法。经验估计法是对生产某一种产品或完成某项工作所需消耗的工日、原材料、机械台班等的数量，根据定额管理人员、技术人员、工人等以往的经验，结合图纸分析、现场观察、分解施工工艺、组织条件和操作方法来估计。经验估计法适用于制定多品种产品的定额。

经验估计法的优点是技术简单、工作量小、速度快；缺点是人为因素较多，科学性、准确性较差。

2.3.3 机械台班消耗定额

（1）机械台班消耗定额的概念。机械台班消耗定额是指施工机械在正常施工条件下，合理、均衡地组织劳动和使用机械，完成单位合格产品所必须消耗的机械台班数量标准。

一台施工机械工作 8 h 为一个台班。

（2）机械台班消耗定额的表现形式。机械台班消耗定额的表现形式有机械时间定额和机械台班产量定额两种。

1)机械时间定额。机械时间定额是指在合理劳动组织和合理使用机械条件下完成单位合格产品所必须的工作时间。按下列公式计算：

$$机械时间定额＝\frac{1}{机械台班产量定额}$$

由于机械必须由工人小组操作，所以，完成单位合格产品的时间定额，需列出人工时间定额。即

$$单位产品人工时间定额（工日）＝\frac{小组成员总人数}{机械台班产量}$$

2)机械台班产量定额。机械台班产量定额是指在合理劳动组织与合理使用机械条件下，机械在每个台班时间内，应完成合格产品的数量。按下列公式计算：

$$机械台班产量定额＝\frac{1}{机械时间定额（台班）}$$

机械时间定额和机械台班产量定额互为倒数。

（3）机械台班消耗定额编制。

1)拟定正常施工条件。机械操作与人工操作相比，劳动生产率在更大程度上受施工条件的影响，所以，需要更好地拟定正常的施工条件。拟定机械工作正常的施工条件，主要是拟定工作地点的合理组织和拟定合理的技术工人编制。

2)确定机械纯工作 1 h 生产率。机械纯工作 1 h 生产率，就是在正常施工组织条件下，具有必需的知识和技能的技术工人连续正常操作机械 1 h 的生产率。

根据工作特点的不同，机械可分为循环和连续动作两类。其机械纯工作 1 h 生产率的确定方法有所不同。

①循环动作机械纯工作 1 h 生产率。

$$机械纯工作 1 h 循环次数＝\frac{3\ 600（s）}{一次循环的正常延续时间}$$

机械纯工作 1 h 正常生产率＝机械纯工作 1 h 正常循环次数×一次循环生产的产品数量

②连续动作机械纯工作 1 h 生产率。

$$连续动作机械纯工作1\ h生产率=\frac{工作时间内生产的产品数量}{工作时间(h)}$$

③确定机械的正常利用系数。机械的正常利用系数是指机械在工作班内对工作时间的利用率。机械正常利用系数的计算公式如下：

$$机械正常利用系数=\frac{机械在一个工作班内纯工作时间}{一个工作班延续时间(8\ h)}$$

④计算机械台班定额。

$$机械台班产量定额=机械纯工作1\ h正常生产率\times工作班纯工作时间$$

$$机械台班产量定额=机械纯工作1\ h正常生产率\times工作班延续时间\times机械正常利用系数$$

【例 2-4】 某出料容量 500 L 的混凝土搅拌机，每一次循环中，装料、搅拌、卸料、中断需要的时间分别为 1 min、3 min、1 min、1 min，混凝土搅拌机的出料系数取 0.7，机械正常功能利用系数为 0.9，求该机械台班产量定额。

解：该搅拌机一次循环的正常延续时间=1+3+1+1=6(min)=0.1 h

该搅拌机纯工作 1 h 循环次数=10 次

该搅拌机纯工作 1 h 正常生产率=10×500×0.7=3 500(L)=3.5 m^3

该搅拌机台班产量定额=3.5×8×0.9=25.2(m^3/台班)

2.3.4 材料消耗定额

(1)材料消耗定额的概念。材料消耗定额是指在正常的施工条件下和合理使用材料的条件下，生产质量合格的单位产品所必需消耗的一定品种规格的材料、半成品、构配件等的数量标准。

(2)材料消耗定额的组成。材料消耗定额由两部分组成，即材料的净用量和损耗量。材料的净用量是指直接用于建筑工程的材料数量；材料的损耗量是指不可避免的施工废料和材料损耗数量，如场内运输及场内堆放在允许范围内不可避免的损耗、加工制作中的合理损耗及施工操作中的合理损耗等。

材料损耗量用材料损耗率来表示。材料损耗率是指材料的损耗量与材料净用量的比值。其计算公式如下：

$$材料损耗率=\frac{材料损耗量}{材料净用量}\times100\%$$

材料损耗率确定后，材料消耗定额的计算公式如下：

$$材料消耗量=材料净用量+材料损耗量$$

或 $$材料消耗量=材料净用量\times(1+材料损耗率)$$

(3)材料消耗定额的编制。

1)现场技术测定法。现场技术测定主要是为了取得编制材料损耗定额的资料。材料消耗中的净用量比较容易确定，但材料消耗中的损耗量不能随意确定，需要通过现场技术测定来区分哪些属于难于避免的损耗，哪些属于可以避免的损耗，从而确定出较准确的材料损耗量。

2)试验法。试验法是在试验室内采用专用的仪器设备，通过试验的方法来确定材料消耗定额的一种方法，用这种方法提供的数据虽然准确度高，但容易脱离现场实际情况。

3）统计法。统计法是通过对现场用料的大量统计资料进行分析计算的一种方法。用该方法可获得材料消耗定额的各项数据，用以编制材料消耗定额。

4）理论计算法。理论计算法是运用一定的数学公式计算材料的耗用量，确定材料消耗定额的一种方法。理论计算法只能计算单位产品的材料净用量，材料的损耗量还要在现场通过实测取得。这种方法适用于块状、板状、卷状等材料消耗量的计算。

①砖砌体材料消耗量的计算。标准砖（240 mm×115 mm×53 mm）砌体的净用量的计算公式如下：

$$标准砖净用量（块）=\frac{砌体厚度砖数×2}{砌体厚度×（砖长+灰缝宽）×（砖厚+灰缝宽）}$$

$$砌体中砂浆净用量（m^3）=1-标准砖净用量×砖长×砖宽×砖厚$$

$$各种材料消耗量=材料净用量×（1+材料损耗率）$$

标准砖墙的计算厚度见表2-2。

表 2-2　标准砖墙的计算厚度

砖数	$\frac{1}{2}$	$\frac{3}{4}$	1	$1\frac{1}{2}$	2
墙厚/m	0.115	0.180	0.240	0.365	0.490

【例2-5】　试计算标准砖一砖墙每立方米砖砌体和砂浆的消耗量，假定砖和砂浆损耗率均为1%，砂浆灰缝为10 mm。

解：

$$1\ m^3\ 标准砖一砖墙中砖的净用量=\frac{1×2}{0.24×（0.24+0.01）×（0.053+0.01）}=529.1（块）$$

$$1\ m^3\ 标准砖一砖墙中砂浆的净用量=1-529.1×0.24×0.115×0.053=0.226（m^3）$$

$$1\ m^3\ 标准砖一砖墙标准砖的消耗量=529.1×（1+0.01）=534.39（块）$$

$$1\ m^3\ 标准砖一砖墙砂浆的消耗量=0.226×（1+0.01）=0.228（m^3）$$

【例2-6】　某框架结构填充墙，采用混凝土空心砌块砌筑，墙厚为190 mm，空心砌块尺寸为390 mm×190 mm×190 mm，损耗率为1%；砌块墙的砂浆灰缝为10 mm，砂浆损耗率为1%，试计算1 m³该填充墙的混凝土空心砌块和砂浆的消耗量。

解：

$$1\ m^3\ 该填充墙的混凝土空心砌块的净用量=\frac{1}{0.19×（0.39+0.01）×（0.19+0.01）}$$
$$=65.8（块）$$

$$1\ m^3\ 该填充墙中砂浆的净用量=1-65.8×0.39×0.19×0.19=0.074（m^3）$$

$$1\ m^3\ 该填充墙中混凝土空心砌块的消耗量=65.8×（1+0.01）=66.46（块）$$

$$1\ m^3\ 该填充墙中砂浆的消耗量=0.074×（1+0.01）=0.075（m^3）$$

②各种块料面层材料的消耗量计算。

$$每100\ m^2\ 块料面层中块料净用量（块）=\frac{100}{（块料长+灰缝）×（块料宽+灰缝）}$$

$$每100\ m^2\ 块料面层中灰缝砂浆净用量(m^3)=(100-块料净用量\times块料长\times块料宽)\times$$
$$块料厚$$
$$每100\ m^2\ 块料面层中结合层砂浆净用量(m^3)=100\times结合层厚$$
$$各种材料消耗量=材料净用量\times(1+材料损耗率)$$

【例 2-7】 请计算每 100 m² 瓷砖墙面的瓷砖及砂浆的用量。已知：瓷砖的规格为 150 mm×150 mm，厚度为 5 mm；结合层厚度为 10 mm，瓷砖损耗率为 1.5%，砂浆损耗率为 1%，灰缝为 2 mm。

解：（1）瓷砖净用量 $=\dfrac{100}{(0.15+0.002)\times(0.15+0.002)}=4\ 328.3$（块）

瓷砖消耗量 $=4\ 328.3\times(1+1.5\%)=4\ 393.2$（块）

（2）砂浆净用量 $=100\times0.01+(100-4\ 393.2\times0.15\times0.15)\times0.005=1.006$（m³）

砂浆消耗量 $=1.006\times(1+1\%)=1.02$（m³）

2.4 预算定额

2.4.1 概述

（1）预算定额的概念。预算定额是在正常合理的施工条件下，规定完成一定计量单位的分项工程或结构构件所必须的人工、材料和施工机械台班以及价值的消耗数量标准，是计算建筑安装产品价值的基础。

预算定额是由各省、市有关部门组织编制并颁布的一种指导性指标，反映的是当地完成一定计量单位分项工程或结构构件的人工、材料、机械台班消耗量的平均水平。

（2）预算定额的作用。

1）预算定额是编制施工图预算、确定建筑安装工程造价的基础。施工图纸确定后，根据预算定额编制施工图预算。预算定额直接影响工程造价的数量标准，是工程造价控制的重要依据。

2）预算定额是编制施工组织设计的依据。施工组织设计是施工企业不可缺少的一个重要环节。施工组织设计编制的重要任务之一就是确定施工中所需人力、物力的供求量，并作出最佳人力、物力的需求计划表。施工企业在施工定额不完善的情况下，可以根据预算定额完成这部分的工作任务，也能比较精确地计算出施工中各项资源的需要量，为有计划地组织材料采购、构件加工、劳动力调配、机械调配提供可靠的计算基础。

3）预算定额是工程结算的依据。按进度支付进度款，需要根据预算定额将已完成的分项工程的造价算出。在单位工程完成后，再按竣工工程量、预算定额和施工合同规定进行结算，以保证建设单位建设资金的合理使用和施工单位的经济收入。

4）预算定额是施工单位进行经济活动分析的依据。通过预算定额施工企业能够具体分析劳动、材料、机械的消耗量，与施工定额分析的生产要素的消耗量作对比，寻找出低功效、高消耗的薄弱环节，提高企业的竞争力。

5)预算定额是编制概算定额的基础。概算定额是在预算定额的基础上综合扩大编制的。

6)预算定额是合理编制招标标底、投标报价的基础。预算定额的科学性和权威性决定了它在企业编制标底、投标报价中占有重要的地位。

2.4.2 预算定额中人工、材料和机械台班消耗量的确定

(1)人工消耗量的确定。预算定额中人工消耗量是指在正常施工条件下，生产单位合格产品所必须消耗的人工工日数量，包括基本用工和其他用工两项。

1)基本用工。基本用工是指完成单位合格产品所必须消耗的技术工种用工。按技术工种相应劳动定额的工时定额计算，以不同工种列出定额工日。例如，砌筑各种墙体工程的砌砖、调运砂浆、铺砂浆和运砖等所需的用工量。其计算公式为

$$基本用工＝\sum（综合取定的工程量×劳动定额）$$

2)其他用工。其他用工通常包括超运距用工、辅助用工和人工幅度差。

①超运距用工。超运距用工是指预算定额的平均水平运距超过劳动定额规定的水平运距部分。其计算公式为

$$超运距用工＝\sum（超运距材料数量×超运距劳动定额）$$

$$超运距＝预算定额取定运距－劳动定额已包括的运距$$

②辅助用工。辅助用工是指技术工种劳动定额内不包括而在预算定额内必须考虑的工时，如筛砂、淋灰用工、机械土方配合用工等。其计算公式为

$$辅助用工＝\sum（材料加工数量×相应的加工劳动定额）$$

③人工幅度差。人工幅度差是指在劳动定额作业时间之外，在预算定额应考虑的正常施工条件下所发生的各种工时损失。其内容包括各工种之间的工序搭接及交叉作业互相配合时发生的停歇用工；施工机械在单位工程之间转移及临时水电线路移动所造成的停工；质量检查和隐蔽工程验收工作的影响；班组操作地点转移用工，工序交接时对前一工序不可避免的修整用工，施工中不可避免的其他零星用工。其计算公式为

$$人工幅度差＝（基本用工＋超运距用工＋辅助用工）×人工幅度差系数$$

在预算定额中人工消耗量用综合工日表示，其计算公式为

$$综合工日＝基本用工＋超运距用工＋辅助用工＋人工幅度差$$

$$＝（基本用工＋超运距用工＋辅助用工）×（1＋人工幅度差系数）$$

(2)材料消耗量的确定。预算定额中材料消耗量是指在节约和合理使用材料的条件下，生产单位合格产品所必须消耗的一定品种规格的材料、燃料、半成品或配件数量标准。材料耗用量指标是以材料消耗定额为基础，按预算定额的定额项目，综合材料消耗定额的相关内容，经汇总后确定。

材料消耗量，按用途划分为以下四种：

1)主要材料，指直接构成工程实体的材料，其中也包括成品、半成品的材料。

2)辅助材料，指除主要材料以外构成工程实体的其他材料，如垫木、钉子、钢丝等。

3)周转性材料，指脚手架、模板等多次周转使用的不构成工程实体的摊销性材料。

4)其他材料，指用量较少，难以计量的零星用料，如棉纱、编号用的油漆等。

材料消耗量的计算方法主要有以下几种：

1)凡有标准规格的材料，按规范要求计算定额计量单位的耗用量，如砖、防水卷材、块料面层等。

2)凡设计图纸标注尺寸及下料要求的按设计图纸尺寸计算材料净用量，如门窗制作用材料等。

3)换算法。各种胶结、涂料等材料的配合比用料，可以根据要求条件换算，得出材料用量。

4)测定法。测定法包括实验室实验法和现场观察法。其是指各种强度等级的混凝土及砌筑砂浆配合比的耗用原材料数量的计算，需按规范要求试配经过试压合格以后，并经过必要的调整后得出的水泥、砂子、石子、水的用量。对新材料、新结构又不能用其他方法计算定额消耗用量时，需用现场测定法来确定，根据不同条件可以采用写实记录法和观察法，得出定额的消耗量。

5)其他材料的确定。一般按工艺测算并在定额项目材料计算表内列出名称、数量，并按编制其他材料的价格占主要材料的比率计算，列在定额材料栏之下。定额内可不列材料名称及耗用量。

(3)机械台班消耗量的确定。预算定额中的机械台班消耗量是指在正常施工条件下，生产单位合格产品必须消耗的施工机械的台班数量。

机械台班消耗量也有两种确定方法，即根据施工定额确定机械台班消耗量和以现场测定资料为基础确定机械台班消耗量。

1)根据施工定额确定机械台班消耗量。这种方法是指施工定额或劳动定额中机械台班产量加机械幅度差计算预算定额的机械台班消耗量。其计算公式为

预算定额机械台班消耗量＝施工定额机械台班消耗量×(1＋机械幅度差系数)

机械幅度差是指机械台班消耗定额中未包括的，而机械在合理的施工组织条件下不可避免的机械的损失时间。一般包括正常施工组织条件下不可避免的机械空转时间，施工技术原因的中断及合理停滞时间，因供电供水故障及水电线路移动检修而发生的运转中断时间，因气候变化或机械本身故障影响工时利用的时间，施工机械转移及配套机械相互影响损失的时间，配合机械施工的工人因与其他工种交叉作业造成的间歇时间，因检查工程质量造成的机械停歇时间，工程收尾和工作量不饱满造成的机械间歇时间等。

2)以现场测定资料为基础确定机械台班消耗量。当施工定额(劳动定额)缺项时，则需依单位时间完成的产量测定。

2.4.3 预算定额的应用

(1)预算定额的组成。建设工程预算定额手册由目录、总说明、建筑面积计算规则、分部分项工程说明及其相应的工程量计算规则、定额项目表和有关附录等组成。

1)定额总说明。定额总说明概述建设工程预算定额的编制目的、指导思想、编制原则、编制依据、定额的适用范围和作用，以及有关问题的说明和使用方法。

2)建筑面积计算规则。建筑面积计算规则严格、系统地规定了计算建筑面积的内容范围和计算规则。这是正确计算建筑面积的前提条件，从而使全国各地区的同类建筑产品的计划价格有一个科学的可比价。

3)分部工程说明。分部工程说明是建设工程预算定额手册的重要内容。它介绍了分部

工程定额中包括的主要分项工程和使用定额的一些基本规定，并阐述了该分部工程中各项工程的工程量计算规则和方法。

4）分项工程定额项目表。

5）定额附录。建设工程预算定额手册中的附录包括机械台班价格、材料预算价格，主要作为定额换算和编制补充预算定额的基本依据。

分项工程定额项目表是预算定额的核心内容，某省建筑工程预算定额现浇混凝土柱示例见表2-3。

表 2-3 某省建筑工程预算定额现浇混凝土柱示例

工作内容：混凝土搅拌、运输、浇捣、养护等 单位：10 m³

定额编号				A4—13	A4—14	A4—15
项目				矩形柱	圆形柱	构造柱
预算价格				3 553.58	3 557.62	3 747.73
其中		人工费/元		1 130.31	1 140.57	1 292.76
		材料费/元		2 249.82	2 243.60	2 281.52
		机械费/元		173.45	173.45	173.45
名称		单位	单价/元	数量		
人工	综合工日	工日	57.0	19.83	20.01	22.6
材料	现浇混凝土(40 mm)C20	m³	216.97	10.04	10.04	—
	现浇混凝土(20 mm)C20	m³	222.92	—	—	10.04
	水泥砂浆 1：2	m³	248.99	0.29	0.29	0.29
	工程用水	m³	5.6	2.1	2.08	1.97
	其他材料费	元	—	26.53	20.42	0.29
机械	搅拌机 400 L	台班	142.32	0.63	0.63	0.63
	翻斗车 1 t	台班	132.72	0.52	0.52	0.52
	振捣器	台班	11.82	1.25	1.25	1.25

（2）预算定额基价的确定。预算定额基价即"预算价格"，是完成一定计量单位的分项工程或结构构件所需要的人工费、材料费和施工机械使用费之和。即

一定计量单位的分项工程的预算价格＝人工费＋材料费＋机械费

其中： 人工费＝人工消耗量×人工单价

材料费＝$\sum$（材料消耗量×材料单价）

$$机械费 = \sum (机械台班消耗量 \times 机械台班单价)$$

式中，人工单价、材料单价和机械台班单价的具体内容和确定方法见第1章相关内容。

（3）预算定额的应用。要灵活应用预算定额，首先在使用预算定额前，认真学习定额的有关说明、规定，熟悉定额项目内容和工程量计算规则。在预算定额的使用中，一般可分为定额的套用、定额的换算和编制补充定额三种情况。

1）预算定额的套用。当分项工程的设计要求与预算定额条件完全相符时，可以直接套用定额。这是编制施工图预算的大多数情况。但需要注意的是，完全相符的理解为主要和关键部分的条件完全相符。

【例2-8】　表2-4是某省砖基础和砖墙体预算定额项目表，请根据该表计算采用M5混合砂浆砌筑砖基础为200 m³的直接工程费及主要材料消耗量。

表2-4　某省砖基础和砖墙体预算定额项目表

工作内容：①砖基础：调、运、铺砂浆、运砖、清理基槽坑、砌砖等
②砖墙：调、运、铺砂浆、运砖、砌砖等　　　　　　　　　　　　　　　单位：10 m³

定额编号				A3—1	A3—2	A3—3
项目				砖基础	内墙	
					115 mm 厚以内	365 mm 厚以内
预算价格				2 287.15	2 624.17	2 464.70
其中	人工费/元			671.46	986.67	825.36
	材料费/元			1 576.32	1 605.02	1 599.97
	机械费/元			39.37	32.48	39.37
	名称	单位	单价/元	数量		
人工	综合工日	工日	57.0	11.78	17.31	14.48
材料	标准砖 240 mm×115 mm×53 mm	块	0.23	5 185.50	5 590.62	5 321.31
	M5 混合砂浆	m³	153.88	2.42	2.00	2.37
	工程用水	m³	5.6	2.01	2.04	2.03
机械	灰浆搅拌机	台班	98.42	0.40	0.33	0.40

解：根据题意，查表2-4，砌筑砖基础分项工程应该套A3—1，且该分项工程采用的是M5混合砂浆，与预算定额完全一致，因此可直接套用。

根据表中数据，可计算200 m³砌筑砖基础工程的直接工程费为

$$2\ 287.15 \div 10 \times 200 = 45\ 743(元)$$

完成200 m³砌筑砖基础工程主要材料消耗量为

$$标准砖：5\ 185.5 \div 10 \times 200 = 103.71(千块)$$

M5 混合砂浆：$2.42 \div 10 \times 200 = 48.4 (m^3)$

2)预算定额的换算。当设计要求与预算定额项目的工程内容、材料规格、施工方法等条件不完全相符，不能直接套用定额时，可根据定额总说明、册说明和备注说明等有关规定，在定额规定范围内加以调整换算后套用。

定额换算主要表现在以下几个方面：

①砂浆强度等级的换算。

②混凝土强度等级的换算。

③木材材积的换算。

④系数换算。

⑤按定额说明有关规定的其他换算。

【例 2-9】 表 2-3 是某省现浇混凝土柱预算定额项目表，请根据该表计算采用 C30 碎石混凝土现浇 55 m^3、截面尺寸为 600 mm×600 mm 的钢筋混凝土柱子的直接工程费。已知碎石混凝土的强度等级为 C30，石子的最大粒径为 40 mm，单价为 259.32 元。

解：根据题意，该现浇混凝土柱子是矩形柱，因此，该分项工程应套 A4—13，但由于该分项工程采用的是 C30 碎石混凝土，而定额 4—13 中是 C20 碎石混凝土，所以，需进行换算，从表 2-3 中可查得 C20 碎石混凝土的单价为 216.97 元。

换算后的预算单价＝$3\,553.58 + 10.04 \times (259.32 - 216.97) = 3\,978.77$（元）

55 m^3 的钢筋混凝土柱子的直接工程费＝$3\,978.77 \div 10 \times 55 = 21\,883.24$（元）

3)预算定额的补充。由于建筑产品的多样化和单一性的特点，在编制预算中，有些工程项目在定额中缺项，且不属于调整换算范围之内，无定额可套用时，可编制补充定额，补充定额必须经有关部门批准备案，一次性使用。

本章小结

本章首先介绍了建设工程定额的概念，按生产要素、编制程序和用途、编制单位和执行范围、投资的费用性质对建设工程定额进行分类。

其次，介绍了工时研究，分析了人工和机械的工作时间构成。

再次，介绍了施工定额的概念，重点介绍了施工定额中人工、材料和机械的消耗量确定方法。

最后，介绍了预算定额的概念，重点介绍了预算定额的应用。

思考题

(1)什么是建设工程定额？如何分类？

(2)人工和机械的工作时间由什么构成？

(3)什么是劳动定额？确定劳动定额的方法有哪些？

(4)机械台班消耗量定额的确定步骤有哪些？

(5)什么是材料消耗量定额？包括哪两部分？

(6)预算定额中人工消耗量由什么组成？

(7)试计算 1 m³ 一砖半墙厚标准砖和砂浆的消耗量，已知标准砖和砂浆的损耗率均为 1%。

第3章 建筑面积计算

学习要求 (1)掌握建筑面积的基本概念；
(2)掌握建筑面积的计算规则。

3.1 建筑面积概述

3.1.1 建筑面积的概念

建筑面积是指建筑物(包括墙体)所形成的楼地面面积。建筑面积不仅仅是建筑物外墙勒脚以上各层结构外围水平投影面积之和，还包括附属于建筑物的室外阳台、雨篷、檐廊、室外走廊、室外楼梯等的面积。

建筑面积的组成包括使用面积、辅助面积和结构面积。其中，使用面积是指建筑物各层中可直接为生产或生活使用的净面积，如住宅建筑中的客厅、卧室、书房等；辅助面积为辅助生产或生活所占的净面积之和，如住宅建筑中的楼梯、走廊、阳台等；结构面积为建筑物各层中的墙体、柱、垃圾道、通风道等结构在平面布置中所占的面积。使用面积和辅助面积又合称为有效面积。

3.1.2 建筑面积的作用

(1)建筑面积是确定建设规模的重要指标。根据项目立项批准文件所核准的建筑面积，是初步设计的重要控制指标。而施工图的建筑面积不得超过初步设计的5%，否则必须重新报批。

(2)建筑面积是确定各项技术经济指标的基础。建筑设计在进行方案比选时，常常依据一定的技术指标，如容积率、建筑密度、建筑系数等，这些重要的技术指标都要用到建筑面积。另外，建筑面积也是施工单位计算单位工程或单项工程的单位面积工程造价、人工消耗量、材料消耗量和机械台班消耗量的重要技术经济指标。

（3）建筑面积是计算有关分项工程量的依据。应用统筹计算方法，根据底层建筑面积，可以很方便地计算出平整场地面积、室内回填土体积、地（楼）面面积和天棚面积等。另外，建筑面积也是综合脚手架、垂直运输费和超高费的计算依据。

（4）建筑面积是选择概算指标和编制概算的主要依据。概算指标通常以建筑面积为计量单位。用概算指标编制概算时，要以建筑面积为计算基础。

3.2 建筑面积计算规则

3.2.1 与计算建筑面积有关的基本概念

（1）相对标高、建筑标高、结构标高、结构层高和结构净高。

1）相对标高是指以建筑物室内首层主要地面高度为零作为标高的起点，所计算的标高称为相对标高。

2）建筑标高是指装修后的相对标高。例如，首层地面建筑标高为±0.000 m。

3）结构标高是指没有装修前的相对标高，是构件安装或施工的高度。

4）结构层高是指楼面或地面结构层上表面至上部结构层上表面之间的垂直距离。

5）结构净高是指楼面或地面结构层上表面至上部结构层下表面之间的垂直距离。

如图 3-1 所示，建筑标高为±0.000 m，首层层高为 2.8 m，首层净高为 2.7 m。

（2）自然层、架空层、跃层、错层、结构层、主体结构和建筑空间。

1）自然层是指按楼地面结构分层的楼层。

2）架空层是指仅有结构支撑而无外围护结构的开敞空间层。

3）跃层主要用在住宅中，在每一个住户内部以小楼梯上、下联系。

4）错层是指一幢房屋中几部分之间的楼地面，高低错开。

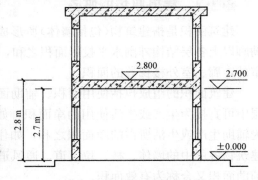

图 3-1　建筑物的层高和净高

5）结构层是指在整体结构体系中承重的楼板层。特指整体结构体系中承重的楼层，包括板、梁等构件。结构层承受整个楼层的全部荷载，并对楼层的隔声、防火等起主要作用。

6）主体结构是指接受、承担和传递建设工程所有上部荷载，维持上部结构整体性、稳定性和安全性的有机联系的构造。

7）建筑空间是指以建筑界面限定的、供人们生活和活动的场所。具备可出入、可利用条件（设计中可能标明了使用用途，也可能没有标明使用用途或使用用途不明确）的围合空间，均属于建筑空间。

(3)落地橱窗和凸窗(飘窗)。

1)落地橱窗是指凸出外墙面且根基落地的橱窗。在商业建筑临街面设置的下槛落地，可落在室外地坪，也可落在室内首层地板，用来展览各种样品的玻璃窗，均属于落地橱窗。

2)凸窗(飘窗)是指凸出建筑物外墙面的窗户。凸窗(飘窗)既作为窗，就有别于楼(地)板的延伸，也就是不能把楼(地)板延伸出去的窗称为凸窗(飘窗)。凸窗(飘窗)的窗台应只是墙面的一部分且距(楼)地面应有一定的高度。

(4)走廊、架空走廊、挑廊、檐廊、回廊、门廊和门斗。

1)走廊是指建筑物中的水平交通空间。

2)架空走廊是指专门设置在建筑物的二层或二层以上，作为不同建筑物之间水平交通的空间。

3)挑廊是指挑出建筑物外墙的水平交通空间。

4)檐廊是指建筑物挑檐下的水平交通空间。檐廊是附属于建筑物底层外墙有屋檐作为顶盖，其下部一般有柱或栏杆、栏板等的水平交通空间。

5)回廊是指在建筑物门厅、大厅内设置在二层或二层以上的回形走廊。

6)门廊是指建筑物入口前有顶棚的半围合空间。门廊是在建筑物出入口，无门、三面或两面有墙，上部有板(或借用上部楼板)围护的部位。

7)门斗是指建筑物入口处两道门之间的空间。

(5)围护结构和围护设施。

1)围护结构是指围合建筑空间的墙体、门、窗等。

2)围护设施是指为保障安全而设置的栏杆、栏板等围挡。

(6)围护性幕墙和装饰性幕墙。

1)围护性幕墙是指直接作为外墙起围护作用的幕墙。

2)装饰性幕墙是指设置在建筑物墙体外起装饰作用的幕墙。

(7)地下室和半地下室。

1)地下室是指室内地平面低于室外地平面的高度超过室内净高的1/2的房间。

2)半地下室是指室内地平面低于室外地平面的高度超过室内净高的1/3，且不超过1/2的房间。

(8)建筑物通道、骑楼、过街楼、露台和台阶。

1)建筑物通道是指为穿过建筑物而设置的空间。

2)骑楼是指建筑底层沿街面后退且留出公共人行空间的建筑物。

3)过街楼是指跨越道路上空并与两边建筑相连接的建筑物。

4)露台是指设置在屋面、首层地面或雨篷上的供人室外活动的有围护设施的平台。露台应满足四个条件：一是位置，设置在屋面、地面或雨篷顶；二是可出入；三是有围护设施；四是无盖，这四个条件需同时满足。如果设置在首层并有围护设施的平台，且其上层为同体量阳台，则该平台应视为阳台，按阳台的规则计算建筑面积。

5)台阶是指建筑物出入口不同标高地面或同楼层不同标高处设置的供人行走的阶梯式连接构件。室外台阶还包括与建筑物出入口连接处的平台。

3.2.2　计算建筑面积的规定

（1）建筑物的建筑面积应按自然层外墙结构外围水平面积之和计算。结构层高在 2.20 m 及以上的，应计算全面积；结构层高在 2.20 m 以下的，应计算 1/2 面积。

建筑面积计算，在主体结构内形成的建筑空间，满足计算面积结构层高要求的均应按本条规定计算建筑面积。主体结构外的室外阳台、雨篷、檐廊、室外走廊、室外楼梯等按相应条款计算建筑面积。当外墙结构本身在一个层高范围内不等厚时，以楼地面结构标高处的外围水平面积计算。

（2）建筑物内设有局部楼层时，对于局部楼层的二层及以上楼层，有围护结构的应按其围护结构外围水平面积计算，无围护结构的应按其结构底板水平面积计算，且结构层高在 2.20 m 及以上的，应计算全面积，结构层高在 2.20 m 以下的，应计算 1/2 面积。

建筑物内的局部楼层如图 3-2 所示。

（3）对于形成建筑空间的坡屋顶，结构净高在 2.10 m 及以上的部位，应计算全面积；结构净高在 1.20 m 及以上至 2.10 m 以下的部位，应计算 1/2 面积；结构净高在 1.20 m 以下的部位，不应计算建筑面积。

（4）对于场馆看台下的建筑空间，结构净高在 2.10 m 及以上的部位应计算全面积；结构净高在 1.20 m 及以上至 2.10 m 以下的部位应计算 1/2 面

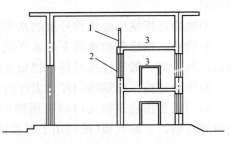

图 3-2　建筑物内的局部楼层
1—围护设施；2—围护结构；3—局部楼层

积；结构净高在 1.20 m 以下的部位不应计算建筑面积。室内单独设置的有围护设施的悬挑看台，应按看台结构底板水平投影面积计算建筑面积。有顶盖无围护结构的场馆看台应按其顶盖水平投影面积的 1/2 计算面积。

（5）地下室、半地下室应按其结构外围水平面积计算。结构层高在 2.20 m 及以上的，应计算全面积；结构层高在 2.20 m 以下的，应计算 1/2 面积。

（6）出入口外墙外侧坡道有顶盖的部位，应按其外墙结构外围水平面积的 1/2 计算面积。

出入口坡道分为有顶盖出入口坡道和无顶盖出入口坡道。出入口坡道顶盖的挑出长度，为顶盖结构外边线至外墙结构外边线的长度；顶盖以设计图纸为准，对后增加及建设单位自行增加的顶盖等，不计算建筑面积。顶盖不分材料种类（如钢筋混凝土顶盖、彩钢板顶盖、阳光板顶盖等）。地下室出入口如图 3-3 所示。

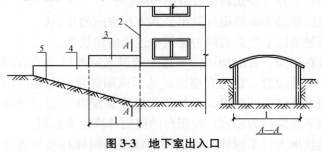

图 3-3　地下室出入口
1—计算 1/2 投影面积部位；2—主体建筑；3—出入口顶盖；
4—封闭出入口侧墙；5—出入口坡道

（7）建筑物架空层及坡地建筑物吊脚架空层，应按其顶板水平投影计算建筑面积。结构层高在 2.20 m 及以上的，应计算全面积；结构层高在 2.20 m 以下的，应计算 1/2 面积。

建筑物吊脚架空层如图 3-4 所示。

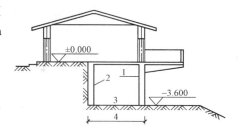

图 3-4　建筑物吊脚架空层
1—柱；2—墙；3—吊脚架空层；
4—计算建筑面积部位

（8）建筑物的门厅、大厅应按一层计算建筑面积，门厅、大厅内设置的走廊应按走廊结构底板水平投影面积计算建筑面积。结构层高在 2.20 m 及以上的，应计算全面积；结构层高在 2.20 m 以下的，应计算 1/2 面积。

（9）对于建筑物间的架空走廊，有顶盖和围护设施的，应按其围护结构外围水平面积计算全面积；无围护结构、有围护设施的，应按其结构底板水平投影面积计算 1/2 面积。

无围护结构的架空走廊如图 3-5 所示；有围护结构的架空走廊如图 3-6 所示。

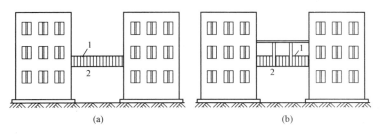

(a)　　　　　　　　　　　(b)

图 3-5　无围护结构的架空走廊
1—栏杆；2—架空走廊

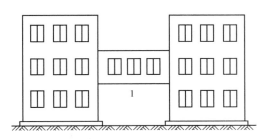

图 3-6　有围护结构的架空走廊
1—架空走廊

（10）对于立体书库、立体仓库、立体车库，有围护结构的，应按其围护结构外围水平面积计算建筑面积；无围护结构、有围护设施的，应按其结构底板水平投影面积计算建筑面积。无结构层的应按一层计算，有结构层的应按其结构层面积分别计算。结构层高在 2.20 m 及以上的，应计算全面积；结构层高在 2.20 m 以下的，应计算 1/2 面积。

起局部分隔、存储等作用的书架、货架层或可升降的立体钢结构停车层均不属于结构层，故该部分分层不计算建筑面积。

（11）有围护结构的舞台灯光控制室，应按其围护结构外围水平面积计算。结构层高在 2.20 m 及以上的，应计算全面积；结构层高在 2.20 m 以下的，应计算 1/2 面积。

(12)附属在建筑物外墙的落地橱窗，应按其围护结构外围水平面积计算。结构层高在2.20 m及以上的，应计算全面积；结构层高在2.20 m以下的，应计算1/2面积。

(13)窗台与室内楼地面高差在0.45 m以下，且结构净高在2.10 m及以上的凸(飘)窗，应按其围护结构外围水平面积计算1/2面积。

(14)有围护设施的室外走廊(挑廊)，应按其结构底板水平投影面积计算1/2面积；有围护设施(或柱)的檐廊(图3-7)，应按其围护设施(或柱)外围水平面积计算1/2面积。

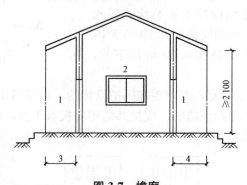

图3-7 檐廊

1—檐廊；2—室内；3—不计算建筑面积部位；
4—计算1/2建筑面积部位

(15)门斗(图3-8)应按其围护结构外围水平面积计算建筑面积，且结构层高在2.20 m及以上的，应计算全面积；结构层高在2.20 m以下的，应计算1/2面积。

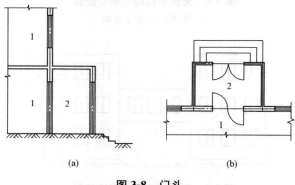

图3-8 门斗

1—室内；2—门斗

(16)门廊应按其顶板的水平投影面积的1/2计算建筑面积；有柱雨篷应按其结构板水平投影面积的1/2计算建筑面积；无柱雨篷的结构外边线至外墙结构外边线的宽度在2.10 m及以上的，应按雨篷结构板的水平投影面积的1/2计算建筑面积。

雨篷是指建筑物出入口上方、凸出墙面、为遮挡雨水而单独设立的建筑部件。雨篷划分为有柱雨篷(包括独立柱雨篷、多柱雨篷、柱墙混合支撑雨篷、墙支撑雨篷)和无柱雨篷(悬挑雨篷)。如凸出建筑物，且不单独设立顶盖，利用上层结构板(如楼板、阳台底板)进行遮挡，则不视为雨篷，不计算建筑面积。对于无柱雨篷，如顶盖高度达到或超过两个楼层时，也不视为雨篷，不计算建筑面积。无柱雨篷，其结构板不能跨层，并受出挑宽度的限制，设计出挑宽度大于或等于 2.10 m 时，才计算建筑面积。出挑宽度是系指雨篷结构外边线至外墙结构外边线的宽度，弧形或异形时取最大宽度。

(17)设在建筑物顶部的、有围护结构的楼梯间、水箱间、电梯机房等，结构层高在 2.20 m 及以上的应计算全面积；结构层高在 2.20 m 以下的，应计算 1/2 面积。

(18)围护结构不垂直于水平面的楼层，应按其底板面的外墙外围水平面积计算。结构净高在 2.10 m 及以上的部位，应计算全面积；结构净高在 1.20 m 及以上至 2.10 m 以下的部位，应计算 1/2 面积；结构净高在 1.20 m 以下的部位，不应计算建筑面积。

斜围护结构如图 3-9 所示。

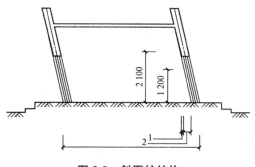

图 3-9　斜围护结构

1—计算 1/2 建筑面积部位；2—不计算建筑面积部位

(19)建筑物的室内楼梯、电梯井、提物井、管道井、通风排气竖井、烟道，应并入建筑物的自然层计算建筑面积。有顶盖的采光井应按一层计算面积，且结构净高在 2.10 m 及以上的，应计算全面积；结构净高在 2.10 m 以下的，应计算 1/2 面积。

建筑物的楼梯间层数按建筑物的层数计算。有顶盖的采光井包括建筑物中的采光井和地下室采光井(图 3-10)。

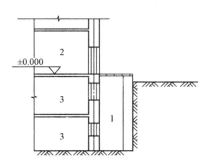

图 3-10　地下室采光井

1—采光井；2—室内；3—地下室

(20)室外楼梯应并入所依附建筑物自然层，并应按其水平投影面积的 1/2 计算建筑面积。

层数为室外楼梯所依附的楼层数，即梯段部分投影到建筑物范围的层数。利用室外楼梯下部的建筑空间不得重复计算建筑面积；利用地势砌筑的为室外踏步，不计算建筑面积。

(21)在主体结构内的阳台，应按其结构外围水平面积计算全面积；在主体结构外的阳台，应按其结构底板水平投影面积计算 1/2 面积。

(22)有顶盖无围护结构的车棚、货棚、站台、加油站、收费站等，应按其顶盖水平投影面积的1/2计算建筑面积。

(23)以幕墙作为围护结构的建筑物，应按幕墙外边线计算建筑面积。

(24)建筑物的外墙外保温层，应按其保温材料的水平截面面积计算，并计入自然层建筑面积。

建筑物外墙外侧有保温隔热层的，保温隔热层以保温材料的净厚度乘以外墙结构外边线长度按建筑物的自然层计算建筑面积，其外墙外边线长度不扣除门窗和建筑物外已计算建筑面积构件(如阳台、室外走廊、门斗、落地橱窗等部件)所占长度。当建筑物外已计算建筑面积的构件(如阳台、室外走廊、门斗、落地橱窗等部件)有保温隔热层时，其保温隔热层也不再计算建筑面积。外墙是斜面者按楼面楼板处的外墙外边线长度乘以保温材料的净厚度计算。外墙外保温以沿高度方向满铺为准，某层外墙外保温铺设高度未达到全部高度时(不包括阳台、室外走廊、门斗、落地橱窗、雨篷、飘窗等)，不计算建筑面积。保温隔热层的建筑面积是以保温隔热材料的厚度来计算的，不包含抹灰层、防潮层、保护层(墙)的厚度。建筑外墙外保温如图3-11所示。

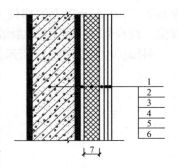

图3-11　建筑外墙外保温

1—墙体；2—粘结胶浆；

3—保温材料；4—标准网；

5—加强网；6—抹面胶浆；

7—计算建筑面积部位

(25)与室内相通的变形缝，应按其自然层合并在建筑物建筑面积内计算。对于高低联跨的建筑物，当高低跨内部连通时，其变形缝应计算在低跨面积内。

变形缝是指在建筑物因温差、不均匀沉降以及地震而可能引起结构破坏变形的敏感部位或其他必要的部位，预先设缝将建筑物断开，令断开后建筑物的各部分成为独立的单元，或者是划分为简单、规则的段，并令各段之间的缝达到一定的宽度，以能够适应变形的需要。根据外界破坏因素的不同，变形缝一般分为伸缩缝、沉降缝、抗震缝三种。

(26)对于建筑物内的设备层、管道层、避难层等有结构层的楼层，结构层高在2.20 m及以上的，应计算全面积；结构层高在2.20 m以下的，应计算1/2面积。

(27)下列项目不应计算建筑面积：

1)与建筑物内不相连通的建筑部件，指的是依附于建筑物外墙外不与户室开门连通，起装饰作用的敞开式挑台(廊)、平台，以及不与阳台相通的空调室外机搁板(箱)等设备平台部件。

2)骑楼(图3-12)、过街楼(图3-13)底层的开放公共空间和建筑物通道。

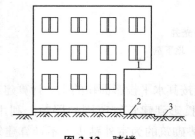

图3-12　骑楼

1—骑楼；2—人行道；3—街道

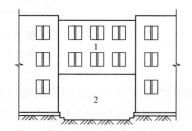

图3-13　过街楼

1—过街楼；2—建筑物通道

3）舞台及后台悬挂幕布和布景的天桥、挑台等。

4）露台、露天游泳池、花架、屋顶的水箱及装饰性结构构件。

5）建筑物内的操作平台、上料平台、安装箱和罐体的平台。

6）勒脚、附墙柱、垛、台阶、墙面抹灰、装饰面、镶贴块料面层、装饰性幕墙、主体结构外的空调室外机搁板（箱）、构件、配件，挑出宽度在 2.10 m 以下的无柱雨篷和顶盖高度达到或超过两个楼层的无柱雨篷。

附墙柱是指非结构性装饰柱。

7）窗台与室内地面高差在 0.45 m 以下且结构净高在 2.10 m 以下的凸（飘）窗，窗台与室内地面高差在 0.45 m 及以上的凸（飘）窗。

8）室外爬梯、室外专用消防钢楼梯。

室外钢楼梯需要区分具体用途，如专用于消防的楼梯，则不计算建筑面积；如果是建筑物唯一通道兼用于消防，则需要按室外楼梯相关规定计算建筑面积。

9）无围护结构的观光电梯。

10）建筑物以外的地下人防通道，独立的烟囱、烟道、地沟、油（水）罐、气柜、水塔、贮油（水）池、贮仓、栈桥等构筑物。

【例 3-1】 试计算附录"××办公楼"工程的建筑面积。

解： 首层建筑面积＝(36+0.2)×(14.1+0.2)−(3.6×6−0.2)×0.9+(36+0.2+14.1+0.2+0.9)×2×0.06＝504.568(m²)(含外墙外保温层面积)

二、三层建筑面积同首层建筑面积，均为 504.568 m²。

屋面二建筑面积＝(3.6×6+0.2)×(14.1+0.2)+(3.6×6+0.2+14.1+0.2)×2×0.06＝316.072(m²)

有柱雨篷建筑面积＝(3.6×4+0.2+0.99×2)×(2.4+0.99)÷2＝28.103(m²)

该工程的建筑面积＝504.568×3+316.072+28.103＝1 857.88(m²)

本章小结

本章首先介绍了建筑面积的概念和作用；其次，重点介绍了建筑面积的计算规则。

思考题

(1)什么是建筑面积？其作用有哪些？

(2)计算建筑面积的主要规则有哪些？

(3)案例计算：某新建项目，地面以上共 12 层，有一层地下室，层高为 4.5 m，并把深基础加以利用做地下架空层，架空层高为 2.8 m。

①首层外墙勒脚以上外围水平投影面积为 600 m²，并设有一处门斗，其围护结构外围水平投影面积为 20 m²，同时设有一处无柱檐廊，挑出墙外宽度为 1.6 m，其水平投影面积为 30 m²，另外，2～12 层外围水平投影面积均为 600 m²；

②第三层为设备管道层，层高为 2.2 m；

③屋面上部设有楼梯间及电梯机房，其围护结构面积为 40 m²；

④大楼入口处设有一台阶，其水平投影面积为 10 m²，上面设有矩形雨篷，由两个圆形柱支撑，其顶盖悬挑出外墙以外水平投影面积为 16 m²，柱外围水平投影面积为 12 m²；

⑤首层设有中央大厅，贯通一、二层，大厅面积为 200 m²，二层回廊面积为 50 m²；

⑥地下室上口外墙外围水平面积为 600 m²，如加上采光井、防潮层及保护墙，则外围水平面积为 650 m²，地下室架空层外围水平面积为 600 m²；

⑦ 室外设有两座自行车棚，一座为单排柱，其顶盖水平投影面积为 100 m²；另一座为双排柱，其顶盖水平投影面积为 120 m²，柱外围水平面积为 80 m²。

问题：该建筑物的建筑面积是多少？

第4章 建筑工程工程量计算

学习要求

(1)熟悉工程量计算的原理和方法;

(2)掌握工程量清单的相关概念;

(3)掌握工程量清单的编制内容和编制方法;

(4)掌握与主要清单项目对应的定额工程量计算规则;

(5)掌握《房屋建筑与装饰工程工程量计算规范》(GB 50854—2013)中主要分部分项工程量清单和技术措施项目清单的工程量计算规则。

4.1 概 述

4.1.1 工程量计算的概念、依据和方法

1. 工程量的概念及分类和工程量计算的概念

(1)工程量的概念及分类。

1)工程量的概念。工程量是指以自然计量单位或物理计量单位所表示的各分项工程或结构构件的实物数量。

物理计量单位是指以度量表示的长度、面积、体积和重量等单位,常见的物理计量单位有 m^3、m^2、m、t。汇总工程量时,以"m^3""m^2""m"为计量单位的工程量精确到小数点后保留两位数,以"t"为计量单位的工程量精确到小数点后保留三位数;自然计量单位是指以客观存在的自然实体表示的个、套、樘、台、块、组或件等单位,以自然计量单位计算的工程量取整数。

2)工程量的分类。

我国现行计价模式可分为定额计价和工程量清单计价，对应的工程量分为定额工程量和清单工程量。在定额计价模式中只应用定额工程量，但在工程量清单计价模式中不仅要用到清单工程量，还需要应用定额工程量进行综合单价的组价。

①定额工程量。定额工程量又称报价工程量或实际施工工程量，是从施工角度出发，根据拟建工程的施工图纸、所采用定额及其对应的工程量计算规则，同时，考虑具体施工方案、施工方法和施工工艺，计算出的各分部分项工程的实际施工工程量。

定额工程量既包括按设计图纸的图示尺寸计算的"净量"，又包括对各项工程内容（子项）施工时的增加量以及损耗量。其数量与工程项目采用的施工工艺、施工方案、施工方法等有关。

②清单工程量。清单工程量是分部分项清单项目和措施清单项目工程量的简称，是招标人按照《房屋建筑与装饰工程工程量计算规范》（GB 50854—2013）中规定的计算规则和施工图纸计算的、提供给投标人作为统一报价的数量标准。

清单工程量是按设计图纸的图示尺寸计算的"净量"，不含该清单项目在施工中考虑具体施工方案时增加的工程量以及损耗量。

（2）工程量计算的概念。工程量计算是指建设工程项目以工程设计图纸、施工组织设计或施工方案及有关技术经济文件为依据，按照相关工程国家标准的计算规则、计量单位等规定，进行工程数量的计算活动，在工程建设中简称工程计量。

2. 工程量计算的依据

（1）施工图纸、设计说明及有关图集。

（2）施工组织设计。

（3）建筑与装饰工程计价表。

（4）有关的工程量计算规则。

3. 工程量计算的一般方法

为了避免工程量计算过程中漏算或重算，提高计算的准确程度，工程量的计算应按照一定的顺序进行。计算工程量应根据具体工程和个人的习惯来确定，视不同的情况，一般按以下几种方法进行计算：

（1）单位工程的计算方法。单位工程计算顺序一般按施工顺序、定额顺序来计算工程量。

1）按施工顺序计算法。其按工程施工顺序的先后次序来计算工程量。如一般民用建筑，按照土方、基础、混凝土工程、墙体、脚手架、屋面、楼（地）面、门窗安装、外抹灰、内抹灰、刷浆、油漆、玻璃等顺序进行计算。

2）按定额顺序计算法。其按定额计价表上的分章或分部分项工程顺序来计算工程量，这种方法对初学者尤为合适。

（2）单个分部分项工程的计算方法。

1）按照顺时针方向计算法。以图纸左上角为起点，按顺时针方向依次进行计算，当按计算顺序绕图一周后又重新回到起点。这种方法一般用于各种带形基础、墙体、天棚等分部分项工程的计算，其特点是能有效防止漏算和重复计算。

2）按"先横后竖、先上后下、先左后右"计算法。在平面图上从左上角开始，按"先横后竖、先上后下、先左后右"的顺序计算工程量。例如，房屋的条形基础土方、基础垫层、砖石基础、砖墙砌筑、混凝土柱、混凝土梁、门窗过梁等分项工程，均可按这种顺序计算。

3）按构件编号顺序计算。施工图中包括不同种类、不同型号的构件，而且分布在不同的部位，为了便于计算和复核，可按图纸上所标注构件的编号顺序进行计算。例如，各种基础、柱、梁、门窗等分部分项工程，均可按照此顺序计算。

4）按房间编号计算。对于平面布置较复杂的工程量，为了方便计算和复核，有些分项工程可按施工图轴线围成的房间编号的顺序来计算。如楼（地）面、墙柱面、天棚等工程。

（3）统筹法计算工程量。在实际操作过程中，为了提高计算速度，降低计算难度，还需操作者掌握手工算量的技巧来计算工程量。实践表明，每个分部分项工程量计算虽有着各自的特点，但都离不开计算"线""面"之类的基数。另外，某些分部分项工程的工程量计算结果往往是另一些分部分项工程的工程量计算的基础数据。因此，根据这个特性，运用统筹法原理，对每个分部分项工程的工程量进行分析，然后依据计算过程的内在联系，按先主后次，统筹安排计算程序，可以简化烦琐的计算，形成统筹计算工程量的计算方法。

1）利用基数，连续计算。在工程量计算中有一些反复使用的基数，应在计算工程量前先计算出来，后续可直接引用。这些基数主要为"三线一面"，即"外墙外边线""外墙中心线""内墙净长线"和"底层建筑面积"。"外墙外边线"可用来计算腰线、外墙抹灰、外墙脚手架、散水等分项工程工程量；"外墙中心线"可用来计算外墙基挖沟槽、外墙基础垫层、外墙条形基础、外墙墙体砌筑、外墙圈梁、边框梁等分项工程工程量；"内墙净长线"可用来计算内墙墙体砌筑、内墙抹灰、里脚手架、内墙粉饰脚手架等分项工程工程量；"底层建筑面积"可用来计算场地平整、房心回填土、楼（地）面、天棚、屋面等分项工程工程量。

2）统筹程序，合理安排。工程量计算程序的安排是否合理，关系着造价工作的效率高低、进度快慢。对于一般工程，分部工程量计算顺序应为先地下后地上，先主体后装饰，先内部后外部，进行合理安排。例如，计算建筑工程的相关工程量时，应按基础工程、土石方工程、混凝土工程、门窗工程、砌筑工程这样一个顺序来进行，在计算砌筑工程的工程量时需要扣除墙体内混凝土构件体积和门窗部分在墙体内所占体积时，可以利用前面计算出的工程量数据，从而提高效率。

3）一次算出，多次使用。为了提高计算速度，对于那些不能用"线"或"面"为基数进行连续计算的项目，如门窗、屋架、钢筋混凝土预算标准构件、土方放坡断面系数等，各地事先组织力量，将常用的数据一次算出，汇编成建筑工程预算手册。当需计算有关的工程量时，只要查手册就能很快算出所需要的工程量。这样可以减少以往那种按图逐项地进行烦琐而重复的计算，也能保证准确性。

（4）结合实际，灵活计算。用"线""面"计算工程量，只是一般常用的工程量基本计算方法。但在特殊工程上，有基础断面、墙宽、砂浆等级、各楼层的面积等不同，就不能完全用"线"或"面"的一个数作基数，而必须结合实际情况灵活地计算。

1）分段计算法。在通长构件中，当其中截面有变化时，可采取分段计算。如多跨连续梁，当某跨的截面高度或宽度与其他跨不同时可按柱间尺寸分段计算。

2）分层计算法。工程量计算中最为常见，例如，墙体、构件布置、墙柱面装饰、楼地面做法等各层不同时都应按分层计算，然后再将各层相同工程做法的项目分别汇总。

3）补加计算法。即在同一分项工程中，遇到局部外形尺寸或结构不同时，为便于利用基数进行计算，可先将其看作相同条件计算，然后再加上多出部分的工程量。如基础深度不同的内外墙基础、宽度不同的散水等工程。

4)补减计算法。与补加计算法相似，只是在原计算结果上减去局部不同部分工程量。如在楼地面工程中，各层楼面除每层盥洗间为水磨石面层外，其余均为水泥砂浆面层，则可先按各楼层均为水泥砂浆面层计算，然后补减盥洗间的水磨石地面工程量。

总之，工程量计算是一项复杂、烦琐的工作，要做好算量这项工作，不仅要认真、细致，更要懂得如何利用各种技巧去简化计算，以减少劳动强度、节约时间和保证计算的准确性。

4.1.2 工程量清单及其编制

(1)《建设工程工程量清单计价规范》(GB 50500—2013)(以下简称"13 计价规范")中的相关概念。

1)工程量清单。工程量清单是指载明建设工程分部分项工程项目、措施项目、其他项目的名称和相应数量以及规费、税金项目等内容的明细清单。

2)招标工程量清单。招标工程量清单是指招标人依据国家标准、招标文件、设计文件以及施工现场实际情况编制的，随招标文件发布供投标报价的工程量清单，包括其说明和表格。

3)已标价工程量清单。已标价工程量清单是指构成合同文件组成部分的投标文件中已标明价格，经算术性错误修正(如有)且承包人已确认的工程量清单，包括其说明和表格。

4)分部分项工程。分部工程是单项或单位工程的组成部分，是按结构部位、路段长度及施工特点或施工任务将单项或单位工程划分为若干分部的工程；分项工程是分部工程的组成部分，是按不同施工方法、材料、工序及路段长度等将分部工程划分为若干个分项或项目的工程。

5)措施项目。措施项目是指为完成工程项目施工，发生在该工程施工准备和施工过程中的技术、生活、安全、环境保护等方面的项目。

6)项目编码。项目编码是指分部分项工程和措施项目清单名称的阿拉伯数字标识。

7)项目特征。项目特征是指构成分部分项工程项目、措施项目自身价值的本质特征。

8)暂列金额。暂列金额是指招标人在工程量清单中暂定并包括在合同价款中的一笔款项。用于工程合同签订时，还未确定或者不可预见的所需材料、工程设备、服务的采购，施工中可能发生的工程变更、合同约定调整因素出现时的合同价款调整，以及发生的索赔、现场签证确认等的费用。

9)暂估价。暂估价是指招标人在工程量清单中提供的用于支付必然发生但暂时不能确定价格的材料、工程设备的单价以及专业工程的金额。

10)计日工。计日工是指在施工过程中，承包人完成发包人提出的工程合同范围以外的零星项目或工作，按合同中约定的单价计价的一种方式。

11)总承包服务费。总承包服务费是指总承包人为配合协调发包人进行的专业工程发包，对发包人自行采购的材料、工程设备等进行保管，以及施工现场管理、竣工资料汇总整理等服务所需的费用。

(2)"13 计价规范"对工程量清单编制的一般规定。

1)招标工程量清单应由具有编制能力的招标人或受其委托、具有相应资质的工程造价咨询人编制。

2)招标工程量清单必须作为招标文件的组成部分,其准确性和完整性应由招标人负责。

3)招标工程量清单是工程量清单计价的基础,应作为编制招标控制价、投标报价、计算或调整工量、索赔等的依据之一。

4)招标工程量清单应以单位(项)工程为单位编制,应由分部分项工程项目清单、措施项目清单、其他项目清单、规费和税金项目清单组成。

5)编制招标工程量清单应依据以下几项:

①"13计价规范"和相关工程的国家计量规范。

②国家或省级、行业建设主管部门颁发的计价定额和办法。

③建设工程设计文件及相关资料。

④与建设工程有关的标准、规范、技术资料。

⑤拟定的招标文件。

⑥施工现场情况、地勘水文资料、工程特点及常规施工方案。

⑦其他相关资料。

(3)工程量清单的编制程序。工程量清单的编制程序如图4-1所示。

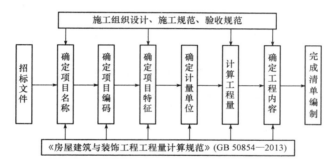

图4-1　工程量清单编制程序

(4)分部分项工程工程量清单及其编制。

1)分部分项工程项目清单的内容。"13计价规范"规定:分部分项工程项目清单必须载明项目编码、项目名称、项目特征、计量单位和工程量,且必须根据相关工程现行国家计量规范规定的项目编码、项目名称、项目特征、计量单位和工程量计算规则进行编制。

本条为强制性条文,规定了一个分部分项工程量清单由上述五个要件构成,这五个要件在分部分项工程量清单的组成中缺一不可,见表4-1。

表4-1　分部分项工程项目清单

序号	项目编码	项目名称	项目特征	计量单位	工程量

2)项目编码。《房屋建筑与装饰工程工程量计算规范》(GB 50854—2013)(以下简称"13计算规范")规定:分部分项工程量清单的项目编码,应采用十二位阿拉伯数字表示,一至九位应按附录的规定设置,十至十二位应根据拟建工程的工程量清单项目名称和项目特征设置,同一招标工程的项目编码不得有重码。

本条为强制性条文，规定了工程量清单编码的表示方式：十二位阿拉伯数字及其设置规定。

各位数字的含义是：一、二位为专业工程代码（01—房屋建筑与装饰工程；02—仿古建筑工程；03—通用安装工程；04—市政工程；05—园林绿化工程；06—矿山工程；07—构筑物工程；08—城市轨道交通工程；09—爆破工程。以后进入国标的专业工程代码以此类推）；三、四位为附录分类顺序码；五、六位为分部工程顺序码；七、八、九位为分项工程项目名称顺序码；十至十二位为清单项目名称顺序码。

当同一标段（或合同段）的一份工程量清单中含有多个单位工程且工程量清单是以单位工程为编制对象时，在编制工程量清单时，应特别注意对项目编码十至十二位的设置不得有重码的规定。例如，一个标段（或合同段）的工程量清单中含有三个单位工程，每一单位工程中都有项目特征相同的实心砖墙砌体，在工程量清单中又需反映三个不同单位工程的实心砖墙砌体工程量时，则第一个单位工程的实心砖墙的项目编码应为 010401003001，第二个单位工程的实心砖墙的项目编码应为 010401003002，第三个单位工程的实心砖墙的项目编码应为 010401003003，并分别列出各单位工程实心砖墙的工程量。

3）项目名称。"13 计算规范"规定：分部分项工程量清单的项目名称应按附录的项目名称结合拟建工程的实际确定。

本条为强制性条文，规定了分部分项工程量清单项目的名称应按"13 计算规范"附录中的项目名称，结合拟建工程的实际确定。

项目名称是工程量清单中表示各分部分项工程清单项目的名称。它必须体现工程实体，反映工程项目的具体特征；设置时一个最基本的原则是准确。在实际工作中，项目名称的确定有以下两种方式：

①完全按照规范的项目名称不变。

②以"13 计算规范"附录中的项目名称为基础，考虑项目的规格、型号、材质等特征要求，结合拟建工程的实际情况，对附录中的项目名称进行适当的调整或细化，使其能够反映影响工程造价的主要因素。

这两种方式都是可行的，主要应针对具体项目而定。

4）项目特征。"13 计算规范"规定：分部分项工程量清单项目特征应按附录中规定的项目特征，结合拟建工程项目的实际予以描述。

本条为强制性条文。工程量清单的项目特征是确定一个清单项目综合单价不可缺少的重要依据，在编制工程量清单时，必须对项目特征进行准确和全面的描述。但有些项目特征用文字往往又难以准确和全面的描述清楚。因此，为达到规范、简捷、准确、全面描述项目特征的要求，在描述工程量清单项目特征时应按以下原则进行：

①项目特征描述的内容应按"13 计算规范"附录中的规定，结合拟建工程的实际，满足确定综合单价的需要。

②若采用标准图集或施工图纸能够全部或部分满足项目特征描述的要求，项目特征描述可直接采用详见××图集或××图号的方式。对不能满足项目特征描述要求的部分，仍应用文字描述。

5）工程量计算规则。"13 计算规范"规定：分部分项工程量清单中所列工程量应按附录中规定的工程量计算规则计算。

本条为强制性条文，规定了房屋建筑与装饰工程计价必须按"13计算规范"规定的工程量计算规则进行工程计量。除此之外，工程量计算还应依据以下文件：

①经审定通过的施工设计图纸及其说明。

②经审定通过的施工组织设计或施工方案。

③经审定通过的其他有关技术经济文件。

另外，在工程实施过程中的计量应按照现行国家标准"13计算规范"的相关规定执行。

6)计量单位。"13计算规范"规定：分部分项工程量清单的计量单位应按附录中规定的计量单位确定。

本条为强制性条文，当"13计算规范"附录中有两个或两个以上计量单位时，应结合拟建工程项目的实际情况，确定其中一个为计量单位。同一工程的计量单位应一致。

同时，工程计量时每一项目汇总的有效位数应遵守下列规定：

①以"t"为单位，应保留小数点后三位数字，第四位小数四舍五入。

②"m""m²""m³""kg"为单位，应保留小数点后两位数字，第三位小数四舍五入。

③以"个""件""根""组""系统"为单位，应取整数。

7)编制工程量清单出现"13计算规范"附录中未包括项目时的处理。

随着工程建设中新材料、新技术、新工艺等的不断涌现，"13计算规范"附录所列的工程量清单项目不可能包含所有项目。编制工程量清单出现"13计算规范"附录中未包括的项目，编制人应作补充，并报省级或行业工程造价管理机构备案，省级或行业工程造价管理机构应汇总报住房和城乡建设部标准定额研究所。

补充项目的编码由相应专业工程量计算规范的代码(如房屋建筑与装饰工程代码01)、B及三位阿拉伯数字组成，并应从01B001起顺序编制，同一招标工程的项目不得重码。

补充工程量清单中需附有补充项目的名称、项目特征、计量单位、工程量计算规则、工程内容。不能计量的措施项目，需附有补充项目的名称、工作内容及包含范围。

8)编制分部分项工程量清单时应注意以下事项：

①分部分项工程量清单是不可调整清单(即闭口清单)，投标人不得对招标文件中所列分部分项工程量清单进行调整。

②分部分项工程量清单是工程量清单的核心，一定要编制准确，它涉及招标人编制控制价和投标人投标报价的准确性；如果分部分项工程量清单编制有误，投标人可在投标报价文件中提出说明，但不能在报价中自行修改。

③"13计算规范"对现浇混凝土模板采用两种方式进行编制，即"13计算规范"对现浇混凝土工程项目，一方面"工作内容"中包括模板工程的内容，以立方米计量，与混凝土工程项目一起组成综合单价；另一方面，在措施项目中单列了现浇混凝土模板工程项目，以平方米计量，单独组成综合单价。对此，就有三层内容：一是招标人根据工程的实际情况在同一个标段(或合同段)中将两种方式中选择其一；二是招标人若采用单列现浇混凝土模板工程，必须按"13计算规范"所规定的计量单位、项目编码、项目特征描述列出清单，同时，现浇混凝土项目中不含模板的工程费用；三是若招标人若不单列现浇混凝土模板工程项目，不再编列现浇混凝土模板项目清单，现浇混凝土工程项目的综合单价中包括模板的工程费用。

④"13计算规范"对预制混凝土构件按成品构件编制项目，购置费应计入综合单价中。

即成品的出厂价格及运杂费等作为购置费进入综合单价。针对现场预制和各省、自治区、直辖市的定额编制情况，明确规定：一是若采用现场预制，综合单价中包括预制构件制作的所有费用(制作、现场运输、模板的制、安、拆)；二是编制招标控制价时，可按省、自治区、直辖市或行业建设主管部门发布的计价定额和造价信息进行计算综合单价。

⑤"13 计算规范"对金属结构构件按成品编制项目，购置费应计入综合单价中，若采用现场制作，包括制作的所有费用应计入综合单价。

⑥"13 计算规范"对门窗(橱窗除外)按成品编制项目，购置费应计入综合单价中。若采用现场制作，包括制作的所有费用应计入综合单价。

(5)措施项目清单的编制。

1)措施项目的种类。措施项目包括两类：一类是单价项目，即能列出项目编码、项目名称、项目特征、计量单位、工程量计算规则的项目，如脚手架工程、混凝土模板、垂直运输等；另一类是总价项目，即仅能列出项目编码、项目名称，未列出项目特征、计量单位和工程量计算规则的项目，如安全文明施工、夜间施工、二次搬运等。

2)措施项目清单的编制。

①对于能列出项目编码、项目名称、项目特征、计量单位、工程量计算规则的措施单价项目，编制工程量清单时，应执行相应专业工程工程量计算规范分部分项工程的规定，按照分部分项工程量清单的编制方式编制，见表 4-2。

表 4-2　措施项目清单(一)

序号	项目编码	项目名称	项目特征	计量单位	工程量

②对于仅能列出项目编码、项目名称，不能列出项目特征、计量单位和工程量计算规则的措施总价项目，编制工程量清单时，应按相应专业工程工程量计算规范相应附录措施项目规定的项目编码、项目名称确定，见表 4-3。

表 4-3　措施项目清单(二)

序号	项目编码	项目名称

3)措施项目清单编制的注意事项。

①措施项目清单为可调整清单(即开口清单)。由于影响措施项目设置的因素太多，投标人对招标文件中所列措施项目，可根据企业自身特点和拟建工程实际情况作适当的补充。

②投标人要对拟建工程可能发生的措施项目和措施费用作通盘考虑，清单计价一经报出，即被认为是包括所有应该发生的措施项目的全部费用。

(6)其他项目清单的编制。其他项目清单应按照"13 计价规范"提供的 4 项内容作为列项参考，其不足部分，编制人可根据工程的具体情况进行补充。这 4 项内容是：暂列金额、暂估价(包括材料暂估单价、工程设备暂估单价、专业工程暂估价)、计日工和总承包服务费。

1)暂列金额。

①暂列金额的相关规定。

a. 暂列金额是在招标投标阶段暂且列定的一项费用，它在项目实施过程中有可能发生，也有可能不发生。

b. 暂列金额为招标人所有，只有按照合同约定程序实际发生后，才能成为中标人的应得金额，纳入合同结算价款中。扣除实际发生金额后的暂列金额余额属于招标人所有。

c. 设立暂列金额并不能保证合同结算价格就不会出现超过已签约合同价的情况，是否超出已签约合同价完全取决于对暂列金额预测的准确性，以及工程建设过程是否出现了其他事先未预测到的事件。

②暂列金额的编制。暂列金额可根据工程的复杂程度、设计深度、工程环境条件（包括地质、水文、气候条件等）进行估算，一般可按分部分项工程费和措施项目费的 10%～15% 为参考。

暂列金额表应由招标人填写，不能详列时可只列总额，投标人应将上述暂列金额计入投标总价中，并不得修改暂列金额的总额。

2）暂估价。

①暂估价的相关规定。

a. 暂估价是在招标投标阶段直至签订合同协议时，招标人在招标文件中提供的用于支付必然要发生但暂时不能确定价格的材料以及需另行发包的专业工程金额。

b. 为了便于合同管理和计价，需要纳入工程量清单项目综合单价中的暂估价最好只是材料费，以方便投标人组价。对专业工程暂估价一般应是综合暂估价，包括除规费、税金以外的管理费、利润等。

②暂估价的编制。暂估价包括材料暂估单价、工程设备暂估单价和专业工程暂估价；其中，材料暂估单价、工程设备暂估单价应根据工程造价信息或参照市场价格估算，列出明细表；专业工程暂估价应分不同专业，按有关计价规定估算列出明细表。

3）计日工。

①计日工的相关规定。

a. 计日工是为了解决现场发生的零星工作的计价而设立的。其适用的零星工作一般指合同约定之外的或者因变更而产生的、工程量清单中没有相应项目的额外工作。

b. 计日工以完成零星工作所消耗的人工工时、材料数量、机械台班进行计量，并按照计日工表中填报的适用项目的单价进行计价支付。

c. 编制工程量清单时，计日工表中的人工应按工种列项，材料和机械应按规格、型号详细列项。

d. 理论上讲，计日工单价水平一定是高于工程量清单的价格水平的。

②计日工的编制。计日工表中项目名称、暂定数量由招标人填写，编制招标控制价时，单价由招标人按有关计价规定确定；投标时，单价由投标人自主报价，按暂定数量计算合价计入投标总价中。

4）总承包服务费。

①总承包服务费的相关规定。

a. 只有当工程采用总承包模式时，才会发生总承包服务费。

b. 招标人应当预计该项费用并按投标人的投标报价向投标人支付该项费用。

②总承包服务费的编制。总承包服务费应列出服务项目及其内容等。总承包服务费计

价表中，项目名称和服务内容由招标人填写，编制招标控制价时，费率及金额由招标人按有关计价规定确定；投标时，费率及金额由投标人自主报价，计入投标总价中。

5）其他项目清单应注意的事项。

①其他项目清单中由招标人填写的项目名称、数量、金额，投标人不得随意改动。

②投标人必须对招标人提出的项目与数量进行报价；如果不报价，招标人有权认为投标人就未报价内容提供无偿服务。

③如果投标人认为招标人编制的其他项目清单列项不全时，可以根据工程实际情况自行增加列项，并确定本项目的工程量及计价。

（7）规费、税金项目清单的编制。

1）规费项目清单的编制。规费项目清单应按照下列内容列项：

①社会保险费：包括养老保险费、失业保险费、医疗保险费、工伤保险费、生育保险费。

②住房公积金。

③工程排污费。

出现"13 计价规范"未列的项目，应根据省级政府或省级有关部门的规定列项。

2）税金项目清单的编制。税金项目清单应包括下列内容：

①增值税。

②城市维护建设税。

③教育费附加。

④地方教育附加。

出现"13 计价规范"未列的项目，应根据税务部门的规定列项。

（8）工程量清单表格应注意的事项。

1）工程量清单编制使用表格包括：封-1（招标工程量清单封面）、扉-1（招标工程量清单扉页）、表-01（工程设计总说明）、表-08（分部分项工程和单价措施项目清单与计价表）、表-11（总价措施项目清单与计价表）、表-12〔包括其他项目清单与计价汇总表、暂列金额明细表、材料（工程设备）暂估单价及调整表、专业工程暂估价及结算价表、计日工表、总承包服务费计价表〕、表-13（规费、税金项目计价表）、表-20（发包人提供材料和工程设备一览表）、表-21〔承包人提供主要材料和工程设备一览表（适用于造价信息差额调整法）〕或表-22〔承包人提供主要材料和工程设备一览表（适用于价格指数差额调整法）〕。

2）扉页应按规定的内容填写、签字、盖章，由造价员编制的工程量清单应有负责审核的造价工程师签字、盖章。受委托编制的工程量清单，应有造价工程师签字、盖章以及工程造价咨询人盖章。

3）总说明应按下列内容填写：

①工程概况：建设规模、工程特征、计划工期、施工现场实际情况、自然地理条件、环境保护要求等。

②工程招标和专业工程发包范围。

③工程量清单编制依据。

④工程质量、材料、施工等的特殊要求。

⑤其他需要说明的问题。

4.2 土石方工程

4.2.1 定额工程量计算规则

(1)土石方工程定额说明。

1)土壤分类见表4-4。人工挖沟槽、基坑定额深度最深为 6 m，超过 6 m 时，可另作补充基价表。

表4-4　土壤分类表

土壤分类	土壤名称	开挖方法
一、二类土	粉土、砂土(粉砂、细砂、中砂、粗砂、砾砂)、粉质黏土、弱中盐渍土、软土(淤泥质土、泥炭、泥炭质土)、软塑红黏土、冲填土	用锹、少许用镐、条锄开挖。机械能全部直接铲挖满载者
三类土	黏土、碎石土(圆砾、角砾)混合土、可塑红黏土、硬塑红黏土、强盐渍土、素填土、压实填土	主要用镐、条锄、少许用锹开挖。机械需部分刨松方能铲挖满载者或可直接铲挖但不能满载者
四类土	碎石土(卵石、碎石、漂石、块石)、坚硬红黏土、超盐渍土、杂填土	全部用镐、条锄挖掘、少许用撬棍挖掘。机械须普遍刨松方能铲挖满载者

注：本表土的名称及其含义按国家标准《岩土工程勘察规范(2009年版)》(GB 50021—2001)定义

2)人工土方定额是按干土编制的，如挖湿土时，人工乘以系数1.18。干湿土的划分，应根据地质勘测资料以地下常水位为准划分，地下常水位以上为干土，以下为湿土。

3)定额未包括地下水位以下施工的排水费用，发生时，另行计算。

4)支挡土板定额项目分为密撑和疏撑，密撑是指满支挡土板；疏撑是指间隔支挡土板，实际间距不同时，定额不作调整。

5)在有挡土板支撑下挖土方时，按实挖体积，人工乘以系数1.43。

6)推土机推土、推碴，铲运机铲运土重车上坡时，如果坡度大于5%时，其运距按坡度区段斜长乘以表4-5中运距系数计算。

表4-5　运距系数表

坡度/%	5~10	15以内	20以内	25以内
系数	1.75	2.00	2.25	2.50

7)土壤含水率定额是按天然含水率为准。如含水率大于25%时，定额人工、机械乘以系数1.15；含水率大于40%时另行计算。

8)推土机推土或铲运机铲土土层平均厚度小于300 mm时，推土机台班用量乘以系数1.25；铲运机台班用量乘以系数1.17。

9)挖掘机在垫板上进行作业时，人工机械乘以系数1.25，定额内不包括垫板铺设所需的工料、机械消耗。

10）推土机、铲运机，推、铲未经压实的积土时，按定额项目乘以系数 0.73。

11）机械土方定额是按三类土编制的，如实际土壤类别不同时，定额中机械台班量乘以表 4-6 中的系数。

表 4-6　机械台班量系数

项目	一、二类土壤	四类土壤
推土机推土方	0.84	1.18
铲运机铲运土方	0.84	1.26
自行铲运机铲运土方	0.86	1.09
挖掘机挖土方	0.84	1.14

12）机械上下行驶坡道土方，合并在土方工程量内计算。

（2）各分项工程的定额工程量计算规则。

1）计算土、石方工程量前，应确定下列各项资料：

①土壤及岩石类别的确定。土壤及岩石类别的划分，依工程勘测资料与《土壤及岩石分类表》对照后确定。

②地下水位标高及排（降）水方法。

③土方、沟槽、基坑挖（填）的起止标高、施工方法及运距。

④岩石开凿、爆破方法、石碴清运方法及运距。

2）人工土、石方工程量计算一般规则。

①人工土、石方均按天然密实体积计算。土方体积如遇虚方体积、夯实体积和松填体积必须折算成天然密实体积时，可按表 4-7 折算。

表 4-7　土方体积折算表

虚方体积	天然密实体积	夯实后体积	松填体积
1.00	0.77	0.67	0.83
1.30	1.00	0.87	1.08
1.50	1.15	1.00	1.25
1.20	0.92	0.80	1.00
注：虚方指未经碾压、堆积时间≤1 年的土壤。			

②凡图示基坑底面积在 20 m² 以内的为基坑；图示沟槽底宽在 3 m 以内，且槽长大于槽宽 3 倍以上的为沟槽；图示沟槽底宽在 3 m 以上，基坑底面面积在 20 m² 以上的为挖土方；设计室外地坪以上的挖土为山坡切土。

③人工平整场地是指在建筑物场地内，挖、填土方厚度在 ±30 cm 以内的就地找平。挖、填土方厚度超过 ±30 cm 时，另按有关规定计算。当进行场地竖向挖填土方时，不再计算平整场地的工程量。

④在同一槽、坑或沟内有干、湿土时，应分别计算工程量，但套用定额时，按槽、坑的全深计算。

⑤放坡系数。

a. 放坡。放坡是施工中较常用的一种措施，当土方开挖深度超过一定限度时，将上口开挖宽度增大，将土壁做成具有一定坡度的边坡，在土方工程中称为放坡。其目的是防止土壁坍塌。

b. 放坡起点。放坡起点就是指某类别土壤边壁直立不加支撑开挖的最大深度。其决定因素是土壤类别。

c. 放坡系数。将土壁做成一定坡度的边坡时，放坡系数 K 以其边坡宽度 B 与高度 H 之比来表示，如图 4-2 所示。即

$$放坡系数 K＝B/H$$

挖沟槽、基坑、土方放坡系数按表 4-8 的规定计算放坡。

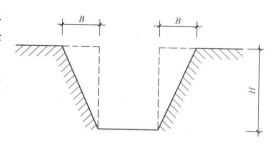

图 4-2　放坡系数计算示意图

表 4-8　放坡系数表

土壤类别	放坡起点/m	人工挖土	机械挖土		
			在坑内作业	在坑上作业	顺沟槽 在坑上作业
一、二类土	1.20	1：0.50	1：0.33	1：0.75	1：0.50
三类土	1.50	1：0.33	1：0.25	1：0.67	1：0.33
四类土	2.00	1：0.25	1：0.10	1：0.33	1：0.25

注：a. 沟槽、基坑中土壤类别不同时，分别按其放坡起点、放坡系数依不同土壤厚度加权平均计算。

b. 计算放坡时，在交接处的重复工程量不予扣除，槽、坑作基础垫层时，放坡自垫层上表面开始计算。

⑥沟槽、基坑需支挡土板时，其宽度按图示底宽单面加 100 mm，双面加 200 mm 计算。挡土板面积按槽、坑垂直支撑面积计算。支挡土板后，不得再计放坡。

⑦管道沟槽按图示中心线长度计算，沟底宽度设计有规定的按设计规定；设计未规定的按表 4-9 规定的宽度计算。

表 4-9　管道地沟沟底宽度计算表

管径/mm	铸铁管、钢管、石棉水泥管/mm	混凝土、钢筋混凝土、预应力混凝土管/mm	陶土管/mm
50～70	600	800	700
100～200	700	900	800
250～350	800	1 000	900
400～450	1 000	1 300	1 100
500～600	1 300	1 500	1 400
700～800	1 600	1 800	—
900～1 000	1 800	2 000	—
1 100～1 200	2 000	2 300	—
1 300～1 400	2 200	2 600	—

注：a. 按本表计算管道沟土方工程量时，各种井类及管道(不含铸铁给水排水管)接口等处需加宽增加的土方量不另行计算，底面积大于 20 m² 的井类，其增加工程量并入管沟土方内计算。

b. 铺设铸铁给水排水管道时，其接口等处土方增加量，可按铸铁给水排水管道地沟土方总量的 2.5%计算。

⑧沟槽(管道地沟)、基坑深度,按图示沟、槽、坑底面至室外地坪深度计算。

3)平整场地工程量计算规则。平整场地工程量按建筑物(或构筑物)外形,每边各加2m以平方米计算。

$$S_平 = S_底 + 2L_外 + 16$$

式中 $S_平$——平整场地的定额工程量(m²);

$S_底$——建筑物的底面面积(m²);

$L_外$——外墙外边线长(m)。

但需注意上述公式只适用于建筑物外墙所有拐角均为直角的情况,若建筑物外形带有弧线,则该公式不适用。

4)人工挖沟槽工程量计算规则。

人工挖沟槽工程量=沟槽长度×沟槽断面面积

①沟槽长度。外墙按图示中心线长度计算,内墙按图示基础垫层底面之间净长线长度计算,凸出墙面的附墙烟囱、垛等挖土体积并入沟槽土方工程量内计算。

②沟槽断面面积。沟槽断面面积的大小与沟槽开挖时采取的技术措施有关。

5)人工挖基坑工程量计算规则。

①人工挖方形基坑(图4-3)的工程量为

$$V = \frac{1}{3}\pi H(R^2 + r^2 + Rr)$$

$$V = (A + 2C + KH)(B + 2C + KH)H + \frac{1}{3}K^2H^3$$

式中 A,B——垫层的长度、宽度(m);

C——工作面宽度(m);

H——基坑深度(m);

K——放坡系数。

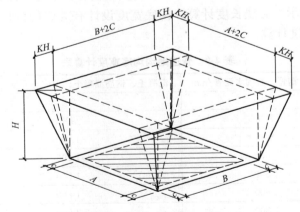

图4-3 方形放坡基坑示意图

②人工挖圆形基坑(图4-4)的工程量为

$$V = \frac{1}{3}\pi H(R^2 + r^2 + Rr)$$

式中　r——基坑底的半径(m)；

　　　R——基坑口的半径(m)。

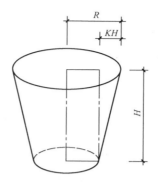

图 4-4　圆形放坡基坑

6）人工挖一般土方工程量计算规则同人工挖沟槽、人工挖基坑工程量计算规则。

7）基础回填土工程量计算规则。基础回填是指在基础施工完毕以后，将槽、坑四周未做基础的部分回填至室外设计地坪标高。

基础回填土体积＝槽、坑挖土体积－设计室外地坪标高以下埋设的基础等体积

由上述公式可知计算基础回填土体积应减去埋在室外地坪以下的基础和垫层，以及直径超过 500 mm 的管道等所占的体积。管径在 500 mm 以下时，不扣除管道所占体积；管径超过 500 mm 以上时，按表 4-10 的规定扣除管道所占的体积。

表 4-10　管道扣除土方体积表　　　　　　　　　　　　　　　　　m^3/m

管道名称	管道直径/mm					
	501～600	601～800	801～1 000	1 001～1 200	1 201～1 400	1 401～1 600
钢管	0.21	0.44	0.71	—	—	—
铸铁管	0.24	0.49	0.77	—	—	—
混凝土管	0.33	0.60	0.92	1.15	1.35	1.55

8）室内回填土工程量计算规则。室内回填土是指室内地坪以下，由室外设计地坪标高填至地坪垫层底标高的夯填土，按主墙间净面积乘以回填土厚度，不扣除间隔墙。

室内回填土体积＝主墙间净面积×回填土厚度

式中，回填土厚度＝设计室内外地坪高差－地面做法厚度。

9）余土外运或取土内运工程量＝挖土体积－回填土体积运土体积。

计算结果为正值时为余土外运；负值时为须取土内运。

10）沟槽、坑底夯实按实夯面积计算，套原土打夯子目。

11）人工挖孔桩挖桩土方体积，按设计图示尺寸(含护壁)，从自然地面至桩底以立方米计算。

12）沉管灌注桩、回旋钻孔灌注桩空桩部分的成孔工程量，从自然地面至设计桩顶的高度减 1 m 后乘以桩截面面积以立方米计算。

13）修凿混凝土桩头，按实际修凿体积以立方米计算。

14)爆破岩石沟槽、基坑，深、宽允许超挖，超挖量：松石、次坚石为 200 mm；普坚石、特坚石为 150 mm。超挖部分岩石并入相应工程量内。

15)基底钎探按图示基底面面积以平方米计算。

16)机械土、石方工程量计算规则。机械土、石方工程量计算规则，除执行人工土、石方有关规定外，还应按下列规定计算：

①土、石方运距。

a. 推土机推土运距：按挖方区重心至回填区重心之间的直线距离计算。

b. 铲运机运土运距：按挖方区重心至卸土区重心加转向距离 45 m 计算。

c. 自卸汽车运土运距：按挖方区重心至填土区(或堆放地点)的最短距离计算。

②建筑场地原土碾压以平方米计算，填土碾压按图示填土厚度以立方米计算。

③机械挖土方工程量按施工组织设计分别计算机械和人工挖土工程量。无施工组织设计时，可按机械挖土方 90％、人工挖土方 10％计算(人工挖土方部分按相应定额项目人工乘以系数 2.0)。

4.2.2 清单工程量计算规则

(1)"13 计算规范"的相关解释说明。"13 计算规范"对土石方工程主要有以下相关解释说明：

1)挖土方平均厚度应按自然地面测量标高至设计地坪标高的平均厚度确定。基础土方开挖深度应按基础垫层底表面标高至交付施工场地标高确定，无交付施工场地标高时，应按自然地面标高确定。

2)建筑物场地厚度≤±300 mm 的挖、填、运、找平，应按平整场地项目编码列项；厚度>±300 mm 的竖向布置挖土或山坡切土应按挖一般土方项目编码列项。

3)沟槽、基坑、一般土方的划分为：底宽≤7 m，底长>3 倍底宽为沟槽；底长≤3 倍底宽、底面面积≤150 m² 为基坑；超出上述范围则为一般土方。

4)挖土方如需截桩头时，应按桩基工程相关项目编码列项。

5)桩间挖土不扣除桩的体积，并在项目特征中加以描述。

6)弃、取土运距可以不描述，但应注明由投标人根据施工现场实际情况自行考虑，决定报价。

7)土壤的分类应按表 4-4 确定，如土壤类别不能准确划分时，招标人可注明为综合，由投标人根据地勘报告决定报价。

8)土方体积应按挖掘前的天然密实体积计算。非天然密实土方应按表 4-7 的系数计算。

9)挖沟槽、基坑、一般土方因工作面和放坡增加的工程量(管沟工作面增加的工程量)，是否并入各土方工程量中，按各省、自治区、直辖市或行业建设主管部门的规定实施，如并入各土方工程量中，办理工程结算时，按经发包人认可的施工组织设计规定计算，编制工程量清单时，可按表 4-8、表 4-11、表 4-12 的规定计算。

10)挖方出现流砂、淤泥时，如设计未明确，在编制工程量清单时，其工程数量可为暂估，结算时应根据实际情况由发包人与承包人双方现场签证确认工程量。

11)管沟土方项目适用于管道(给水排水、工业、电力、通信)、光(电)缆沟[包括人(手)孔、接口坑]及连接井(检查井)等。

表 4-11　基础施工所需工作面宽度计算表

基础材料	每边各增加工作面宽度/mm
砖基础	200
浆砌毛石、条石基础	150
混凝土基础垫层支模板	300
混凝土基础支模板	300
基础垂直面做防水层	1 000(防水层面)
注：本表按《全国统一建筑工程预算工程量计算规则》(GJD_{GZ}—101—95)整理。	

表 4-12　管沟施工每侧所需工作面宽度计算表

管道结构宽/mm	管沟材料	
	混凝土及钢筋混凝土管道/mm	其他材质管道/mm
≤500	400	300
≤1 000	500	400
≤2 500	600	500
>2 500	700	600
注：1. 本表按《全国统一建筑工程预算工程量计算规则》(GJD_{GZ}—101—95)整理。 2. 管道结构宽：有管座的按基础外缘，无管座的按管道外径。		

（2）清单工程量计算规则。在"13 计算规范"附录 A（土石方工程）中，对土方工程工程量清单的项目设置、项目特征描述的内容、计量单位及工程量计算规则等作出了详细的规定。表 4-13、表 4-14 列出了部分常用项目的相关内容。

表 4-13　土方工程（编号：010101）

项目编码	项目名称	项目特征	计量单位	工程量计算规则	工作内容
010101001	平整场地	1. 土壤类别 2. 弃土运距 3. 取土运距	m²	按设计图示尺寸以建筑物首层建筑面积计算	1. 土方挖填 2. 场地找平 3. 运输
010101002	挖一般土方	1. 土壤类别 2. 挖土深度 3. 弃土运距	m³	按设计图示尺寸以体积计算	1. 排地表水 2. 土方开挖 3. 围护(挡土板)、支撑 4. 基底钎探 5. 运输
010101003	挖沟槽土方			按设计图示尺寸以基础垫层底面积乘以挖土深度计算	
010101004	挖基坑土方				
010101007	管沟土方	1. 土壤类别 2. 管外径 3. 挖沟深度 4. 回填要求	1. m 2. m³	1. 以米计量，按设计图示以管道中心线长度计算 2. 以立方米计量，按设计图示管底垫层面积乘以挖土深度计算；无管底垫层按管外径的水平投影面积乘以挖土深度计算。不扣除各类井的长度，井的土方并入	1. 排地表水 2. 土方开挖 3. 围护(挡土板)、支撑 4. 运输 5. 回填

表 4-14 回填(编号:010103)

项目编码	项目名称	项目特征	计量单位	工程量计算规则	工作内容
010103001	回填方	1. 密实度要求 2. 填方材料品种 3. 填方粒径要求 4. 填方来源、运距	m³	按设计图示尺寸以体积计算 1. 场地回填:回填面积乘以平均回填厚度 2. 室内回填:主墙间净面积乘以回填土厚度,不扣除间隔墙 3. 基础回填:按挖方清单项目工程量减去自然地坪以下埋设的基础体积(包括基础垫层及其他构筑物)	1. 运输 2. 回填 3. 压实
010103002	余方弃置	1. 废弃料品种 2. 运距		按挖方清单项目工程量减利用回填方体积(正数)计算	余方点装料运输至弃置点

注:1. 填方密实度要求,在无特殊要求情况下,项目特征可描述为满足设计和规范的要求。
   2. 填方材料品种可以不描述,但应注明由投标人根据设计要求验方后方可填入,并符合相关工程的质量规范要求。
   3. 填方粒径要求,在无特殊要求情况下,项目特征可以不描述。
   4. 如需买土回填应在项目特征填方来源中描述,并注明买土方数量。

4.2.3 例题解析

【例 4-1】 试分别计算附录"××办公楼"工程的平整场地的定额和清单工程量。

解:(1)定额工程量计算。

从例 3-1 中可知首层建筑面积为 504.568 m²。

平整场地工程量=504.568+(36+0.2+14.1+0.2+0.9)×2×2+16=726.17(m²)

(2)清单工程量计算。

平整场地工程量=504.57 m²

【例 4-2】 试分别计算附录"××办公楼"工程中①轴与Ⓐ轴相交处人工挖基坑的定额和清单工程量。

解:(1)定额工程量计算。

1)从附录中可知土壤类型为三类土,室外地坪为−0.450 m,①轴与Ⓐ轴相交处独立基础的底标高为−1.500 m,独立基础下有 100 mm 厚垫层,所以挖土深度为 1.6−0.45=1.15(m)<1.5 m(三类土放坡起点),不需要放坡。

2)垫层需留工作面,工作面宽为 300 mm。

3)定额工程量=(2.7+0.3×2)×(2.7+0.3×2)×1.15=12.52(m³)

(2)清单工程量计算。

清单工程量=2.7×2.7×1.15=8.38(m³)

【例 4-3】 试分别计算附录"××办公楼"工程中①轴上人工挖沟槽的定额和清单工程量。

解：（1）定额工程量计算。

1）从附录中可知土壤类型为三类土，室外地坪为-0.450 m，①轴上基础梁顶标高为-0.900 m，梁高为500 mm，所以挖土深度为$1.4-0.45=0.95$(m)<1.5 m(三类土放坡起点)，不需要放坡。

2）基础梁需留工作面，工作面宽为300 mm。

3）定额工程量$=(14.1-1.8-4.1-1.8)\times(0.2+0.3\times2)\times0.95=4.86$(m³)

（2）清单工程量计算。

清单工程量$=(14.1-1.5-3.5-1.5)\times0.2\times0.95=1.44$(m³)

【例 4-4】 试分别计算附录"××办公楼"工程中①轴与Ⓐ轴相交处基坑基础回填土的定额和清单工程量。

解：（1）定额工程量计算。

从例 4-2 中可知人工挖基坑的定额工程量为 12.52 m³。

定额工程量$=12.52-2.7\times2.7\times0.1$(垫层)$-2.5\times2.5\times0.3$(独立基础)$-1.5\times1.5\times0.3$(独立基础)$-0.35\times0.5\times(0.9-0.45)$(框架柱)$-(0.2\times0.5\times0.4+0.2\times0.3\times0.9)\times2$(基础梁)$-(1.725-0.25+1.8-0.4)\times0.2\times(0.9-0.45)$(砖基础)$=8.71$(m³)

（2）清单工程量计算。

从例 4-2 中可知人工挖基坑的清单工程量为 8.38 m³。

清单工程量$=8.38-2.7\times2.7\times0.1$(垫层)$-2.5\times2.5\times0.3$(独立基础)$-1.5\times1.5\times0.3$(独立基础)$-0.35\times0.5\times(0.9-0.45)$(框架柱)$-(0.2\times0.5\times0.1+0.2\times0.3\times0.6)\times2$(基础梁)$-(1.425-0.25+1.5-0.4)\times0.2\times(0.9-0.45)$(砖基础)$=4.72$(m³)

【例 4-5】 试分别计算附录"××办公楼"工程中②～③轴和Ⓑ～Ⓒ轴之间房间的房心回填的定额和清单工程量。

解：（1）定额工程量计算。

1）从附录的立面图中可知室外地坪为-0.450 m，②～③轴和Ⓑ～Ⓒ轴之间房间的地面做法厚度为$0.02+0.06=0.08$(m)，所以，回填土厚度为$0.45-0.08=0.37$(m)。

2）该房间的净面积$=(3.6-0.2)\times(5.1-0.2)=16.66$(m²)

3）定额工程量$=16.66\times0.37=6.16$(m³)

（2）清单工程量计算。

清单工程量$=$定额工程量$=6.16$ m³

4.3 桩基工程

4.3.1 定额工程量计算规则

（1）桩基工程定额说明。

1）本定额已综合了土壤的级别，执行中不予换算。

2)人工挖孔桩和钻(冲)孔桩不分土壤类别。岩石风化程度划分为强风化岩、中风化岩、微风化岩三类。强风化岩不作入岩计算。中风化岩和微风化岩作入岩计算。岩石风化程度划分见表4-15。

表4-15 岩石风化程度划分表

风化程度	特　征
微风化	岩石新鲜，表面稍有风化迹象
中风化	①结构和构造层理清晰。 ②岩体被节理、裂隙分割成块状(20～25 cm)，裂隙中填充少量风化物，锤击声脆，且不易击碎。 ③用镐难挖掘，用岩心钻方可钻进
强风化	①结构和构造层理不甚清晰，矿物成分已显著变化。 ②岩质被节理、裂隙分割成碎石状(2～20 cm)，碎石用手可折断。 ③用镐可以挖掘，手摇钻不易钻进

3)每个单位工程的打(灌)桩工程量小于表4-16规定的数量时，其人工、机械量按相应定额项目乘以系数1.25计算。

表4-16 打(灌)桩额定最低工程量

项目	单位工程的工程量/m³
预制钢筋混凝土方桩	150
沉管灌注混凝土桩	60
钻孔灌注混凝土桩	100
灌注砂(碎石或砂石)桩	60
灰土挤密桩	60
深层搅拌加固地基	100
人工挖孔桩	100

4)定额除静力压桩外，均未包括接桩。如需接桩，除按相应打桩项目计算外，按设计要求另计算接桩项目。其焊接桩接头钢材用量，设计与定额用量不同时，应按设计用量进行调整。

5)打试验桩按相应定额项目的人工、机械乘以系数2计算。

6)打桩、沉管，桩间净距小于4倍桩径(桩边长)的，均按相应定额项目中的人工、机械乘以系数1.13计算。

7)定额以打直桩为准，如打斜桩，斜度在1:6以内者，按相应定额项目人工、机械乘以系数1.25，如斜度大于1:6者，按相应定额项目人工、机械乘以系数1.43。

8)定额以平地(坡度小于15°)打桩为准，如在坡堤上(坡度大于15°)打桩时，按相应定额项目人工、机械乘以系数 1.15。如在基坑内(基坑深度大于 1.5 m)打桩或在地坪上打坑槽内(坑槽深度大于 1 m)桩时,按相应定额项目人工、机械乘以系数 1.11。

9)定额各种灌注桩的材料用量中,均已包括表 4-17 规定的充盈系数和材料损耗。充盈系数与定额规定不同时可以调整。

表 4-17　灌注桩材料充盈系数和材料损耗率表

项目名称	充盈系数	损耗率/%
沉管灌注混凝土桩	1.18	1.50
钻孔灌注混凝土桩	1.25	1.50
沉管灌注砂桩	1.30	3.00
沉管灌注砂石桩	1.30	3.00

其中,灌注砂石桩除上述充盈系数和损耗率外,还包括级配密实系数 1.334。

10)因设计修改在桩间补桩或强夯后的地基上打桩时,按相应定额项目人工、机械乘以系数 1.15。

11)打送桩时,可按相应打桩定额项目综合工日及机械台班乘以表 4-18 规定的系数计算。

表 4-18　送桩综合工日及机械台班系数

送桩深度	系数
2 m 以内	1.25
4 m 以内	1.43
4 m 以上	1.67

12)金属周转材料中包括桩帽、送桩器、桩帽盖、活瓣桩尖、钢管、料斗等属于周转性使用的材料。

13)钢板桩尖按加工铁件计价。

14)定额中各种桩的混凝土强度如与设计要求不同,可以进行换算。

(2)打(压)预制钢筋混凝土桩。

1)打(压)预制钢筋混凝土桩按体积以立方米计算。其体积按设计桩长(包括桩尖,不扣除桩尖虚体积)乘以桩截面面积。

2)送桩:按桩的截面面积乘以送桩长度(即打桩架底至桩顶面高度或自桩顶面至自然地坪面另加 0.5 m)以立方米计算。

3)接桩:按设计接头数,以个计算。

打桩、接桩、送桩施工示意图如图 4-5 所示。

(3)沉管灌注桩。

1)混凝土桩、砂桩、碎石桩的体积,按设计桩长(包括桩尖,不扣除桩尖虚体积)增加 0.25 m,乘以设计截面面积计算。

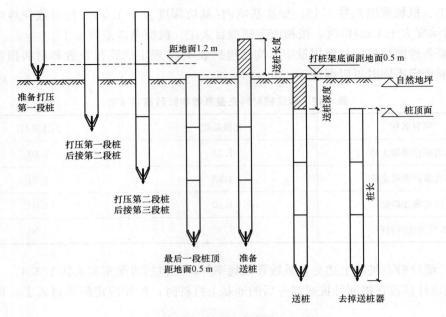

图 4-5　打桩、接桩、送桩施工示意图

如采用预制钢筋混凝土桩尖或钢板桩尖者，其桩长按沉管底算至设计桩顶面（即自桩尖顶面至桩顶面）再加 0.25 m 计算。活瓣桩尖的材料不扣，预制钢筋混凝土桩尖按定额第四章规定以立方米计算，钢板桩尖按实计算（另加 2% 的损耗）。

2）复打桩工程量在编制预算时按图示工程量计算，结算时按复打部分混凝土的灌入量体积，套相应的复打定额子目。

沉管灌注桩施工示意图如图 4-6 所示。

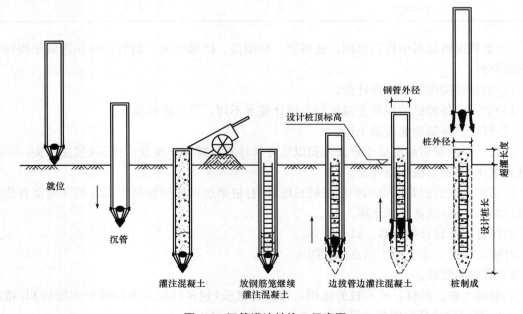

图 4-6　沉管灌注桩施工示意图

(4)钻孔灌注桩。

1)回旋钻孔灌注桩按设计桩长增加 0.25 m(设计有规定的按设计规定)乘以设计桩截面面积以立方米计算。

2)长螺旋钻孔灌注桩,按设计桩长另加 0.25 m 乘以螺旋钻头外径另加 2 cm 截面面积计算。

(5)人工挖孔桩。

1)护壁体积,按设计图示护壁尺寸从自然地面至扩大头(或桩底)以立方米计算。

2)桩芯体积,按设计图示尺寸,从桩顶至桩底以立方米计算。

(6)深层搅拌法加固地基,其体积按设计长度另加 0.25 m 乘以设计截面面积以立方米计算。

(7)钢筋笼制安按混凝土及钢筋混凝土工程有关规定套相应的定额子目。

(8)人工挖孔桩的挖土及沉管灌注桩、钻孔灌注桩空孔部分的成孔量按定额第一章土(石)方工程有关规定套相应的定额子目。

4.3.2 清单工程量计算规则

(1)"13 计算规范"的相关解释说明。"13 计算规范"对桩基工程主要有以下相关解释说明。

1)地层情况按表 4-4 和表 4-19 的规定,并根据岩土工程勘察报告按单位工程各地层所占比例(包括范围值)进行描述。对无法准确描述的地层情况,可注明由投标人根据岩土工程勘察报告自行决定报价。

表 4-19 岩石分类表

岩石分类		代表性岩石	开挖方法
极软岩		①全风化的各种岩石; ②各种半成岩	部分用手凿工具、部分用爆破法开挖
软质岩	软岩	①强风化的坚硬岩或较硬岩; ②中等风化—强风化的较软岩; ③未风化—微风化的页岩、泥岩、泥质砂岩等	用风镐和爆破法开挖
	较软岩	中等风化—强风化的坚硬岩或较硬岩; 未风化—微风化的凝灰岩、千枚岩、泥灰岩、砂质泥岩等	用爆破法开挖
硬质岩	较硬岩	①微风化的坚硬岩; ②未风化—微风化的大理岩、板岩、石灰岩、白云岩、钙质砂岩等	用爆破法开挖
	坚硬岩	未风化—微风化的花岗岩、闪长岩、辉绿岩、玄武岩、安山岩、片麻岩、石英岩、石英砂岩、硅质砾岩、硅质石灰岩等	用爆破法开挖
注:本表依据国家标准《工程岩体分级级标准》(GB 50218—1994)和《岩土工程勘察规范(2009 年版)》(GB 50021—2001)整理。			

2)项目特征中的桩截面、混凝土强度等级、桩类型等可直接用标准图代号或设计桩型进行描述。

3)预制钢筋混凝土方桩、预制钢筋混凝土管桩项目以成品桩编制，应包括成品桩购置费，如果用现场预制桩，应包括现场预制的所有费用。

4)打试验桩和打斜桩应按相应项目编码单独列项，并应在项目特征中注明试验桩或斜桩(斜率)。

5)桩基础的承载力检测、桩身完整性检测等费用按国家相关取费标准单独计算，不在本清单项目中。

6)项目特征中的桩长应包括桩尖，空桩长度＝孔深－桩长，孔深为自然地面至设计桩底的深度。

7)泥浆护壁成孔灌注桩是指在泥浆护壁条件下成孔，采用水下灌注混凝土的桩。其成孔方法包括冲击钻成孔、冲抓锥成孔、回旋钻成孔、潜水钻成孔、泥浆护壁的旋挖成孔等。

8)沉管灌注桩的沉管方法包括锤击沉管法、振动沉管法、振动冲击沉管法、内夯沉管法等。

9)干作业成孔灌注桩是指不用泥浆护壁和套管护壁的情况下，用钻机成孔后，下钢筋笼，灌注混凝土的桩，适用于地下水位以上的土层使用。其成孔方法包括螺旋钻成孔、螺旋钻成孔扩底、干作业的旋挖成孔等。

10)混凝土灌注桩的钢筋笼制作、安装，按"13 计算规范"附录 E 钢筋工程中相关项目编码列项。

(2)清单工程量计算规则。在"13 计算规范"附录 C(桩基工程)中，对打桩、灌注桩工程量清单的项目设置、项目特征描述的内容、计量单位及工程量计算规则等作出了详细的规定。表 4-20、表 4-21 列出了部分常用项目的相关内容。

表 4-20　打桩(编号：010301)

项目编码	项目名称	项目特征	计量单位	工程量计算规则	工作内容
010301001	预制钢筋混凝土方桩	1. 地层情况 2. 送桩深度、桩长 3. 桩截面 4. 桩倾斜度 5. 沉桩方法 6. 接桩方式 7. 混凝土强度等级	1. m 2. m³ 3. 根	1. 以米计量，按设计图示尺寸以桩长(包括桩尖)计算 2. 以立方米计量，按设计图示截面面积乘以桩长(包括桩尖)以实体积计算 3. 以根计量，按设计图示数量计算	1. 工作平台搭拆 2. 桩机竖拆、移位 3. 沉桩 4. 接桩 5. 送桩
010301002	预制钢筋混凝土管桩	1. 地层情况 2. 送桩深度、桩长 3. 桩外径、壁厚 4. 桩倾斜度 5. 沉桩方法 6. 桩尖类型 7. 混凝土强度等级 8. 填充材料种类 9. 防护材料种类			1. 工作平台搭拆 2. 桩机竖拆、移位 3. 沉桩 4. 接桩 5. 送桩 6. 桩尖制作安装 7. 填充材料、刷防护材料

项目编码	项目名称	项目特征	计量单位	工程量计算规则	工作内容
010301003	钢管桩	1. 地层情况 2. 送桩深度、桩长 3. 材质 4. 管径、壁厚 5. 桩倾斜度 6. 沉桩方法 7. 填充材料种类 8. 防护材料种类	1. t 2. 根	1. 以吨计量，按设计图示尺寸以质量计算 2. 以根计量，按设计图示数量计算	1. 工作平台搭拆 2. 桩机竖拆、移位 3. 沉桩 4. 接桩 5. 送桩 6. 切割钢管、精割盖帽 7. 管内取土 8. 填充材料、刷防护材料
010301004	截(凿)桩头	1. 桩类型 2. 桩头截面、高度 3. 混凝土强度等级 4. 有无钢筋	1. m³ 2. 根	1. 以立方米计量，按设计桩截面乘以桩头长度以体积计算 2. 以根计量，按设计图示数量计算	1. 截(切割)桩头 2. 凿平 3. 废料外运

表 4-21 灌注桩(编号：010302)

项目编码	项目名称	项目特征	计量单位	工程量计算规则	工作内容
010302001	泥浆护壁成孔灌注桩	1. 地层情况 2. 空桩长度、桩长 3. 桩径 4. 成孔方法 5. 护筒类型、长度 6. 混凝土种类、强度等级			1. 护筒埋设 2. 成孔、固壁 3. 混凝土制作、运输、灌注、养护 4. 土方、废泥浆外运 5. 打桩场地硬化及泥浆池、泥浆沟
010302002	沉管灌注桩	1. 地层情况 2. 空桩长度、桩长 3. 复打长度 4. 桩径 5. 沉管方法 6. 桩尖类型 7. 混凝土种类、强度等级	1. m 2. m³ 3. 根	1. 以米计量，按设计图示尺寸以桩长(包括桩尖)计算 2. 以立方米计量，按不同截面在桩上范围内以体积计算 3. 以根计量，按设计图示数量计算	1. 打(沉)拔钢管 2. 桩尖制作、安装 3. 混凝土制作、运输、灌注、养护
010302003	干作业成孔灌注桩	1. 地层情况 2. 空桩长度、桩长 3. 桩径 4. 扩孔直径、高度 5. 成孔方法 6. 混凝土种类、强度等级			1. 成孔、扩孔 2. 混凝土制作、运输、灌注、振捣、养护

项目编码	项目名称	项目特征	计量单位	工程量计算规则	工作内容
010302004	挖孔桩土(石)方	1. 地层情况 2. 挖孔深度 3. 弃土(石)运距	m³	按设计图示尺寸(含护壁)截面面积乘以挖孔深度以立方米计算	1. 排地表水 2. 挖土、凿石 3. 基底钎探 4. 运输
010302005	人工挖孔灌注桩	1. 桩芯长度 2. 桩芯直径、扩底直径、扩底高度 3. 护壁厚度、高度 4. 护壁混凝土种类、强度等级 5. 桩芯混凝土种类、强度等级	1. m³ 2. 根	1. 以立方米计量,按桩芯混凝土体积计算 2. 以根计量,按设计图示数量计算	1. 护壁制作 2. 混凝土制作、运输、灌注、振捣、养护

4.4 砌 筑 工 程

4.4.1 定额工程量计算规则

(1)砌筑工程定额说明。

1)定额中砖的规格是按标准砖编制的;砌块、多孔砖、空心砖的规格是按常用规格编制的。规格不同时,可以换算。

2)砖墙定额中已包括先立门窗框的调直用工以及腰线、窗台线、挑檐等一般出线用工。

3)砖砌体均包括原浆勾缝用工,加浆勾缝时,另按相应定额计算。

4)填充墙以填炉渣、炉渣混凝土为准,如实际使用材料与定额不同时允许换算,其他不变。

5)圆形烟囱基础按砖基础定额执行,人工乘以系数1.2。

6)砖砌挡土墙,顶面宽2砖以上执行砖基础定额;顶面宽2砖以内执行砖墙定额。

7)围墙按实心砖砌体编制,如砌空花、空斗等其他砌体围墙,可分别按墙身、压顶、砖柱等套用相应定额。

8)砖砌圆弧形空花、空斗砖墙及砌块砌体墙,按相应定额项目人工乘以系数1.1。

9)零星项目是指砖砌厕所蹲台、小便池槽、水槽腿、垃圾箱、花台、花池、房上烟囱、台阶挡墙或牵边、隔热板砖墩、地板墩等。

10)定额中砌筑砂浆强度如与设计要求不同时,除附加砂浆外,均可以换算。

11)毛石护坡高度超过 4 m 时，定额人工乘以系数 1.15。

12)砌筑圆弧形石砌体基础、墙(含砖石混合砌体)，按定额项目人工乘以系数 1.1。

(2)砌筑工程的一般计算规则。

1)砖、石砌体除另有规定外，均按实砌体积以立方米计算。

2)计算墙体工程量时，应扣除门窗洞口、过人洞、空圈、嵌入墙身的钢筋混凝土柱、梁(包括过梁、圈梁、挑梁)和暖气包壁龛的体积，不扣除梁头、板头、檩头、垫木、木楞头、沿椽木、木砖、门窗走头、砖墙内的加固钢筋、木筋、铁件、钢管及每个面积在 0.3 m² 以下的孔洞等所占的体积，凸出墙面的窗台虎头砖、压顶线、山墙泛水、烟囱根、门窗套、腰线和挑檐等体积也不增加。

3)凸出墙面的砖垛，并入墙身体积内计算。

4)附墙烟囱、通风道、垃圾道应按设计图示尺寸以体积(扣除孔洞所占体积)计算，并入所依附的墙体体积内。当设计规定孔洞内需抹灰时，应按"装饰定额"有关规定计算。

5)女儿墙高度，自外墙顶面至图示女儿墙顶面高度，分别不同墙厚并入外墙计算。

6)砖砌体内的钢筋加固，按设计规定以吨计算。

7)标准砖以 240 mm×115 mm×53 mm 为准，其砌体厚度按表 4-22 计算，砖墙每增加 1/2 砖厚，其计算厚度增加 125 mm。

表 4-22 标准砖砌体计算厚度表

砖数(厚度)	1/4	1/2	3/4	1	1.5	2	2.5	3
计算厚度/mm	53	115	180	240	365	490	615	740

(3)基础与墙身的划分。

1)砖基础与墙(柱)身，以设计室内地面为界(有地下室者，以地下室室内设计地面为界)，以下为基础，以上为墙(柱)身。

2)石基础与墙身的划分：以设计室内地面为界，以下为基础，以上为墙身。

3)基础与墙身使用不同材料时，位于设计室内地面±300 mm 以内时，以不同材料为分界线，超过±300 mm 时，以设计室内地面为分界线。

4)砖、石围墙，以设计室外地坪为分界线，以下为基础，以上为墙身。

(4)砖基础工程量的计算规则。

砖基础工程量＝砖基础长度×砖基础断面面积

1)砖基础长度。外墙墙基按外墙中心线长度计算；内墙墙基按内墙基净长计算。基础大放脚 T 形接头处的重叠部分以及嵌入基础的钢筋、铁件、管道、基础防潮层与单个面积在 0.3 m² 以内孔洞所占体积不予扣除，但靠墙暖气沟的挑檐也不增加。附墙垛基础宽出部分体积应并入基础工程量内。

2)砖基础断面面积。

①砖基础的分类。砖基础多为大放脚形式，大放脚有等高式与间隔式两种，如图 4-7 所示。

a. 等高式大放脚：按标准砖双面放脚每层等高 126 mm，砌出 62.5 mm 计算。

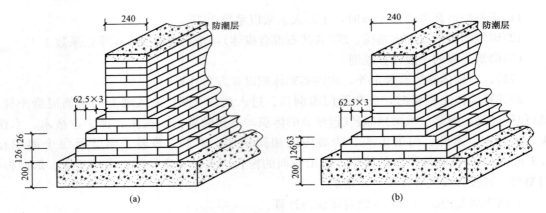

图 4-7 砖基础大放脚的两种形式

(a)等高式大放脚；(b)间隔式大放脚

　　b. 间隔式大放脚：按标准砖双面放脚，最底下一层放脚高度为 126 mm，往上为 63 mm 和 126 mm 间隔放脚。

　　②砖基础断面面积的计算方法。砖基础断面如图 4-8 所示。

　　a. 折加面积法。

$$S = D \times H + 大放脚增加面积$$

式中　　S——砖基础断面面积；

　　　　D——砖基础厚度；

　　　　H——室内地坪(±0.000)至砖基础的底或带基的面。

　　大放脚增加面积可按图 4-8 中所示尺寸，将大放脚分解为小块，计算出每一小块的面积后汇总得出。

　　b. 折加高度法。

$$S = D \times (H + 折加高度)$$

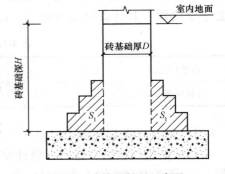

图 4-8 砖基础断面示意图

式中符号意义同前，其中：折加高度＝大放脚增加面积/砖基础厚。

　　c. 查表法。计算砖基础工程量时，可直接查表 4-23，得出砖基础大放脚的折加高度或大放脚增加面积，从而便于工程量的计算。

表 4-23　砖基础大放脚折加高度和大放脚增加面积表

大放脚层数	各种墙基厚度的折加高度/m							大放脚增加面积/m²
	大放脚形式	0.115	0.180	0.240	0.365	0.490	0.615	
一层	等高式	0.137	0.087	0.066	0.043	0.032	0.026	0.015 75
	间隔式	0.137	0.087	0.066	0.043	0.032	0.026	0.015 75
二层	等高式	0.411	0.262	0.197	0.129	0.096	0.077	0.047 25
	间隔式	0.342	0.219	0.164	0.108	0.080	0.064	0.039 38
三层	等高式	0.822	0.525	0.394	0.259	0.193	0.154	0.094 50
	间隔式	0.685	0.437	0.328	0.216	0.161	0.128	0.078 75

(5)实心砖墙工程量计算规则。

实心砖墙工程量＝(墙长×墙高－∑ 嵌入墙身的门窗洞孔的面积)×墙厚－∑ 嵌入墙身的构件的体积

1)实心砖墙长度。外墙按外墙中心线计算；内墙按内墙净长线计算；围墙按设计长度计算。

2)实心砖墙长度。

①外墙墙身高度。斜(坡)屋面无檐口天棚者算至屋面板底；有屋架且室内外均有天棚者算至屋架下弦底另加 200 mm；无天棚者算至屋架下弦底另加 300 mm，出檐宽度超过 600 mm 时，按实砌高度计算；平屋面算至钢筋混凝土板底，如图 4-9 所示。

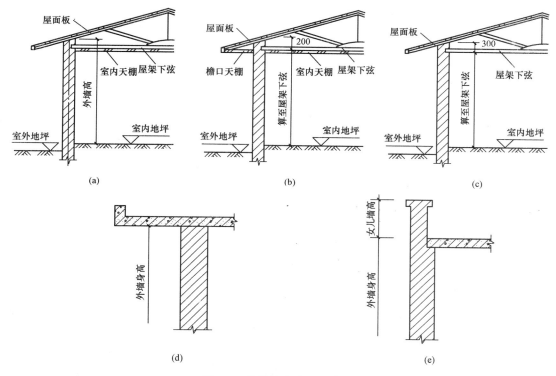

图 4-9　外墙墙身高度示意图
(a)无檐口天棚；(b)室内外均有天棚；(c)无天棚；
(d)平屋面；(e)有女儿墙的平屋面

②内墙墙身高度。内墙位于屋架下弦者，算至屋架下弦底；无屋架者，算至天棚底另加 100 mm；有钢筋混凝土楼板隔层者算至楼板底。有框架梁时算至梁底，如图 4-10 所示。

③围墙高度。从设计室外地坪至围墙砖顶面。有砖压顶算至压顶顶面；无压顶算至围墙顶面；其他材料压顶算至压顶底面。

④女儿墙高度。女儿墙也是外墙的延续，如果其厚度、材料与墙身不同时，应另行计算，套用外墙相应定额。有砖压顶算至压顶顶面；无压顶算至女儿墙顶面；其他材料压顶算至压顶底面。

(6)框架结构间砌体，分别不同墙厚，以框架间的净空面积乘以墙厚套相应砖墙定额计算。框架外表镶贴砖部分也并入框架间砌体工程量内计算。

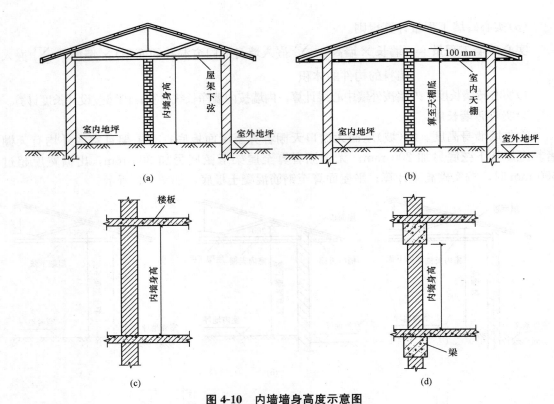

图 4-10　内墙墙身高度示意图

(a)内墙位于屋架下弦；(b)无屋架但有天棚；
(c)钢筋混凝土楼板隔层间的内墙；(d)有框架梁的钢筋混凝土隔层

(7)空花墙按空花部分外形体积以立方米计算，空花部分不予扣除，其中，实体部分以立方米另列项目计算。

(8)空斗墙按外形尺寸以立方米计算，墙角、内外墙交接处、门窗洞口立边、平碳、窗台砖及屋檐处的实砌部分已包括在定额内，不另计算，但窗间墙、窗台下、楼板下、梁头下、钢筋砖圈梁、附墙垛、楼板面踢脚线等实砌部分，应另行计算，套零星砌体定额项目。

(9)多孔砖、空心砖墙按图示厚度以立方米计算，不扣除其孔、空心部分体积。

(10)填充墙按外形尺寸以立方米计算，其中，实砌部分已包括在定额内，不另计算。

(11)砌块墙(加气混凝土墙、硅酸盐砌块墙、小型空心砌块墙)按图示尺寸以立方米计算，砌块本身空心体积不予扣除，按设计规定需要镶嵌砖砌体部分已包括在定额内，不另计算。

(12)砖柱不分柱身、柱基，其工程量合并计算，套砖柱定额项目。

(13)毛石墙、方整石墙、红条石墙按图示尺寸以立方米计算。墙面凸出的垛并入墙身工程量内计算。如有砖砌门窗口立边、窗台虎头砖、砖平碳、钢筋砖过梁等实砌砖体积，以零星砌体计算。

(14)其他砌体。

1)砖砌锅台、炉灶，不分大小，均按图示外形尺寸以立方米计算，不扣除各种空洞的体积。

2)砖砌台阶(不包括牵边)按水平投影面积以平方米计算。

3)零星砌体按实体积计算。

4)毛石台阶按图示尺寸以立方米计算，套相应石基础定额。方整石台阶按图示尺寸以立方米计算。

5)砖、石地沟不分墙基、墙身合并以立方米计算。

6)明沟按图示尺寸以延长米计算。

7)地垄墙按实砌体积套用砖基础定额。

(15)砖烟囱。

1)基础与筒身划分,以基础大放脚的扩大顶面为界,以上为筒身,以下为基础。砖基础以下的钢筋混凝土底板,按钢筋混凝土相应定额套用。

2)烟囱筒身不分方形、圆形均按本定额执行。按图示筒壁平均中心线周长乘以厚度以立方米计算,但应扣除各种孔洞及钢筋混凝土圈、过梁所占的体积,其筒壁周长不同时,可按下式分段计算:

$$V = \sum H \times C \times \pi D$$

式中　V——筒身体积;

　　　H——每段筒身垂直高度;

　　　C——每段筒壁厚度;

　　　D——每段筒壁中心线的平均直径。

3)烟囱筒身已包括原浆勾缝和烟囱帽抹灰的工料,如设计要求加浆勾缝者,另行计算套砖墙勾缝定额。原浆勾缝的工料不予扣除。

4)砖烟囱内及烟道中的钢筋混凝土构件另列项计算,套混凝土及钢筋混凝土分部的相应定额子目。

5)烟道砌砖:烟道与炉体的划分以第一道闸门为界,炉体内的烟道部分列入炉体工程量内。砖烟囱、烟道及其砖内衬,如设计要求采用楔形砖时,应根据施工组织设计规定的数量,另列项目计算。

6)砖烟囱内采用钢筋加固者,钢筋按实际重量套"砖砌体内钢筋加固"定额子目。

7)烟囱内衬及内表面涂抹隔绝层。

①内衬按不同材料,以图示实体积计算,并扣除各种孔洞所占的体积。内衬伸入筒身的连接横砖工料已包括在定额内,不另计算。

②填料按烟囱筒身与内衬之间的体积以立方米计算(填料中心线平均周长乘以图示厚度和高度),扣除各种孔洞所占的体积,但不扣除连接横砖(防沉带)的体积。填料所需的人工已包括在内衬定额中。

③烟囱内表面涂抹隔绝层,按筒身内壁的面积计算,并扣除孔洞面积。

8)烟囱的铁梯、围栏及紧箍圈的制作、安装,按金属结构分部相应定额计算。

(16)砖砌水塔。

1)基础与塔身的划分:以砖砌体的扩大部分顶面为界,以上为塔身,以下为基础,分别套用相应定额。

2)塔身以图示实砌体积计算,扣除门窗洞口和混凝土构件所占的体积。

3)砖水箱内外壁不分壁厚,均以图示实砌体积计算,套相应砖墙定额。

4)砖水塔中的钢筋混凝土构件另列项计算,套混凝土及钢筋混凝土分部相应定额子目。

(17)检查井及化粪池不分壁厚均以立方米计算。

(18)混凝土管道铺设按设计图示长度以延长米计算。

4.4.2 清单工程量计算规则

(1)"13计算规范"的相关解释说明。"13计算规范"对砌筑工程主要有以下相关解释说明：

1)"砖基础"项目适用于各种类型砖基础，如柱基础、墙基础、管道基础等。

2)框架外表面的镶贴砖部分，按零星项目编码列项。

3)附墙烟囱、通风道、垃圾道应按设计图示尺寸以体积(扣除孔洞所占体积)计算并入所依附的墙体体积内。当设计规定孔洞内需抹灰时，应按"13计算规范"附录M墙面抹灰中零星抹灰项目编码列项。

4)空斗墙的窗间墙、窗台下、楼板下、梁头下等的实砌部分，按零星砌砖项目编码列项。

5)"空花墙"项目适用于各种类型的空花墙，使用混凝土花格砌筑的空花墙，实砌墙体与混凝土花格应分别计算，混凝土花格按混凝土及钢筋混凝土中预制构件相关项目编码列项。

6)台阶、台阶挡墙、梯带、锅台、炉灶、蹲台、池槽、池槽腿、砖胎模、花台、花池、楼梯栏板、阳台栏板、地垄墙、≤0.3 m² 的孔洞填塞等，应按零星砌砖项目编码列项。砖砌锅台与炉灶可按外形尺寸以个计算，砖砌台阶可按水平投影面积以平方米计算，小便槽、地垄墙可按长度计算，其他工程按立方米计算。

7)砖砌体内钢筋加固，应按"13计算规范"附录E钢筋工程中相关项目编码列项。

8)砖砌体勾缝按"13计算规范"附录M墙面抹灰中相关项目编码列项。

9)除混凝土垫层应按"13计算规范"附录E现浇混凝土基础中相关项目编码列项外，未包括垫层要求的清单项目应按砌筑工程中垫层项目编码列项。

(2)清单工程量计算规则。在"13计算规范"附录D(砌筑工程)中，对砖砌体、砌块砌体和垫层工程量清单的项目设置、项目特征描述的内容、计量单位及工程量计算规则等作出了详细的规定。表4-24～表4-26列出了部分常用项目的相关内容。

表4-24　砖砌体(编号：010401)

项目编码	项目名称	项目特征	计量单位	工程量计算规则	工作内容
010401001	砖基础	1. 砖品种、规格、强度等级 2. 基础类型 3. 砂浆强度等级 4. 防潮层材料种类	m³	按设计图示尺寸以体积计算 包括附墙垛基础宽出部分体积，扣除地梁(圈梁)、构造柱所占体积，不扣除基础大放脚T形接头处的重叠部分及嵌入基础内的钢筋、铁件、管道、基础砂浆防潮层和单个面积≤0.3 m² 的孔洞所占体积，靠墙暖气沟的挑檐不增加。 基础长度：外墙按外墙中心线，内墙按内墙净长线计算	1. 砂浆制作、运输 2. 砌砖 3. 防潮层铺设 4. 材料运输
010401002	砖砌挖孔桩护壁	1. 砖品种、规格、强度等级 2. 砂浆强度等级		按设计图示尺寸以立方米计算	1. 砂浆制作、运输 2. 砌砖 3. 材料运输

项目编码	项目名称	项目特征	计量单位	工程量计算规则	工作内容
010401003	实心砖墙			按设计图示尺寸以体积计算。扣除门窗、洞口、嵌入墙内的钢筋混凝土柱、梁、圈梁、挑梁、过梁及凹进墙内的壁龛、管槽、暖气槽、消火栓箱所占体积，不扣除梁头、板头、檩头、垫木、木楞头、沿缘木、木砖、门窗走头、砖墙内加固钢筋、木筋、铁件、钢管及单个面积 ≤0.3 m² 的孔洞所占的体积。凸出墙面的腰线、挑檐、压顶、窗台线、虎头砖、门窗套的体积亦不增加。凸出墙面的砖垛并入墙体体积内计算	
010401004	多孔砖墙	1. 砖品种、规格、强度等级 2. 墙体类型 3. 砂浆强度等级、配合比	m³	1. 墙长度：外墙按中心线、内墙按净长计算 2. 墙高度：(1)外墙：斜(坡)屋面无檐口天棚者算至屋面板底；有屋架且室内外均有天棚者算至屋架下弦底另加 200 mm；无天棚者算至屋架下弦底另加 300 mm，出檐宽度超过 600 mm 时按实砌高度计算；与钢筋混凝土楼板隔层者算至板顶。平屋顶算至钢筋混凝土板底(2)内墙：位于屋架下弦者，算至屋架下弦底；无屋架者算至天棚底另加 100 mm；有钢筋混凝土楼板隔层者算至楼板顶；有框架梁时算至梁底(3)女儿墙：从屋面板上表面算至女儿墙顶面(如有混凝土压顶时算至压顶下表面)(4)内、外山墙：按其平均高度计算 3. 框架间墙：不分内外墙按墙体净尺寸以体积计算 4. 围墙：高度算至压顶上表面(如有混凝土压顶时算至压顶下表面)，围墙柱并入围墙体积内	1. 砂浆制作、运输 2. 砌砖 3. 刮缝 4. 砖压顶砌筑 5. 材料运输
010401005	空心砖墙				

项目编码	项目名称	项目特征	计量单位	工程量计算规则	工作内容
010401006	空斗墙	1. 砖品种、规格、强度等级 2. 墙体类型 3. 砂浆强度等级、配合比	m³	按设计图示尺寸以空斗墙外形体积计算。墙角、内外墙交接处、门窗洞口立边、窗台砖、屋檐处的实砌部分体积并入空斗墙体积内	1. 砂浆制作、运输 2. 砌砖 3. 装填充料 4. 刮缝 5. 材料运输
010401007	空花墙			按设计图示尺寸以空花部分外形体积计算，不扣除空洞部分体积	
010404008	填充墙	1. 砖品种、规格、强度等级 2. 墙体类型 3. 填充材料种类及厚度 4. 砂浆强度等级、配合比		按设计图示尺寸以填充墙外形体积计算	
010401009	实心砖柱			按设计图示尺寸以体积计算。扣除混凝土及钢筋混凝土梁垫、梁头、板头所占体积	1. 砂浆制作、运输 2. 砌砖 3. 刮缝 4. 材料运输
010404010	多孔砖柱	1. 砖品种、规格、强度等级 2. 柱类型 3. 砂浆强度等级、配合比			
010404012	零星砌砖	1. 零星砌砖名称、部位 2. 砖品种、规格、强度等级 3. 砂浆强度等级、配合比	1. m³ 2. m² 3. m 4. 个	1. 以立方米计量，按设计图示尺寸截面面积乘以长度计算 2. 以平方米计量，按设计图示尺寸水平投影面积计算 3. 以米计量，按设计图示尺寸长度计算 4. 以个计量，按设计图示数量计算	1. 砂浆制作、运输 2. 砌砖 3. 刮缝 4. 材料运输
010404013	砖散水、地坪	1. 砖品种、规格、强度等级 2. 垫层材料种类、厚度 3. 散水、地坪厚度 4. 面层种类、厚度 5. 砂浆强度等级	m²	按设计图示尺寸以面积计算	1. 土方挖、运、填 2. 地基找平、夯实 3. 铺设垫层 4. 砌砖散水、地坪 5. 抹砂浆面层
010404014	砖地沟、明沟	1. 砖品种、规格、强度等级 2. 沟截面尺寸 3. 垫层材料种类、厚度 4. 混凝土强度等级 5. 砂浆强度等级	m	以米计量，按设计图示以中心线长度计算	1. 土方挖、运、填 2. 铺设垫层 3. 底板混凝土制作、运输、浇筑、振捣、养护 4. 砌砖 5. 刮缝、抹灰 6. 材料运输

表 4-25　砌块砌体(编号：010402)

项目编码	项目名称	项目特征	计量单位	工程量计算规则	工作内容
010402001	砌块墙	1. 砌块品种、规格、强度等级 2. 墙体类型 3. 砂浆强度等级	m³	按设计图示尺寸以体积计算。扣除门窗、洞口、嵌入墙内的钢筋混凝土柱、梁、圈梁、挑梁、过梁及凹进墙内的壁龛、管槽、暖气槽、消火栓箱所占体积，不扣除梁头、板头、檩头、垫木、木楞头、沿缘木、木砖、门窗走头、砌块墙内加固钢筋、木筋、铁件、钢管及单个面积≤0.3 m²的孔洞所占的体积。凸出墙面的腰线、挑檐、压顶、窗台线、虎头砖、门窗套的体积亦不增加。凸出墙面的砖垛并入墙体体积内计算 1. 墙长度：外墙按中心线、内墙按净长计算 2. 墙高度： (1)外墙：斜(坡)屋面无檐口天棚者算至屋面板底；有屋架且室内外均有天棚者算至屋架下弦底另加 200 mm；无天棚者算至屋架下弦底另加 300 mm，出檐宽度超过 600 mm 时按实砌高度计算；与钢筋混凝土楼板隔层者算至板顶；平屋面算至钢筋混凝土板底 (2)内墙：位于屋架下弦者，算至屋架下弦底；无屋架者算至天棚底另加 100 mm；有钢筋混凝土楼板隔层者算至楼板顶；有框架梁时算至梁底 (3)女儿墙：从屋面板上表面算至女儿墙顶面(如有混凝土压顶时算至压顶下表面) (4)内、外山墙：按其平均高度计算 3. 框架间墙：不分内外墙按墙体净尺寸以体积计算 4. 围墙：高度算至压顶上表面(如有混凝土压顶时算至压顶下表面)，围墙柱并入围墙体积内	1. 砂浆制作、运输 2. 砌砖、砌块 3. 勾缝 4. 材料运输
010402002	砌块柱			按设计图示尺寸以体积计算。扣除混凝土及钢筋混凝土梁垫、梁头、板头所占体积	

表 4-26　垫层(编号: 010404)

项目编码	项目名称	项目特征	计量单位	工程量计算规则	工作内容
010404001	垫层	垫层材料种类、配合比、厚度	m³	按设计图示尺寸以立方米计算	1. 垫层材料的拌制 2. 垫层铺设 3. 材料运输

注: 除混凝土垫层应按"13计算规范"附录E中现浇混凝土基础相关项目编码列项外，未包括垫层要求的清单项目应按本表垫层项目编码列项。

4.4.3　例题解析

【例 4-6】　试分别计算附录"××办公楼"工程中①轴上砖基础的定额和清单工程量。

解: (1)定额工程量计算。

1)砖基础断面面积＝0.2×0.9＝0.18(m²)

2)砖基础长度＝14.1－0.4×2－0.5－0.26×2(构造柱)＝12.28(m)

3)定额工程量＝0.18×12.28＝2.21(m³)

(2)清单工程量计算。

清单工程量＝定额工程量＝2.21 m³

【例 4-7】　试分别计算附录"××办公楼"工程中首层①轴上烧结多孔砖墙的定额和清单工程量。

解: (1)定额工程量计算。

1)烧结多孔砖墙长度＝14.1－0.4×2－0.5－0.26×2(构造柱)＝12.28(m)

2)烧结多孔砖墙高度＝4.2－0.7＝3.5(m)

3)需扣除门的面积＝1.5×2.4＝3.6(m²)

4)定额工程量＝(12.28×3.5－3.6)×0.2－(1.5＋0.25×2)×0.2×0.12(过梁)
　　　　　　＝7.83(m³)

(2)清单工程量计算。

清单工程量＝定额工程量＝7.83 m³

4.5　混凝土及钢筋混凝土工程

4.5.1　定额工程量计算规则

(1)混凝土及钢筋混凝土工程定额说明。

1)本部分混凝土按施工方法编制了现场搅拌混凝土、集中搅拌混凝土相应定额子目，集中搅拌混凝土是按混凝土搅拌站、混凝土搅拌输送车及混凝土的泵送机械都是按施工企业自备的情况下编制的。采用集中搅拌混凝土不分构件名称和规格分别以混凝土输送泵或输送泵车，套用同一个泵送混凝土的定额子目。不适用于使用商品混凝土的构件。

2）混凝土。

①混凝土的工作内容包括：筛沙子、筛洗石子、后台运输、搅拌，前台运输、清理、润湿模板、浇灌、捣固、养护。

②毛石混凝土是按毛石占混凝土体积15％计算的，如设计要求不同时，可以换算。

③预制构件厂生产的构件，在混凝土定额项目中考虑了预制厂内构件运输、堆放、码垛、装车运出等的工作内容。

④现浇钢筋混凝土柱、墙定额项目，均按规范规定综合了底部灌注1∶2水泥砂浆的用量。

⑤混凝土子目中已列出常用强度等级，如与设计要求不同时，可以换算。

⑥阳台扶手带花台(花池)另行计算，套零星构件。

⑦垫层用于基础垫层时，按相应定额人工乘以系数1.2。地面垫层需分格支模时，按技术措施中的垫层支模定额执行。

⑧小型混凝土构件是指每件体积在0.05 m³以内的未列出定额项目的构件。

⑨坡度大于等于1/4(26°34′)的斜板屋面，混凝土浇捣人工乘以系数1.25。

3）预制构件运输。

①定额适用于由构件堆放场地或构件加工至施工现场的运输。

②定额按构件的类型和外形尺寸划分为四类，见表4-27。

表4-27　预制混凝土构件分类

类别	项　目
1	4 m以内空心板、实心板
2	6 m以内的桩、屋面板、工业楼板、进深梁、基础梁、吊车梁、楼梯休息板、楼梯段、阳台板
3	6 m以上至14 m梁、板、柱、桩，各类屋架、桁架、托架(14 m以上另行处理)
4	天窗架、挡风架、侧板、端壁板、天窗上下档、门框及单件体积在0.1 m³以内小构件

③定额综合考虑了城镇、现场运输道路等级、重车上下坡等各种因素，不得因道路条件不同而修改定额。

④在构件运输过程中，如遇路桥限载(限高)而发生的加固、拓宽等费用及电车线路和公安交通管理部门的保安护送费用，应另行计算。

⑤预制混凝土构件单体长度超过14 m，重量超过20 t，应另采取措施运输，定额子目不包括，另行计算。

4）预制构件安装。

①定额是按单机作业制定的。

②定额是按机械起吊点中心回转半径15 m以内的距离计算的，如超出15 m时，应另按构件1 km运输定额项目执行。

③每一工作循环中，均包括机械的必要位移。

④定额分别按履带式起重机、汽车式起重机、塔式起重机编制。

⑤定额不包括起重机械、运输机械行驶道路的修整、铺垫工作的人工、材料和机械。

⑥小型构件安装是指单体小于 0.1 m³ 的构件安装。

⑦预制混凝土构件若采用砖模制作时，其安装定额中的人工、机械乘以系数 1.1。

⑧定额中的塔式起重机、卷扬机台班均已包括在垂直运输机械费定额中。

⑨单层厂房屋盖系统构件必须在跨外安装时，按相应构件安装定额中的人工、机械台班乘系数 1.18。使用塔式起重机、卷扬机时，不乘以此系数。

5)钢筋。

①钢筋工程按钢筋的不同品种、不同规格，按现浇构件钢筋、预制构件钢筋、预应力钢筋分别列项。

②预应力构件中的非预应力钢筋应分别按现浇或预制钢筋相应项目计算。

③绑扎钢丝、成型点焊和接头焊接用的电焊条已综合在定额项目内。

④钢筋工程内容包括制作、绑扎、安装以及浇灌混凝土时维护钢筋用工。

⑤现浇构件钢筋以手工绑扎，预制构件钢筋按手工绑扎、点焊综合考虑，均不换算。

⑥预应力钢筋如设计要求人工时效处理时，应另行计算。

⑦后张法钢筋的锚固是按钢筋绑条焊、U 形插垫编制的，如采用其他方法锚固时，应另行换算。

⑧各种钢筋、铁件的损耗已包括在定额子目中。

⑨坡度大于 1/4(26°34′)的斜板屋面，钢筋制安工日乘以系数 1.25。

(2)现浇混凝土基础工程量计算规则。混凝土工程量除另有规定外，均按图示尺寸实体体积以立方米计算。不扣除构件内钢筋、预埋铁件及墙、板中 0.3 m² 内的孔洞所占体积。

1)混凝土基础和墙、柱的划分。基础与墙、柱的划分，均以基础扩大顶面为界，以下为基础，以上为柱或墙，如图 4-11 所示。

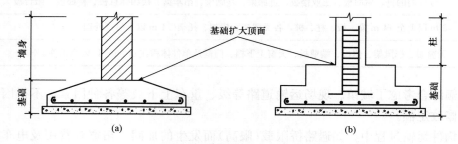

图 4-11　混凝土基础和墙、柱划分示意图

(a)墙下钢筋混凝土条形基础；(b)柱下钢筋混凝土独立基础

2)基础垫层。基础底部下面常用 C7.5～C15 混凝土做一层垫层，厚度为 70～100 mm，垫层的作用是使基础与地基有良好的接触，便于均匀传布压力。

基础垫层的混凝土按设计图纸所示的实体积计算。

基础垫层根据表现形式可分为点式、线式和面式垫层。独立基础、杯形基础、块式设备基础和桩承台下的垫层均按点式垫层计算；砖基础、带形基础下的垫层均按线式垫层计算；满堂基础下的垫层均按面式垫层计算。

①点式垫层工程量＝垫层长度×垫层宽度×垫层厚度。

②线式垫层工程量＝垫层长度×垫层宽度×垫层厚度。

其中，垫层长度为：外墙基础下垫层按垫层中心线长度计算；内墙基础下垫层按垫层净长线计算。

③面式垫层工程量＝垫层长度×垫层宽度×垫层厚度

3)带形基础。

①带形基础的分类。带形基础可分为无梁式(板式)带形基础和有梁式(带肋)带形基础，如图 4-12 所示。

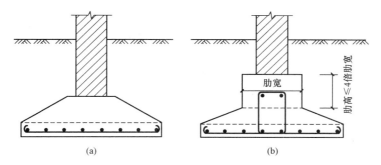

图 4-12　带形基础分类示意图

(a)无梁式(板式)带形基础；(b)有梁式(带肋)带形基础

带肋式带形基础，肋高与肋宽之比在 4∶1 以内的按有肋式带形基础计算；肋高与肋宽之比超过 4∶1 的，其底板按板式带形基础计算，以上部分按墙计算。

②带形基础工程量计算规则。

带形基础工程量＝基础长度×基础断面面积＋T 形接头搭接体积

其中，带形基础长度为：外墙为其中心线长度；内墙为基础间净长度。

基础断面面积和 T 形接头搭接体积的大小和带形基础的形状有关，如图 4-13 所示。

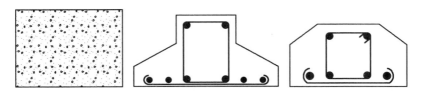

图 4-13　带形基础断面图

4)独立基础。常见的独立基础按其断面形状可分为锥形、阶梯形和杯形独立基础。

①锥形独立基础(图 4-14)。

$$V_{锥形独立基础} = abh_1 + \frac{h_2}{6}\left[ab + a_1b_1 + (a + a_1)(b + b_1)\right]$$

②阶梯形独立基础(图 4-15)。

$$V_{阶梯形独立基础} = abh_1 + a_1b_1h_2$$

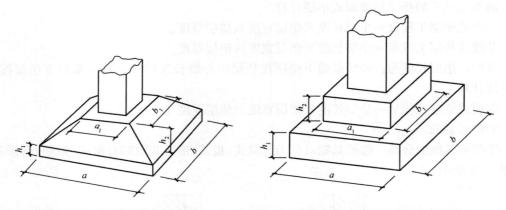

图 4-14 锥形独立基础示意图   图 4-15 阶梯形独立基础示意图

③杯形独立基础(图 4-16)。杯形基础杯口高度大于等于杯口大边长度者按杯形基础计算;杯口高度大于杯口大边长度时按高杯基础计算。

$$V_{杯形独立基础} = a_4 b_4 h_3 + a_3 b_3 h_2 - \frac{h_1}{6}[a_1 b_1 + a_2 b_2 + (a_1 + a_2)(b_1 + b_2)]$$

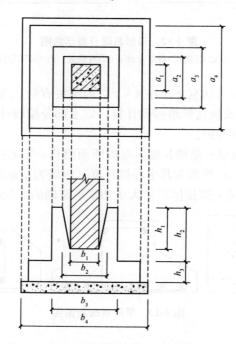

图 4-16 杯形独立基础示意图

5)满堂基础。满堂基础可分为板式(无梁式)、筏式(有梁式)和箱式满堂基础三种主要形式。

①板式(无梁式)满堂基础(图 4-17)。

$$V = 基础底板体积 + 柱墩体积$$

②筏式(有梁式)满堂基础(图 4-18)。

$$V=基础底板体积＋梁体积$$

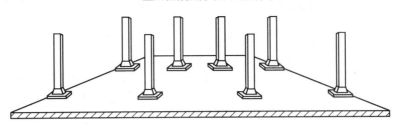

图 4-17　板式(无梁式)满堂基础示意图

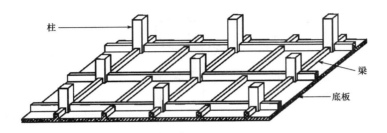

图 4-18　筏式(有梁式)满堂基础示意图

③箱式满堂基础(图 4-19)。箱式满堂基础应分别按满堂基础、柱、墙、梁、板的有关规定计算。

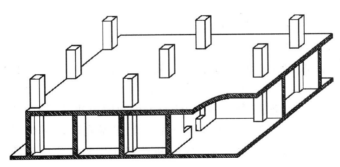

图 4-19　箱式满堂基础示意图

(3)现浇混凝土柱工程量计算规则。现浇混凝土柱工程量按图示断面尺寸乘以柱高以立方米计算。

1)柱高按下列规定确定。

①有梁板的柱高按基础上表面至楼板上表面,或楼板上表面至上一层楼板上表面计算,如图 4-20 所示。

②无梁板的柱高按基础上表面或楼板上表面至柱帽下表面计算,如图 4-21 所示。

③在砖混结构中,构造柱按全高计算,嵌接墙体部分(马牙槎)并入柱身体积;在非砖混结构中,构造柱的柱高按基础上表面至首层框架梁下表面,或楼板上表面至本层框架梁

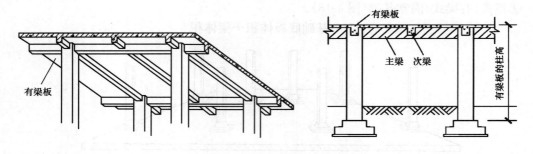

图 4-20　有梁板的柱高示意图

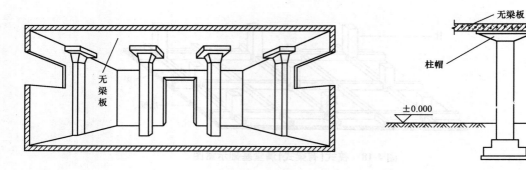

图 4-21　无梁板的柱高示意图

下表面计算，嵌接墙体部分(马牙槎)并入柱身体积。

④依附柱上的牛腿，并入柱内计算。

⑤附墙柱并入墙内计算。

2)现浇混凝土柱断面面积。现浇混凝土柱常用断面形式为矩形、圆形或异形。若同一现浇混凝土柱的断面不同，其工程量应分段计算。

构造柱一般是先砌砖后浇混凝土，在砌砖时一般每隔五皮砖(约为 300 mm)两边各留一马牙槎。如果是砖砌体，槎口宽度一般为 60 mm，如果是砌块，槎口宽度一般为 100 mm。计算构造柱体积时，与墙体嵌接部分的体积应并入到柱身的体积内计算。因此，可按基本截面宽度两边各加 30 mm 计算。构造柱在建筑物中所处位置不同，就会形成不同的断面形式，如图 4-22 所示。

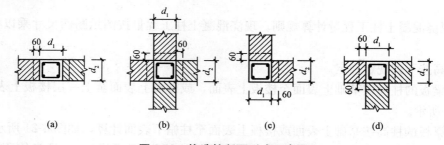

图 4-22　构造柱断面形式示意图

(a)一字形；(b)十字形；(c)L 形；(d)T 形

不同断面面积的具体计算方法如下。

①一字形构造柱的断面面积：

$$S=d_1d_2+2\times0.03d_2$$

②十字形构造柱的断面面积：

$$S=d_1d_2+2\times0.03d_1+2\times0.03d_2$$

③L 形构造柱的断面面积：

$$S=d_1d_2+0.03d_1+0.03d_2$$

④T 形构造柱的断面面积：

$$S=d_1d_2+0.03d_1+2\times0.03d_2$$

(4)现浇混凝土梁工程量计算规则。现浇混凝土梁按图示断面尺寸乘以梁长以立方米计算。伸入墙内的梁头、梁垫体积并入梁体积内计算

即　　　　　　　　　　　　　梁体积＝梁的截面面积×梁长

其中，梁长按下列规定确定。

1)梁与柱连接时，梁长算至柱的侧面，如图 4-23 所示。

2)主梁与次梁连接时，次梁长算至主梁的侧面，如图 4-23 所示。

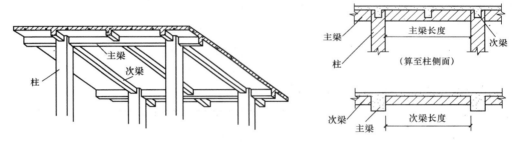

图 4-23　主梁、次梁长度计算示意图

3)圈梁与过梁连接时，分别套用圈梁和过梁定额，其中，过梁长度按门窗洞口宽度共加 500 mm 计算，如图 4-24 所示。地圈梁按圈梁定额计算。

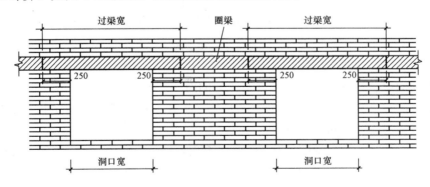

图 4-24　圈梁、过梁划分示意图

4)现浇挑梁的悬挑部分按单梁计算，嵌入墙身部分分别按圈梁、过梁计算。

5)对于圈梁的长度，外墙上圈梁按圈梁中心线计算，内墙上圈梁按圈梁净长线计算。

(5)现浇混凝土墙工程量计算规则。现浇混凝土墙按设计图示长度(外墙按中心线长度,内墙按净长线计算)乘以墙高及厚度以立方米计算,应扣除门窗洞口及 0.3 m² 以外孔洞的体积。

注意:

1)墙与梁重叠,当墙厚等于梁宽时,墙与梁合并按墙计算;当墙厚小于梁宽时,墙梁分别计算。

2)墙与板相交,墙高算至板的底面。

3)墙的净长大于宽 4 倍,且小于等于宽 7 倍时,按短肢剪力墙计算。

(6)现浇混凝土板工程量计算规则。现浇混凝土板按图示面积乘以板厚以立方米计算,各类板伸入墙内的板头并入板体积内计算。现浇混凝土板具体分为以下几种情况:

1)有梁板包括主梁、次梁与板,梁板合并计算,如图 4-25 所示。

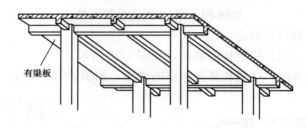

图 4-25　有梁板

2)无梁板的柱帽并入板内计算,如图 4-26 所示。

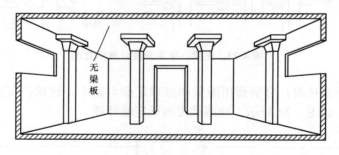

图 4-26　无梁板

3)平板与圈梁、过梁连接时,板算至梁的侧面。

4)预制板缝宽度在 60 mm 以上时,按现浇平板计算;宽度在 60 mm 以下的板缝已在接头灌缝的子目内考虑,不再列项计算。

5)现浇挑檐天沟与板(包括屋面板、楼板)连接时,以外墙为分界线,与圈梁(包括其他梁)连接时,以梁外边线为分界线。外墙外边线或梁外边线以外为挑檐、天沟,如图 4-27 所示。

(7)现浇混凝土整体楼梯工程量计算规则。整体楼梯包括休息平台、平台梁、斜梁及楼梯的连接梁,按水平投影面积计算,不扣除宽度小于 500 mm 的楼梯井,伸入墙内部分不另增加。楼梯与楼板连接时,楼梯算至楼梯梁外侧面。

圆形楼梯按悬挑楼梯间水平投影面积计算(不包括中心柱)。

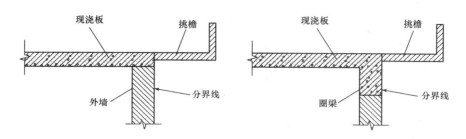

图4-27 挑檐、天沟与板分界线示意图

(8)阳台、雨篷(悬挑板),按伸出外墙的水平投影面积计算,伸出外墙的牛腿、封口梁不另计算。带反边的雨篷按展开面积并入雨篷内计算。

(9)扶手按延长米计算。栏板按长度(包括伸入墙内的长度)乘以截面面积以立方米计算。

(10)台阶按图示尺寸的投影面积计算。

(11)钢筋混凝土构件接头灌缝。

1)钢筋混凝土构件接头灌缝,包括构件坐浆、灌缝、堵板孔、塞板梁缝等,均按预制钢筋混凝土构件实体积以立方米计算。

2)柱与柱基的灌缝,按首层柱体积计算;首层以上柱灌缝按各层柱体积计算。

3)空心板堵塞端头孔的人工材料,已包括在定额内。

(12)预制混凝土工程量均按图示尺寸实体体积以立方米计算,不扣除构件内钢筋、铁件、后张法预应力钢筋灌缝孔及小于0.3 m²以内孔洞所占体积。

(13)钢筋工程工程量计算规则。钢筋工程应区别现浇、预制构件,不同钢种和规格,分别按设计长度乘以单位重量,以吨计算。

1)钢筋的长度计算。钢筋的长度计算分为以下几种情况:

①两端无弯钩的直钢筋。

钢筋长度=构件长度-两端保护层的厚度

②有弯钩的直钢筋。

钢筋长度=构件长度-两端保护层的厚度+锚固长度+搭接长度+弯钩长度

a. 钢筋的保护层厚度和锚固长度,设计已规定的按规定计算,设计未规定的按国家有关规范计算。

b. 钢筋的搭接长度的计算规定:计算钢筋工程量时,通长钢筋的接头,设计已规定钢筋搭接长度的,按规定搭接长度计算;设计未规定搭接长度的,钢筋直径在10 mm以内的,不计算搭接长度;钢筋直径在10 mm以上的,当单个构件的单根钢筋设计长度大于8 m时,按8 m长一个搭接长度计算在钢筋用量内,其搭接长度按实用钢筋HPB300级钢的30倍、HRB335级钢的35倍直径计算。钢筋电渣压力焊接接头以个计算。

c. 钢筋的弯钩。钢筋的弯钩形式可分为直弯钩、斜弯钩和半圆弯钩。

弯钩增加的长度与钢筋弯钩的形式有关。对于HPB300级钢筋而言,一个半圆弯钩增加长度的理论计算值为$6.25d$,一个直弯钩增加长度的理论计算值为$3.5d$,一个斜弯钩增加长度的理论计算值为$4.9d$,如图4-28所示。

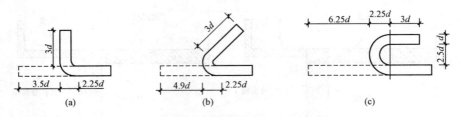

图 4-28 HPB300 级钢筋弯钩增加长度示意图

(a)直弯钩；(b)斜弯钩；(c)半圆弯钩

③有弯起的钢筋。

钢筋长度＝构件长度－两端保护层厚度＋弯起钢筋增加的长度＋两端弯钩的长度

由于钢筋带有弯起，造成钢筋弯起段长度大于平直段长度，如图 4-29 所示。

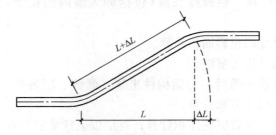

图 4-29 弯起钢筋增加长度示意图

钢筋弯起段增加的长度可按表 4-28 计算。

表 4-28 弯起钢筋增加长度

弯起角度	$\theta=30°$	$\theta=45°$	$\theta=60°$
示意图			
弯起增加长度	$\Delta L=0.268h$	$\Delta L=0.414h$	$\Delta L=0.577h$

④箍筋。

箍筋长度＝每箍长度×每一构件箍筋根数

a. 每箍长度计算。

每箍长度＝构件断面周长－8×箍筋保护层厚度＋箍筋两端弯钩的增加长度

箍筋两端弯钩的增加长度均按表 4-29 计算。

表 4-29 箍筋两端弯钩的增加长度

弯钩形式		90°	135°	180°
弯钩增加长度	不抗震结构	5.5d	6.9d	8.25d
	抗震结构	10.5d	11.9d	13.25d

b. 箍筋根数计算。

对于箍筋不加密或全长加密的构件，其箍筋根数为

箍筋根数＝箍筋配置范围长度/箍筋间距＋1

对于箍筋两端加密的构件，其箍筋根数为

$$箍筋根数 = \frac{L_1}{@_1} + \frac{L_2}{@_2} + \frac{L_3}{@_3} + 1$$

式中　L_1，L_2，L_3——箍筋的配置范围长度；

　　　$@_1$，$@_2$，$@_3$——箍筋间距。

2）先张法预应力钢筋，按构件外形尺寸计算长度，后张法预应力钢筋按设计图纸规定的预应力钢筋预留孔道长度，并区别不同的锚具类型，分别按下列规定计算：

①低合金钢筋两端采用螺杆锚具时，预应力的钢筋按预留孔道长度减 0.35 m，螺杆另行计算。

②低合金钢筋一端采用镦头插片，另一端采用螺杆锚具时，预应力钢筋长度按预留孔道长度计算，螺杆另行计算。

③低合金钢筋一端采用镦头插片，另一端采用绑条锚具时，预应力钢筋增加 0.15 m 计算；两端均采用绑条锚具时，预应力钢筋共增加 0.3 m 计算。

④低合金钢筋采用后张混凝土自锚时，预应力钢筋长度增加 0.35 m 计算。

⑤低合金钢筋或钢绞线采用 JM、XM、QM 型锚具，孔道长度在 20 m 以内时，预应力钢筋长度增加 1 m；孔道长度在 20 m 以上时，预应力钢筋长度增加 1.8 m 计算。

⑥碳素钢丝采用锥形锚具，孔道长在 20 m 以内时，预应力钢筋长度增加 1 m；孔道长在 20 m 以上时，预应力钢筋长度增加 1.8 m。

⑦碳素钢丝两端采用镦粗头时，预应力钢筋长度增加 0.35 m。

3）后张法预制钢筋项目内已包括孔道灌浆，实际孔道长度和直径与定额不同时，不作调整按定额执行。

4）钢筋混凝土构件中的预埋铁件工程量，按设计图示尺寸以吨计算。预制钢筋混凝土柱上的钢牛腿也按铁件计算。

5）固定预埋螺栓、铁件的支架，固定双层钢筋的铁马凳、垫铁件，按审定的施工组织设计规定计算，套用铁件项目。混凝土中的钢筋支架及撑筋，并入钢筋中计算。

4.5.2　清单工程量计算规则

(1)"13 计算规范"的相关解释说明。"13 计算规范"对混凝土及钢筋混凝土工程主要有以下相关解释说明：

1）有肋带形基础、无肋带形基础应按附录 E.1 现浇混凝土基础中相关项目列项，并注明肋高。

2）箱式满堂基础中柱、梁、墙、板按附录 E.2 现浇混凝土柱、E.3 现浇混凝土梁、E.4 现浇混凝土墙、E.5 现浇混凝土板相关项目分别编码列项；箱式满堂基础底板按附录 E.1 现浇混凝土基础中的满堂基础项目列项。

3）框架式设备基础中柱、梁、墙、板分别按附录 E.2 现浇混凝土柱、E.3 现浇混凝土梁、E.4 现浇混凝土墙、E.5 现浇混凝土板相关项目分别编码列项；箱式满堂基础底板按

附录 E.1 现浇混凝土基础中的设备基础项目列项。

4)如为毛石混凝土基础，项目特征应描述毛石所占比例。

5)混凝土类别指清水混凝土、彩色混凝土等，如在同一地区既使用预拌（商品）混凝土，又允许现场搅拌混凝土时，也应注明。

6)短肢剪力墙是指截面厚度不大于 300 mm，各肢截面高度与厚度之比的最大值大于 4 但不大于 8 的剪力墙；各肢截面高度与厚度之比的最大值不大于 4 的剪力墙按柱项目编码列项。

7)整体楼梯（包括直形楼梯、弧形楼梯）水平投影面积包括休息平台、平台梁、斜梁和楼梯的连接梁。当整体楼梯与现浇楼板无梯梁连接时，以楼梯的最后一个踏步边缘加 300 mm 为界。

8)架空式混凝土台阶，按现浇楼梯计算。

9)现浇构件中伸出构件的锚固钢筋应并入钢筋工程量内。除设计（包括规范规定）标明的搭接外，其他施工搭接不计算工程量，在综合单价中综合考虑。

10)现浇构件中固定位置的支撑钢筋、双层钢筋用的"铁马"在编制工程量清单时，其工程数量可为暂估量，结算时按现场签证数量计算。

11)编制工程量清单时，如果设计未明确，螺栓、预埋铁件和机械连接的工程数量可为暂估量，实际工程量按现场签证数量计算。

12)预制混凝土构件或预制钢筋混凝土构件，如施工图设计标注做法见标准图集时，项目特征注明标准图集的编码、页号及节点大样即可。

(2)清单工程量计算规则。在"13 计算规范"附录 E(混凝土及钢筋混凝土工程)中，对现浇混凝土基础、柱、梁、墙、板、楼梯、预制混凝土构件、钢筋工程量清单的项目设置、项目特征描述的内容、计量单位及工程量计算规则等作出了详细的规定。表 4-30～表 4-39 列出了部分常用项目的相关内容。

表 4-30 现浇混凝土基础(编号：010501)

项目编码	项目名称	项目特征	计量单位	工程量计算规则	工作内容
010501001	垫层	1. 混凝土种类 2. 混凝土强度等级	m³	按设计图示尺寸以体积计算。不扣除伸入承台基础的桩头所占体积	1. 模板及支撑制作、安装、拆除、堆放、运输及清理模内杂物、刷隔离剂等 2. 混凝土制作、运输、浇筑、振捣、养护
010501002	带形基础				
010501003	独立基础				
010501004	满堂基础				
010501005	桩承台基础				
010501006	设备基础	1. 混凝土种类 2. 混凝土强度等级 3. 灌浆材料及其强度等级			

表 4-31 现浇混凝土柱(编号:010502)

项目编码	项目名称	项目特征	计量单位	工程量计算规则	工作内容
010502001	矩形柱	1. 混凝土种类 2. 混凝土强度等级	m³	按设计图示尺寸以体积计算 柱高: 1. 有梁板的柱高,应自柱基上表面(或楼板上表面)至上一层楼板上表面之间的高度计算 2. 无梁板的柱高,应自柱基上表面(或楼板上表面)至柱帽下表面之间的高度计算 3. 框架柱的柱高:应自柱基上表面至柱顶高度计算 4. 构造柱按全高计算,嵌接墙体部分(马牙槎)并入柱身体积 5. 依附柱上的牛腿和升板的柱帽,并入柱身体积计算	1. 模板及支架(撑)制作、安装、拆除、堆放、运输及清理模内杂物、刷隔离剂等 2. 混凝土制作、运输、浇筑、振捣、养护
010502002	构造柱				
010502003	异形柱	1. 柱形状 2. 混凝土种类 3. 混凝土强度等级			

表 4-32 现浇混凝土梁(编号:010503)

项目编码	项目名称	项目特征	计量单位	工程量计算规则	工作内容
010503001	基础梁	1. 混凝土种类 2. 混凝土强度等级	m³	按设计图示尺寸以体积计算。伸入墙内的梁头、梁垫并入梁体积内 梁长: 1. 梁与柱连接时,梁长算至柱侧面 2. 主梁与次梁连接时,次梁长算至主梁侧面	1. 模板及支架(撑)制作、安装、拆除、堆放、运输及清理模内杂物、刷隔离剂等 2. 混凝土制作、运输、浇筑、振捣、养护
010503002	矩形梁				
010503003	异形梁				
010503004	圈梁				
010503005	过梁				

表 4-33 现浇混凝土墙(编号:010504)

项目编码	项目名称	项目特征	计量单位	工程量计算规则	工作内容
010504001	直形墙	1. 混凝土种类 2. 混凝土强度等级	m³	按设计图示尺寸以体积计算。 扣除门窗洞口及单个面积 > 0.3 m² 的孔洞所占体积,墙垛及突出墙面部分并入墙体体积内计算	1. 模板及支架(撑)制作、安装、拆除、堆放、运输及清理模内杂物、刷隔离剂等 2. 混凝土制作、运输、浇筑、振捣、养护
010504002	弧形墙				
010504003	短肢剪力墙				
010504004	挡土墙				

表 4-34　现浇混凝土板(编号：010505)

项目编码	项目名称	项目特征	计量单位	工程量计算规则	工作内容
010505001	有梁板	1. 混凝土种类 2. 混凝土强度等级	m³	按设计图示尺寸以体积计算，不扣除单个面积≤0.3 m² 的柱、垛以及孔洞所占体积　压形钢板混凝土楼板扣除构件内压形钢板所占体积　有梁板(包括主、次梁与板)按梁、板体积之和计算，无梁板按板和柱帽体积之和计算，各类板伸入墙内的板头并入板体积内，薄壳板的肋、基梁并入薄壳体积内计算	1. 模板及支架(撑)制作、安装、拆除、堆放、运输及清理模内杂物、刷隔离剂等 2. 混凝土制作、运输、浇筑、振捣、养护
010505002	无梁板				
010505003	平板				
010505004	拱板				
010505005	薄壳板				
010505006	栏板				
010505007	天沟(檐沟)、挑檐板			按设计图示尺寸以体积计算	
010505008	雨篷、悬挑板、阳台板			按设计图示尺寸以墙外部分体积计算。包括伸出墙外的牛腿和雨篷反挑檐的体积	

表 4-35　现浇混凝土楼梯(编号：010506)

项目编码	项目名称	项目特征	计量单位	工程量计算规则	工作内容
010506001	直形楼梯	1. 混凝土种类 2. 混凝土强度等级	1. m² 2. m³	1. 以平方米计量，按设计图示尺寸以水平投影面积计算。不扣除宽度≤500 mm 的楼梯井，伸入墙内部分不计算 2. 以立方米计量，按设计图示尺寸以体积计算	1. 模板及支架(撑)制作、安装、拆除、堆放、运输及清理模内杂物、刷隔离剂等 2. 混凝土制作、运输、浇筑、振捣、养护
010506002	弧形楼梯				

表 4-36　现浇混凝土其他构件(编号：010507)

项目编码	项目名称	项目特征	计量单位	工程量计算规则	工作内容
010507001	散水、坡道	1. 垫层材料种类、厚度 2. 面层厚度 3. 混凝土种类 4. 混凝土强度等级 5. 变形缝填塞材料种类	m²	按设计图示尺寸以面积计算。不扣除单个≤0.3 m² 的孔洞所占面积	1. 地基夯实 2. 铺设垫层 3. 模板及支撑制作、安装、拆除、堆放、运输及清理模内杂物、刷隔离剂等 4. 混凝土制作、运输、浇筑、振捣、养护 5. 变形缝填塞
010507002	室外地坪	1. 地坪厚度 2. 混凝土强度等级			

项目编码	项目名称	项目特征	计量单位	工程量计算规则	工作内容
010507003	电缆沟、地沟	1. 土壤类别 2. 沟截面净空尺寸 3. 垫层材料种类、厚度 4. 混凝土种类 5. 混凝土强度等级 6. 防护材料种类	m	按设计图示以中心线长度计算	1. 挖填、运土石方 2. 铺设垫层 3. 模板及支撑制作、安装、拆除、堆放、运输及清理模内杂物、刷隔离剂等 4. 混凝土制作、运输、浇筑、振捣、养护 5. 刷防护材料
010507004	台阶	1. 踏步高、宽 2. 混凝土种类 3. 混凝土强度等级	1. m² 2. m³	1. 以平方米计量，按设计图示尺寸水平投影面积计算 2. 以立方米计量，按设计图示尺寸以体积计算	1. 模板及支撑制作、安装、拆除、堆放、运输及清理模内杂物、刷隔离剂等 2. 混凝土制作、运输、浇筑、振捣、养护
010507005	扶手、压顶	1. 断面尺寸 2. 混凝土种类 3. 混凝土强度等级	1. m 2. m³	1. 以米计量，按设计图示的中心线延长米计算 2. 以立方米计量，按设计图示尺寸以体积计算	1. 模板及支架（撑）制作、安装、拆除、堆放、运输及清理模内杂物、刷隔离剂等 2. 混凝土制作、运输、浇筑、振捣、养护

表 4-37 后浇带(编号：010508)

项目编码	项目名称	项目特征	计量单位	工程量计算规则	工作内容
010508001	后浇带	1. 混凝土种类 2. 混凝土强度等级	m³	按设计图示尺寸以体积计算	1. 模板及支架（撑）制作、安装、拆除、堆放、运输及清理模内杂物、刷隔离剂等 2. 混凝土制作、运输、浇筑、振捣、养护及混凝土交接面、钢筋等的清理

表 4-38 钢筋工程(编号：010515)

项目编码	项目名称	项目特征	计量单位	工程量计算规则	工作内容
010515001	现浇构件钢筋	钢筋种类、规格	t	按设计图示钢筋(网)长度(面积)乘以单位理论质量计算	1. 钢筋制作、运输 2. 钢筋安装 3. 焊接(绑扎)
010515002	预制构件钢筋				
010515003	钢筋网片				1. 钢筋网制作、运输 2. 钢筋网安装 3. 焊接(绑扎)
010515004	钢筋笼				1. 钢筋笼制作、运输 2. 钢筋笼安装 3. 焊接(绑扎)
010515009	支撑钢筋(铁马)	1. 钢筋种类 2. 规格		按钢筋长度乘以单位理论质量计算	钢筋制作、焊接、安装

表 4-39 螺栓、铁件(编号：010516)

项目编码	项目名称	项目特征	计量单位	工程量计算规则	工作内容
010516001	螺栓	1. 螺栓种类 2. 规格	t	按设计图示尺寸以质量计算	1. 螺栓、铁件制作、运输 2. 螺栓、铁件安装
010516002	预埋铁件	1. 钢材种类 2. 规格 3. 铁件尺寸			
010516003	机械连接	1. 连接方式 2. 螺纹套筒种类 3. 规格	个	按数量计算	1. 钢筋套丝 2. 套筒连接

4.5.3 例题解析

【例 4-8】 试分别计算附录"××办公楼"工程中①轴与Ⓐ轴相交处独立基础的定额和清单工程量。

解：(1)定额工程量计算。

定额工程量 $=2.5\times2.5\times0.3+1.5\times1.5\times0.3=2.55(m^3)$

(2)清单工程量计算。

清单工程量 $=$ 定额工程量 $=2.55\ m^3$

【例 4-9】 试分别计算附录"××办公楼"工程中①轴与Ⓐ轴相交处框架柱的定额和清单工程量。

解：(1)定额工程量计算。

定额工程量 $=(0.9+11.3)\times0.35\times0.5=2.14(m^3)$

(2)清单工程量计算。

清单工程量＝定额工程量＝2.14 m³

【例 4-10】 试分别计算附录"××办公楼"工程中①轴上基础梁的定额和清单工程量。

解：(1)定额工程量计算。

定额工程量＝$(14.1-1.4\times2-3.3)\times0.2\times0.5+0.5\times2\times0.2\times0.3+0.7\times2\times0.2\times$
$0.3=0.94(m^3)$

(2)清单工程量计算。

清单工程量＝定额工程量＝0.94 m³

【例 4-11】 试分别计算附录"××办公楼"工程中首层有梁板的定额和清单工程量。

解：(1)定额工程量计算。

1)板的体积＝$[(36+0.2)\times(14.1+0.2)-(3.6\times6-0.175\times2)\times0.9-(2.1+1.4+$
$\quad\quad 1.6)\times(3.2-0.2)\times2-0.35\times1.1\times2]\times0.1=46.72(m^3)$

2)梁的体积。

①、⑬轴：$[(8.1-0.4-0.1)\times0.2\times(0.7-0.1)+(6-0.4\times2)\times0.2\times(0.6-$
$\quad\quad 0.1)]\times2=2.864(m^3)$

①轴与②轴之间：$(14.1-0.1\times2-0.2\times4)\times0.2\times(0.6-0.1)=1.31(m^3)$

②、⑩轴：$[(7.2-0.1\times2)\times0.3\times(0.8-0.1)+(6-0.5-0.4)\times0.2\times(0.6-0.1)]\times$
$\quad\quad 2=3.96(m^3)$

③、⑧轴：$(5.1-0.1\times2)\times0.2\times(0.6-0.1)\times2=0.98(m^3)$

④、⑨轴：$(6-0.1\times2)\times0.2\times(0.6-0.1)\times2=1.16(m^3)$

⑤、⑦轴：$[(7.2-0.4-0.1)\times0.3\times(0.8-0.1)+(6-0.5-0.4)\times0.2\times(0.6-$
$\quad\quad 0.1)]\times2=3.834(m^3)$

⑥轴：$(5.1-0.1\times2)\times0.2\times(0.6-0.1)+(6-0.1\times2)\times0.2\times(0.6-0.1)=1.07(m^3)$

⑪轴：$(6-0.1\times2)\times0.2\times(0.6-0.1)\times2=1.16(m^3)$

⑫轴：$(3.3-0.2)\times0.15\times(0.3-0.1)=0.093(m^3)$

Ⓐ轴：$(7.2-0.25-0.175)\times0.2\times(0.7-0.1)\times2=1.626(m^3)$

Ⓑ轴：$(3.6\times6-0.175\times2-0.35\times2)\times0.2\times(0.7-0.1)=2.466(m^3)$

L_9：$(7.2-0.2)\times0.2\times(0.6-0.1)\times2=1.4(m^3)$

Ⓒ轴：$(36-0.1\times2-0.3\times4)\times0.2\times(0.7-0.1)=4.152(m^3)$

Ⓓ轴：$(36-0.25\times2-0.45\times4)\times0.2\times(0.7-0.1)=4.044(m^3)$

L_{14}：$(3.6-0.1\times2)\times0.2\times(0.4-0.1)=0.204(m^3)$

Ⓕ轴：$(36-0.25\times2-0.35\times4)\times0.2\times(0.7-0.1)+(3.2-0.1-0.175)\times0.2\times0.1\times$
$\quad\quad 2=4.209(m^3)$

合计：

$2.864+1.31+3.96+0.98+1.16+3.834+1.07+1.16+0.093+1.626+2.466+1.4+$
$4.152+4.044+0.204+4.209=34.532(m^3)$

3)有梁板的定额工程量＝$46.72+34.532=81.25(m^3)$

(2)清单工程量计算。

清单工程量＝定额工程量＝81.25 m³

【例4-12】 试分别计算附录"××办公楼"工程中首层楼梯的定额和清单工程量。

解:(1)定额工程量计算。

定额工程量=[(5.6-0.1)×(3.2-0.1×2)+1.45×0.3]×2=33.87(m²)

(2)清单工程量计算。

清单工程量=定额工程量=33.87 m²

【例4-13】 试分别计算附录"××办公楼"工程中散水的定额和清单工程量。

解:(1)定额工程量计算。

定额工程量=[(36+0.1×2+14.1+0.1×2+0.6×4)×2-3.2-4.44×2-3.6×6+
0.1×2]×0.6=43.39(m²)

(2)清单工程量计算。

清单工程量=定额工程量=43.39 m²

【例4-14】 试分别计算附录"××办公楼"工程中①轴与Ⓐ轴相交处独立基础中钢筋的定额和清单工程量。

解:(1)定额工程量计算。

16G101—3平法图集中规定:当独立基础底板长度≥2 500时,除外侧钢筋外,底板配筋长度可取相应方向底板长度的0.9倍,交错放置。

1)外侧钢筋的计算。

外侧钢筋长度为:2.5-0.04×2=2.42(m)

外侧钢筋的根数为:2×2=4(根)

外侧钢筋的总长度=2.42×4=9.68(m)

2)其他钢筋的计算。

其他钢筋的长度为:2.5×0.9=2.25(m)

16G101—3平法图集中规定独立基础边缘第一根钢筋距基础边的距离是$\min(75, s/2)$,所以其他钢筋的根数为:[(2.5-0.075×2)÷0.15+1-2]×2=30(根)

其他钢筋的总长度=2.25×30=67.5(m)

该独立基础中的钢筋的总重量=(9.68+67.5)×0.888=68.536(kg)=0.069 t

(2)清单工程量计算。

清单工程量=定额工程量=0.069 t

【例4-15】 试分别计算附录"××办公楼"工程中①轴与Ⓐ轴相交处框架柱中钢筋的定额和清单工程量。

解:(1)定额工程量计算。

1)基础层。

①B边柱外侧插筋(1Φ16):

L_1=上层露出长度+基础厚度-保护层+设定的弯折=(4.2+0.8-0.7)÷3+0.6-
0.04+$\max(6×0.016, 0.15)$=2.143(m)

②B边柱内侧插筋(1Φ16):

L_2=上层露出长度+错开距离+基础厚度-保护层厚度+设定的弯折=(4.2+0.8-0.7)÷
3+1×$\max(35×0.016, 0.5)$+0.6-0.04+$\max(6×0.016, 0.15)$=2.703(m)

③H边柱外侧插筋(2Φ14):

$L_3=$ 上层露出长度＋基础厚度－保护层厚度＋设定的弯折＝$[(4.2+0.8-0.7)\div3+0.6-0.04+\max(6\times0.014,0.15)]\times2=4.287(m)$

④H边柱内侧插筋（2Φ14）：

$L_4=$ 上层露出长度＋错开距离＋基础厚度－保护层厚度＋设定的弯折＝$[(4.2+0.8-0.7)\div3+1\times\max(35\times0.014,0.5)+0.6-0.04+\max(6\times0.014,0.15)]\times2=5.287(m)$

⑤柱外侧角筋（2Φ18）：

$L_5=$ 上层露出长度＋基础厚度－保护层厚度＋设定的弯折＝$[(4.2+0.8-0.7)\div3+0.6-0.04+15\times0.018]\times2=4.527(m)$

⑥柱内侧角筋（2Φ18）：

$L_6=$ 上层露出长度＋错开距离＋基础厚度－保护层厚度＋设定的弯折＝$[(4.2+0.8-0.7)\div3+1\times\max(35\times0.018,0.5)+0.6-0.04+15\times0.018]\times2=5.787(m)$

⑦ 箍筋 2Φ8：

$L_7=[(0.35+0.5)\times2-0.02\times8+11.9\times0.008\times2]\times2=3.46(m)$

2）首层。

①B边柱外侧插筋（1Φ16）：

$L_1=$ 层高－本层露出长度＋上层露出长度＝$5-(4.2+0.8-0.7)\div3+\max(2.9/6,0.5,0.5)=4.067(m)$

②B边柱内侧插筋（1Φ16）：

$L_2=$ 层高－本层露出长度＋上层露出长度＋错开距离＝$5-(4.2+0.8-0.7)\div3-1\times\max(35\times0.016,0.5)+\max(2.9/6,0.5,0.5)+1\times\max(35\times0.016,0.5)=4.067(m)$

③H边柱外侧插筋（2Φ14）：

$L_3=$ 层高－本层露出长度＋上层露出长度＝$[5-(4.2+0.8-0.7)\div3+\max(2.9/6,0.5,0.5)]\times2=8.133(m)$

④H边柱内侧插筋（2Φ14）：

$L_4=$ 层高－本层露出长度＋上层露出长度＋错开距离＝$[5-(4.2+0.8-0.7)\div3-1\times\max(35\times0.014,0.5)+\max(2.9/6,0.5,0.5)+1\times\max(35\times0.014,0.5)]\times2=8.133(m)$

⑤柱外侧角筋（2Φ18）：

$L_5=$ 层高－本层露出长度＋上层露出长度＝$[5-(4.2+0.8-0.7)\div3+\max(2.9/6,0.5,0.5)]\times2=8.133(m)$

⑥柱内侧角筋（2Φ18）：

$L_6=$ 层高－本层露出长度＋上层露出长度＋错开距离＝$[5-(4.2+0.8-0.7)\div3-1\times\max(35\times0.018,0.5)+\max(2.9/6,0.5,0.5)+1\times\max(35\times0.018,0.5)]\times2=8.133(m)$

⑦箍筋 Φ8@100/200：

箍筋长度＝$(0.35+0.5)\times2-0.02\times8+11.9\times0.008\times2+0.5-0.02\times2+11.9\times0.008\times2+[(0.5-0.02\times2-0.008\times2-0.018)\div3+0.018+0.008\times2+0.35-0.02\times2]\times2+11.9\times0.008\times2=3.543(m)$

箍筋根数＝$[(5-0.7)\div3+(5-0.7)\div6+0.7]\div0.1+[5-0.7-(5-0.7)\div3-(5-0.7)\div6]\div0.2+1=41(根)$

$L_7=3.543\times41=145.222(m)$

3）二层。

①B 边柱外侧插筋（1Φ16）：

L_1＝层高－本层露出长度＋上层露出长度＝3.6－max(2.9/6，0.5，0.5)＋max(2.9/6，0.5，0.5)＝3.6(m)

②B 边柱内侧插筋（1Φ16）：

L_2＝层高－本层露出长度＋上层露出长度＋错开距离＝3.6－max(2.9/6，0.5，0.5)－1×max(35×0.016，0.5)＋max(2.9/6，0.5，0.5)＋1×max(35×0.016，0.5)＝3.6(m)

③H 边柱外侧插筋（2Φ14）：

L_3＝层高－本层露出长度＋上层露出长度＝[3.6－max(2.9/6，0.5，0.5)＋max(2.9/6，0.5，0.5)]×2＝7.2(m)

④H 边柱内侧插筋（2Φ14）：

L_4＝层高－本层露出长度＋上层露出长度＋错开距离＝[3.6－max(2.9/6，0.5，0.5)－1×max(35×0.014，0.5)＋max(2.9/6，0.5，0.5)＋1×max(35×0.014，0.5)]×2＝7.2(m)

⑤柱外侧角筋（2Φ18）：

L_5＝层高－本层露出长度＋上层露出长度＝[3.6－max(2.9/6，0.5，0.5)＋max(2.9/6，0.5，0.5)]×2＝7.2(m)

⑥柱内侧角筋（2Φ18）：

L_6＝层高－本层露出长度＋上层露出长度＋错开距离＝[3.6－max(2.9/6，0.5，0.5)－1×max(35×0.018，0.5)＋max(2.9/6，0.5，0.5)＋1×max(35×0.018，0.5)]×2＝7.2(m)

⑦箍筋 ϕ8@100/200：

箍筋长度＝(0.35＋0.5)×2－0.02×8＋11.9×0.008×2＋0.5－0.02×2＋11.9×0.008×2＋[(0.5－0.02×2－0.008×2－0.018)÷3＋0.018＋0.008×2＋0.35－0.02×2]×2＋11.9×0.008×2＝3.543(m)

箍筋根数＝[(3.6－0.7)÷3＋(3.6－0.7)÷6＋0.7]÷0.1＋[3.6－0.7－(3.6－0.7)÷3－(3.6－0.7)÷6]÷0.2＋1＝30(根)

L_7＝3.543×30＝106.26(m)

4）三层。

①4Φ14：

L_1＝层高－本层的露出长度－节点高＋节点高－保护层厚度＝3.6－max(2.9/6，0.5，0.5)－1×max(35×0.014，0.5)－0.7＋0.7－0.02＝2.58(m)

L_2＝层高－本层的露出长度－节点高＋节点高－保护层厚度＋柱外侧纵筋顶层弯折＝3.6－max(2.9/6，0.5，0.5)－0.7＋0.7－0.02＋max(1.5×34×0.014＋0.02，15×0.014)＝3.814(m)

L_3＝层高－本层的露出长度－节点高＋节点高－保护层厚度＝3.6－max(2.9/6，0.5，0.5)－0.7＋0.7－0.02＝3.08(m)

L_4＝层高－本层的露出长度－节点高＋节点高－保护层厚度＋柱外侧纵筋顶层弯折＝3.6－max(2.9/6，0.5，0.5)－1×max(35×0.014，0.5)－0.7＋0.7－0.02＋

$$\max(1.5\times34\times0.014+0.02,\ 15\times0.014)=3.314(\mathrm{m})$$

②6⚎16：

L_5＝层高－本层的露出长度－节点高＋节点高－保护层厚度＋注尺寸－2倍保护层厚度＋柱内侧纵筋顶层弯折＝$3.6-\max(2.9/6,\ 0.5,\ 0.5)-1\times\max(35\times0.018,\ 0.5)-0.7+0.7-0.02+0.5-0.02\times2+8\times0.016=3.038(\mathrm{m})$

L_6＝层高－本层的露出长度－节点高＋节点高－保护层厚度＝$3.6-\max(2.9/6,\ 0.5,\ 0.5)-1\times\max(35\times0.018,\ 0.5)-0.7+0.7-0.02=2.45(\mathrm{m})$

L_7＝层高－本层的露出长度－节点高＋节点高－保护层厚度＋柱外侧纵筋顶层弯折＝$3.6-\max(2.9/6,\ 0.5,\ 0.5)-1\times\max(35\times0.016,\ 0.5)-0.7+0.7-0.02+\max(1.5\times34\times0.016+0.02,\ 15\times0.016)=3.356(\mathrm{m})$

L_8＝层高－本层的露出长度－节点高＋节点高－保护层厚度＝$3.6-\max(2.9/6,\ 0.5,\ 0.5)-0.7+0.7-0.02=3.08(\mathrm{m})$

$L_{9,10}$＝层高－本层的露出长度－节点高＋节点高－保护层厚度＋柱外侧纵筋顶层弯折＝$3.6-\max(2.9/6,\ 0.5,\ 0.5)-0.7+0.7-0.02+\max(1.5\times34\times0.016+0.02,\ 15\times0.016)=3.916(\mathrm{m})$

③箍筋 φ8@100/200：

箍筋长度＝$(0.35+0.5)\times2-0.02\times8+11.9\times0.008\times2+0.5-0.02\times2+11.9\times0.008\times2+[(0.5-0.02\times2-0.008\times2-0.018)\div3+0.018+0.008\times2+0.35-0.02\times2]\times2+11.9\times0.008\times2=3.543(\mathrm{m})$

箍筋根数＝$[(3.6-0.7)\div3+(3.6-0.7)\div6+0.7]\div0.1+[3.6-0.7-(3.6-0.7)\div3-(3.6-0.7)\div6]\div0.2+1=30(根)$

$L_7=3.542\times30=106.26(\mathrm{m})$

5)总重量计算。

⚎18：$(4.526+5.586+8.134\times2+7.2\times2)\times2=81.56(\mathrm{kg})=0.082$ t

⚎16：$(2.143+2.703+4.067\times2+3.6\times2+3.038\times2+2.45+3.356+3.08+3.316\times2)\times1.58=67.899(\mathrm{kg})=0.068$ t

⚎14：$(4.286+5.286+8.134\times2+7.2\times2+2.58+3.814+3.08+3.314)\times1.21=64.164(\mathrm{kg})=0.064$ t

φ8：$(3.46+145.222+106.26\times2)\times0.395=142.675(\mathrm{kg})=0.140$ t

【例4-16】 试分别计算附录"××办公楼"工程中首层①轴上框架梁中钢筋的定额和清单工程量。

解：(1)定额工程量计算。

1)上部通长筋(2⚎20)：

$L=(0.5-0.02+15\times0.02+13.3+0.5-0.02+15\times0.02)\times2=29.72(\mathrm{m})$

2)侧面构造筋(4⚎12)：

$L=(13.3+15\times0.012\times2)\times4=54.64(\mathrm{m})$

3)左支座钢筋(1⚎20)：

$L=0.5-0.02+15\times0.02+7.6\div3=3.313(\mathrm{m})$

4)中间支座钢筋(1⚎22)：

$L=7.6\div3\times2+0.5=5.567(\text{m})$

5）第一跨下部钢筋（3⬢20）：

$L=(0.5-0.02+15\times0.02+7.6+0.5-0.02+15\times0.02)\times3=27.48(\text{m})$

6）第二跨下部钢筋（2⬢18）：

$L=(0.5-0.02+15\times0.02+5.2+0.5-0.02+15\times0.02)\times2=13.52(\text{m})$

7）第一跨箍筋（Φ6@150）：

箍筋单根长度$=(0.2+0.7)\times2-0.02\times8+11.9\times0.006\times2=1.7828(\text{m})$

根数$=(7.6-0.05\times2)\div0.15+1=51$（根）

16G101—3平法图集中规定梁宽≤350时，拉筋直径为6；拉筋间距为非加密区箍筋间距的2倍，所以，此梁中需加配1排Φ6的拉筋。

拉筋单根长度$=0.2-0.02\times2+11.9\times0.006\times2=0.3028(\text{m})$

拉筋根数同箍筋根数，为51根。

总长度$=(1.7828+0.3028)\times51=106.3656(\text{m})$

8）第二跨箍筋（Φ6@150）：

箍筋单根长度$=(0.2+0.6)\times2-0.02\times8+11.9\times0.006\times2=1.5828(\text{m})$

根数$=(5.2-0.05\times2)\div0.15+1=35$（根）

拉筋单根长度$=0.2-0.02\times2+11.9\times0.006\times2=0.3028(\text{m})$

拉筋根数同箍筋根数，为35根。

总长度$=(1.5828+0.3028)\times35=65.996(\text{m})$

9）重量计算：

⬢22的总重量$=5.566\times2.98=16.5867(\text{kg})=0.017\text{ t}$

⬢20的总重量$=(29.72+3.313+27.48)\times2.47=149.4671(\text{kg})=0.149\text{ t}$

⬢18的总重量$=13.52\times2=27.04(\text{kg})=0.027\text{ t}$

⬢12的总重量$=54.64\times0.888=48.5203(\text{kg})=0.049\text{ t}$

Φ6的总重量$=(106.3656+65.996)\times0.26=44.81(\text{kg})=0.045\text{ t}$

（2）清单工程量计算。

清单工程量与定额工程量完全相同。

【例4-17】 试分别计算附录"××办公楼"工程中首层⑪～⑬轴和Ⓒ～Ⓕ轴之间板中钢筋的定额和清单工程量。

解：（1）定额工程量计算。

1）底筋（Φ8@200）：

$L_1=6-0.1\times2+\max(0.2/2,5\times0.008)+\max(0.2/2,5\times0.008)+12.5\times0.008=6.1(\text{m})$

根数$_1=(3.6-0.1\times2-0.1\times2)\div0.2+1=17$（根）

$L_2=3.6-0.1\times2+\max(0.2/2,5\times0.008)+\max(0.2/2,5\times0.008)+12.5\times0.008=3.7(\text{m})$

根数$_2=(6-0.1\times2-0.1\times2)\div0.2+1=29$（根）

2）面筋：

$L_3=6-0.1\times2+0.2-0.02+15\times0.008+0.2-0.02+15\times0.008+12.5\times0.008=6.5(\text{m})$

根数$_3$＝(3.6－0.1×2－0.1×2)÷0.2＋1＝17(根)

L_4＝3.6－0.1×2＋0.2－0.02＋15×0.008＋0.2－0.02＋15×0.008＋12.5×0.008＝
4.1(m)

根数$_4$＝(6－0.1×2－0.1×2)÷0.2＋1＝29(根)

3)重量计算：

总重量＝(6.1×17＋3.7×29＋6.5×17＋4.1×29)×0.395＝173.958(kg)＝0.174 t

(2)清单工程量计算。

清单工程量＝定额工程量＝0.174 t

4.6 金属结构工程

4.6.1 定额工程量计算规则

(1)金属结构工程定额说明。

1)金属结构制作。

①定额的构件制作，均按焊接编制的。

②构件制作包括分段制作和整体预装配的人工、材料及机械台班的用量。整体预装配使用的螺栓及锚固杆件用的螺栓，已包括在定额内。

③定额除注明者外，均包括现场内(工厂内)的材料运输、号料、加工、组装及成品堆放等全部工序。

④定额未包括加工点至安装点的构件运输，发生时按构件运输定额相应项目计算。

⑤定额构件制作项目中，均已包括刷一遍防锈漆的工料。

⑥钢系杆钢筋混凝土组合屋架钢拉杆，按屋架钢支撑计算。

⑦H型钢制作项目适用于钢板焊接成H形状的钢构件半成品加工件。

⑧钢梁项目按钢制动梁项目计算，钢支架项目按钢屋架十字支撑计算。

⑨金属结构构件无损探伤检验按"安装定额"中定额项目计算。

2)金属结构构件运输。

①定额适用于由构件堆放场地或构件加工厂至施工现场的运输。

②定额按构件的类型和外形尺寸分为三类，见表4-40。

表4-40　金属结构构件分类

类别	项目
1	钢柱、屋架、托架梁、防风桁架
2	吊车梁、制动梁、型钢檩条、钢支撑、上下挡、钢拉杆栏杆、盖板、垃圾出灰门、倒灰门、箅子、爬梯、零星构件平台、操作台、走道休息台、扶梯、钢吊车梯台、烟囱紧固箍
3	墙架、挡风架、天窗架、组合檩条、轻型屋架、滚动支架、悬挂支架、管道支架

③定额综合考虑了城镇、现场运输道路等级、重车上下坡等各种因素，不得因道路条件不同而修改定额。

④的构件运输过程中，如遇路桥限载（限高）而发生的加固、拓宽等费用及电车线路和公安交通管理部门的保安护送费用，应另行处理。

3）金属结构构件安装。

①定额是按机械起吊点中心回转半径 15 m 以内的距离计算的。如超出 15 m 时，应另按构件 1 km 运输定额项目执行。

②定额不包括起重机械、运输机械行驶道路的修整、铺垫工作的人工、材料和机械。

③定额内未包括金属构件拼装和安装所需的连接螺栓，连接螺栓已包括在金属结构制作相应定额内。

④钢屋架、天窗架安装定额中，不包括拼装工序，如需拼装时，按拼装定额项目计算。

⑤定额中的塔式起重机、卷扬机台班均已包括在垂直运输机械费定额中。

⑥单层厂房屋盖系统构件必须在跨外安装时，按相应构件安装定额中的人工、机械台班乘以系数 1.18。使用塔式起重机、卷扬机时，不乘以此系数。

⑦安装在混凝土柱上，其人工、机械乘以系数 1.43。

⑧钢构件安装的螺栓均为普通螺栓，若使用其他螺栓时，应按有关规定进行调整。

⑨钢网架安装用的满堂脚手架，钢网架的油漆，另按有关分部规定执行。

⑩钢网架是按在满堂脚手架上安装考虑的，若采用整体吊装时，可另行补充。

（2）金属结构工程工程量计算规则。

1）金属结构制作。

①金属结构制作按图示钢材尺寸以吨计算，不扣除孔眼、切边的重量，焊条、铆钉、螺栓等重量，已包括在定额内不另计算。在计算不规则或多边形钢板重量时，均按外接矩形面积计算。

②制动梁的制作工程量，包括制动梁、制动桁架、制动板重量；墙架的制作工程量，包括墙架柱、墙架及连接柱杆重量；钢柱制作工程量，包括依附于柱上的牛腿及悬臂梁。

③实腹柱、吊车梁、H 型钢按图示尺寸计算，其中，腹板及翼板宽度按每边增加 25 mm 计算。

2）金属结构构件运输及安装工程量同金属结构制作工程量。

4.6.2　清单工程量计算规则

（1）"13 计算规范"的相关解释说明。"13 计算规范"对金属结构工程主要有以下相关解释说明：

1）钢屋架以榀计量，按标准图设计的应注明标准图代号，按非标准图设计的项目特征必须描述单榀屋架的质量。

2）实腹钢柱类型是指十字形、T 形、L 形、H 形等。

3）空腹钢柱类型是指箱形、格构等。

4）型钢混凝土柱浇筑钢筋混凝土，其混凝土和钢筋应按附录 E 混凝土及钢筋混凝土工程中相关项目编码列项。

5）梁类型是指 H 形、L 形、T 形、箱形、格构式等。

6)钢板楼板上浇筑钢筋混凝土，其混凝土和钢筋应按附录 E 混凝土及钢筋混凝土工程中相关项目编码列项。

7)压型钢楼板按钢板楼板项目编码列项。

8)钢墙架项目包括墙架柱、墙架梁和连接杆件。

9)钢支撑、钢拉条类型是指单式、复式；钢檩条类型是指型钢式、格构式；钢漏斗类型是指方形、圆形；天沟类型是指矩形沟或半圆形沟。

10)加工铁件等小型构件，应按零星钢构件项目编码列项。

11)金属构件的切边。不规则及多边形钢板发生的损耗在综合单价中考虑。

(2)清单工程量计算规则。在"13 计算规范"附录 F(金属结构工程)中，对钢网架、钢屋架等工程量清单的项目设置、项目特征描述的内容、计量单位及工程量计算规则等作出了详细的规定。表 4-41～表 4-47 列出了部分常用项目的相关内容。

表 4-41　钢网架(编号：010601)

项目编码	项目名称	项目特征	计量单位	工程量计算规则	工作内容
010601001	钢网架	1. 钢材品种、规格 2. 网架节点形式、连接方式 3. 网架跨度、安装高度 4. 探伤要求 5. 防火要求	t	按设计图示尺寸以质量计算。不扣除孔眼的质量，焊条、铆钉、螺栓等不另增加质量	1. 拼装 2. 安装 3. 探伤 4. 补刷油漆

表 4-42　钢屋架、钢托架、钢桁架、钢架桥(编号：010602)

项目编码	项目名称	项目特征	计量单位	工程量计算规则	工作内容
010602001	钢屋架	1. 钢材品种、规格 2. 单榀质量 3. 屋架跨度、安装高度 4. 螺栓种类 5. 探伤要求 6. 防火要求	1. 榀 2. t	1. 以榀计量，按设计图示数量计算 2. 以吨计量，按设计图示尺寸以质量计算。不扣除孔眼的质量，焊条、铆钉、螺栓等不另增加质量	1. 拼装 2. 安装 3. 探伤 4. 补刷油漆
010602002	钢托架	1. 钢材品种、规格 2. 单榀质量 3. 安装高度 4. 螺栓种类 5. 探伤要求 6. 防火要求	t	按设计图示尺寸以质量计算。不扣除孔眼的质量，焊条、铆钉、螺栓等不另增加质量	
010602003	钢桁架				
010602004	钢架桥	1. 桥类型 2. 钢材品种、规格 3. 单榀质量 4. 安装高度 5. 螺栓种类 6. 探伤要求			

表 4-43　钢柱(编号：010603)

项目编码	项目名称	项目特征	计量单位	工程量计算规则	工作内容
010603001	实腹钢柱	1. 柱类型 2. 钢材品种、规格 3. 单根柱质量 4. 螺栓种类 5. 探伤要求 6. 防火要求	t	按设计图示尺寸以质量计算。不扣除孔眼的质量，焊条、铆钉、螺栓等不另增加质量，依附在钢柱上的牛腿及悬臂梁等并入钢柱工程量内	1. 拼装 2. 安装 3. 探伤 4. 补刷油漆
010603002	空腹钢柱				
010603003	钢管柱	1. 钢材品种、规格 2. 单根柱质量 3. 螺栓种类 4. 探伤要求 5. 防火要求		按设计图示尺寸以质量计算。不扣除孔眼的质量，焊条、铆钉、螺栓等不另增加质量，钢管柱上的节点板、加强环、内衬管、牛腿等并入钢管柱工程量内	

表 4-44　钢梁(编号：010604)

项目编码	项目名称	项目特征	计量单位	工程量计算规则	工作内容
010604001	钢梁	1. 梁类型 2. 钢材品种、规格 3. 单根质量 4. 螺栓种类 5. 安装高度 6. 探伤要求 7. 防火要求	t	按设计图示尺寸以质量计算。不扣除孔眼的质量，焊条、铆钉、螺栓等不另增加质量，制动梁、制动板、制动桁架、车挡并入钢吊车梁工程量内	1. 拼装 2. 安装 3. 探伤 4. 补刷油漆

表 4-45　钢板楼板、墙板(编号：010605)

项目编码	项目名称	项目特征	计量单位	工程量计算规则	工作内容
010605001	钢板楼板	1. 钢材品种、规格 2. 钢板厚度 3. 螺栓种类 4. 防火要求	m²	按设计图示尺寸以铺设水平投影面积计算。不扣除单个面积≤0.3 m² 柱、垛及孔洞所占面积	1. 拼装 2. 安装 3. 探伤 4. 补刷油漆
010605002	钢板墙板	1. 钢材品种、规格 2. 钢板厚度、复合板厚度 3. 螺栓种类 4. 复合板夹芯材料种类、层数、型号、规格 5. 防火要求		按设计图示尺寸以铺挂展开面积计算。不扣除单个面积≤0.3 m² 的梁、孔洞所占面积，包角、包边、窗台泛水等不另加面积	

表 4-46　钢构件(编号：010606)

项目编码	项目名称	项目特征	计量单位	工程量计算规则	工作内容
010606001	钢支撑、钢拉条	1. 钢材品种、规格 2. 构件类型 3. 安装高度 4. 螺栓种类 5. 探伤要求 6. 防火要求	t	按设计图示尺寸以质量计算。不扣除孔眼的质量，焊条、铆钉、螺栓等不另增加质量	1. 拼装 2. 安装 3. 探伤 4. 补刷油漆
010606002	钢檩条	1. 钢材品种、规格 2. 构件类型 3. 单根质量 4. 安装高度 5. 螺栓种类 6. 探伤要求 7. 防火要求			
010606003	钢天窗架	1. 钢材品种、规格 2. 单榀质量 3. 安装高度 4. 螺栓种类 5. 探伤要求 6. 防火要求			
010606004	钢挡风架	1. 钢材品种、规格 2. 单榀质量 3. 螺栓种类 4. 探伤要求 5. 防火要求			
010606005	钢墙架				
010606006	钢平台	1. 钢材品种、规格 2. 螺栓种类 3. 防火要求			
010606007	钢走道				
010606008	钢梯	1. 钢材品种、规格 2. 钢梯形式 3. 螺栓种类 4. 防火要求			
010606009	钢护栏	1. 钢材品种、规格 2. 防火要求			

表 4-47　金属制品(编号：010607)

项目编码	项目名称	项目特征	计量单位	工程量计算规则	工作内容
010607001	成品空调金属百页护栏	1. 材料品种、规格 2. 边框材质	m²	按设计图示尺寸以框外围展开面积计算	1. 安装 2. 校正 3. 预埋铁件及安螺栓
010607002	成品栅栏	1. 材料品种、规格 2. 边框及立柱型钢品种、规格			1. 安装 2. 校正 3. 预埋铁件 4. 安螺栓及金属立柱
010607003	成品雨篷	1. 材料品种、规格 2. 雨篷宽度 3. 晾衣杆品种、规格	1. m 2. m²	1. 以米计量，按设计图示接触边以米计算 2. 以平方米计量，按设计图示尺寸以展开面积计算	1. 安装 2. 校正 3. 预埋铁件及安螺栓

4.7　木结构工程

4.7.1　定额工程量计算规则

(1)木结构工程定额说明。

1)定额是按机械和手工操作综合编制的。无论实际采取何种操作方法，均按定额执行。

2)定额木材木种分类如下：

一类：红松、水桐木、樟子松。

二类：白松(方杉、冷杉)、杉木、杨木、柳木、椴木。

三类：青松、黄花松、秋子木、马尾松、东北榆木、柏木、苦楝木、梓木、黄菠萝、椿木、楠木、柚木、樟木。

四类：栎木(柞木)、檀木、色木、槐木、荔木、麻栗木(麻栎、青刚)、桦木、荷木、水曲柳、华北榆木。

3)木结构工程中木材木种均以一、二类木种为准，如采用三、四类木种时，分别乘以下列系数：木门窗制作，按相应项目人工和机械乘以系数1.3；木门窗安装，按相应项目的人工和机械乘以系数1.16；其他项目按相应项目人工和机械乘以系数1.35。

4)定额中木材以自然干燥条件下含水率为准编制的，需要人工干燥时，其费用另行计算。

5)定额板、方材规格，分类见表4-48。

表 4-48 板、方材规格分类

项目	按宽厚尺寸比例分类	按板材厚度、方材宽、厚乘积				
板材	宽≥3×厚	名称	薄板	中板	厚板	特厚板
		厚度/mm	≤18	19～35	36～65	≥66
方材	宽<3×厚	名称	小方	中方	大方	特大方
		宽×厚/cm²	≤54	55～100	101～225	≥226

6)定额中所注明的木材断面或厚度均以毛料为准。如设计图纸注明的断面或厚度为净料时，应增加刨光损耗，板材、方材一面刨光增加 3 mm；两面刨光增加 5 mm；圆木每立方米材积增加 0.05 m³。

7)木结构有防火、防蛀虫等要求时，按"装饰定额"相应子目执行。

(2)木结构工程工程量计算规则。

1)木屋架的制作安装工程量按以下规定计算：

①木屋架制作安装均按设计断面竣工木料以立方米计算，其后备长度及配制损耗均不另行计算。附属于屋架的夹板、垫木等已并入相应的屋架制作项目中，不另行计算；与屋架连接的挑檐木、支撑等，其工程量并入屋架竣工木料体积内计算。

②屋架的制作安装应区别不同跨度，其跨度应以屋架上、下弦杆的中心线交点之间的长度为准。带气楼的屋架并入所依附屋架的体积内计算。

③屋架的马尾、折角和正交部分半屋架，应并入相连接屋架的体积内计算。

④钢木屋架区分圆木、方木，按竣工木料以立方米计算。

2)圆木屋架连接的挑檐木、支撑等如为方木时，其方木部分应乘以系数 1.7 折合成圆木并入屋架竣工木料内，单独的方木挑檐，按矩形檩木计算。

3)檩木按竣工木料以立方米计算。简支檩长度按设计规定计算，如设计无规定者，按屋架或山墙中距增加 200 mm 计算，如两端出山，檩条长度算至博风板；连续檩条的长度按设计长度计算，其接头长度按全部连续檩木总体积的 5%计算。檩条托木已计入相应檩木制作安装项目中，不另行计算。

4)屋面木基层，按屋面的斜面积计算。天窗挑檐重叠部分按设计规定计算，屋面烟囱及斜沟部分所占面积不扣除。

5)封檐板按图示檐口外围长度计算，博风板按斜长度计算，每个大刀头增加长度 500 mm。

6)木楼梯按水平投影面积计算，不扣除宽度小于 300 mm 的楼梯井，定额中包括踏步板、踢脚板、休息平台和伸入墙内部分的工料。但未包括楼梯底面及平台底面的钉天棚，其天棚工程量以楼梯投影面积乘以系数 1.1，按相应天棚面层计算。

4.7.2 清单工程量计算规则

(1)"13 计算规范"的相关解释说明。"13 计算规范"对木结构工程主要有以下相关解释说明：

1)屋架的跨度应以上、下弦中心线两交点之间的距离计算。

2)带气楼的屋架和马尾、折角以及正交部分的半屋架，按相关屋架项目编码列项。

3)木屋架和刚木屋架以榀计量，按标准图设计的应注明标准图代号，按非标准图设计的项目特征必须按规定要求予以描述。

4)木楼梯的栏杆(栏板)、扶手，应按附录"其他装饰工程中的相关项目编码"列项。

5)其他木构件以米计量，项目特征必须描述构件规格尺寸。

(2)清单工程量计算规则。在"13 计算规范"附录 G(木结构工程)中，对木屋架、木构件和屋面木基层工程量清单的项目设置、项目特征描述的内容、计量单位及工程量计算规则等作出了详细的规定。表 4-49～表 4-51 列出了部分常用项目的相关内容。

表 4-49　木屋架(编号：010701)

项目编码	项目名称	项目特征	计量单位	工程量计算规则	工作内容
010701001	木屋架	1. 跨度 2. 材料品种、规格 3. 刨光要求 4. 拉杆及夹板种类 5. 防护材料种类	1. 榀 2. m³	1. 以榀计量，按设计图示数量计算 2. 以立方米计量，按设计图示的规格尺寸以体积计算	1. 制作 2. 运输 3. 安装 4. 刷防护材料
010701002	钢木屋架	1. 跨度 2. 木材品种、规格 3. 刨光要求 4. 钢材品种、规格 5. 防护材料种类	榀	以榀计量，按设计图示数量计算	

表 4-50　木构件(编号：010702)

项目编码	项目名称	项目特征	计量单位	工程量计算规则	工作内容
010702001	木柱	1. 构件规格尺寸	m³	按设计图示尺寸以体积计算	
010702002	木梁				
010702003	木檩	1. 构件规格尺寸 2. 木材种类 3. 刨光要求 4. 防护材料种类	1. m³ 2. m	1. 以立方米计量，按设计图示尺寸以体积计算 2. 以米计量，按设计图示尺寸以长度计算	1. 制作 2. 运输 3. 安装 4. 刷防护材料
010702004	木楼梯	1. 楼梯形式 2. 木材种类 3. 刨光要求 4. 防护材料种类	m²	按设计图示尺寸以水平投影面积计算。不扣除宽度≤300 mm 的楼梯井，伸入墙内部分不计算	
010702005	其他木构件	1. 构件名称 2. 构件规格尺寸 3. 木材种类 4. 刨光要求 5. 防护材料种类	1. m³ 2. m	1. 以立方米计量，按设计图示尺寸以体积计算 2. 以米计量，按设计图示尺寸以长度计算	

表 4-51　屋面木基层(编号：010703)

项目编码	项目名称	项目特征	计量单位	工程量计算规则	工作内容
010703001	屋面木基层	1. 椽子断面尺寸及椽距 2. 望板材料种类、厚度 3. 防护材料种类	m²	按设计图示尺寸以斜面积计算。不扣除房上烟囱、风帽底座、风道、小气窗、斜沟等所占面积。小气窗的出檐部分不增加面积	1. 椽子制作、安装 2. 望板制作、安装 3. 顺水条和挂瓦条制作、安装 4. 刷防护材料

4.8 门窗工程

4.8.1 定额工程量计算规则

(1)门窗工程定额说明。

1)普通木门窗。

①定额是按机械和手工操作综合编制的。无论实际采取何种操作方法，均按定额执行。

②定额木材木种分类同 4.7.1 定额工程量计算规则第(1)条 2)款。

③门窗工程定额中木材木种均以一、二类木种为准，如采用三、四类木种时，分别乘以下列系数：木门窗制作，按相应项目人工和机械乘以系数 1.3；木门窗安装，按相应项目的人工和机械乘以系数 1.16；其他项目按相应项目人工和机械乘以系数 1.35。

④定额板材、方材规格，分类见表 4-49。

⑤定额中所注明的木材断面或厚度均以毛料为准。如设计图纸注明的断面或厚度为净料时，应增加刨光损耗，板材、方材一面刨光增加 3 mm；两面刨光增加 5 mm；圆木每立方米材积增加 0.05 m³。

⑥定额中木门窗框、扇取定的断面与设计规定的不同时，应按比例换算。框断面以边框断面为准(框裁口如为钉条者加贴条的断面)；扇料以主挺断面为准。普通木门窗框、扇断面面积明细见表 4-52。其换算公式为

调整后消耗量＝[设计断面(加刨光损耗)/定额断面]×定额材积

表 4-52　普通木门窗框、扇断面面积明细表　　　　　　　　　　cm²

名称	门窗框	门扇	纱门扇	玻窗(亮)扇	纱窗(亮)扇
带纱镶板门	72.5	42.75	23.8	27	17
无纱镶板门	55.1	42.75	—	27	—
带纱胶合板门	72.5	—	17	27	17
无纱胶合板门	55.1	—	—	27	—
带纱半截玻璃门	72.5	45	23.8	27	17

名称	门窗框	门扇	纱门扇	玻窗(亮)扇	纱窗(亮)扇
无纱半截玻璃门	55.1	45	—	27	—
半玻、全玻自由门	72.5	50	—	—	—
单层玻璃窗	55.1	—	—	28.2	—
一玻一纱窗	72.5	—	—	28.2	17
天窗	55.1	—	—	27	—
推拉传递窗	55.1	—	—	21	—
矩形木百叶窗	39.75	—	—	—	—

⑦定额所附普通木门窗小五金表，仅作备料参考。

⑧木门窗不论现场或附属加工厂制作，均执行定额，现场外制作点至安装地点的运输按规定计算。

⑨定额普通木门窗、天窗，按框制作、框安装、扇制作、扇安装分列项目。

⑩定额中的普通木窗、钢窗等适用于平开式，推拉式，中转式，上、中、下悬式。

2)钢门窗安装以成品安装编制的，成品价包括五金配件在内。

3)铝合金门窗制作、安装项目不分现场或施工企业附属加工厂制作，均执行本定额。

4)铝合金地弹门制作型材(框料)按101.6 mm×44.5 mm、厚1.2 mm方管制定，单扇平开门、双扇平开窗按38系列制定，推拉窗按90系列制定。如实际采用的型材断面及厚度与定额取定规格不符者，可按图示尺寸乘以实际线密度加6%的施工损耗计算型材重量。

5)成品门窗安装项目中，门窗附件包含在成品门窗单价内考虑；铝合金门窗制作、安装项目中未含五金配件，五金配件按定额中附表选用。

(2)门窗工程工程量计算规则。

1)普通木门窗制作、安装工程量均按以下规定计算：

①各类门窗制作、安装工程量均按门窗洞口面积计算。

②普通窗上部带有半圆窗的工程量应分别按半圆窗和普通窗计算。其分界线以普通窗和半圆窗之间的框上裁口线为分界线。

2)钢门窗安装玻璃按洞口面积计算。钢门上部安玻璃，按安装玻璃部分的面积计算。

3)铝合金门窗、彩板组角门窗、塑钢门窗均按框外围面积以平方米计算。纱扇制作、安装按扇外围面积计算。

4)卷闸门安装按其安装高度乘以门的实际宽度以平方米计算。安装高度算至滚筒顶点为准。带卷筒罩的按展开面积增加。电动装置安装以套计算，小门安装以个计算，小门面积不扣除。

5)防盗门、不锈钢格栅门按框外围面积以平方米计算。防盗窗按展开面积计算。

6)成品防火门以框外围面积计算，防火卷帘门从地(楼)面算至端板顶点乘以设计宽度。

7)装饰实木门框制作安装以延长米计算。装饰门扇、门窗制作安装按扇外围面积计算。装饰门扇及成品门扇安装按樘或扇计算。

8)门扇双面包不锈钢板、门扇单面包皮制和装饰板隔声面层，均按单面面积计算。

9)不锈钢板包门框、门窗套、花岗岩门套、门窗筒子板按展开面积计算。

10)窗帘盒、窗帘轨按延长米计算。

11)窗台板按实铺面积计算。

12)电子感应门及转门按定额尺寸以樘计算。

13)不锈钢电动伸缩门以 m 计算。

14)木门窗运输按洞口面积以平方米计算。木门窗在现场制作者，不得计取运输费用。

4.8.2 清单工程量计算规则

(1)"13 计算规范"的相关解释说明。"13 计算规范"对门窗工程主要有以下相关解释说明。

1)木门。

①木质门应区分镶板木门、企口木板门、实木装饰门、胶合板门、夹板装饰门、木纱门、全玻门(带木质扇框)、木质半玻门(带木质扇框)等项目，分别编码列项。

②木门五金应包括：折页、插销、门碰珠、弓背拉手、搭机、木螺钉、弹簧折页(自动门)、管子拉手(自由门、地弹门)、地弹簧(地弹门)、角铁、门轧头(地弹门、自由门)等。

③木质门带套计量按洞口尺寸以面积计算，不包括门套的面积，但门套应计算在综合单价中。

④木门以樘计量，项目特征必须描述洞口尺寸，以平方米计量，项目特征可不描述洞口尺寸。

⑤单独制作安装木门框按木门框项目编码列项。

2)金属门。

①金属门应区分金属平开门、金属推拉门、金属地弹门、全玻门(带金属扇框)、金属半玻门(带扇框)等项目，分别编码列项。

②铝合金门五金包括：地弹簧、门锁、拉手、门插、门铰、螺钉等。

③其他金属门五金包括 L 形执手插锁(双舌)、执手锁(单舌)、门轧头、地锁、防盗门机、门眼(猫眼)、门碰珠、电子锁(磁卡锁)、闭门器、装饰拉手等。

④金属门以樘计量，项目特征必须描述洞口尺寸，没有洞口尺寸必须描述门框或扇外围尺寸；以平方米计量，项目特征可不描述洞口尺寸及框、扇的外围尺寸。

⑤金属门以平方米计量，无设计图示洞口尺寸，按门框、扇外围以面积计算。

3)厂库房大门、特种门。

①特种门应区分冷藏门、冷冻间门、保温门、变电室门、隔声门、防射电门、人防门、金库门等项目，分别编码列项。

②厂库房大门、特种门以樘计量，项目特征必须描述洞口尺寸，没有洞口尺寸必须描述门框或扇外围尺寸；以平方米计量，项目特征可不描述洞口尺寸及框、扇的外围尺寸。

③厂库房大门、特种门以平方米计量，无设计图示洞口尺寸，按门框、扇外围以面积计算。

④门开启方式指推拉或平开。

4）木窗。

①木质窗应区分木百叶窗、木组合窗、木天窗、木固定窗、木装饰空花窗等项目，分别编码列项。

②木窗以樘计量，项目特征必须描述洞口尺寸，没有洞口尺寸必须描述窗框外围尺寸；以平方米计量，项目特征可不描述洞口尺寸及框的外围尺寸。

③木窗以平方米计量，无设计图示洞口尺寸，按窗框外围以面积计算。

④木橱窗、木飘（凸）窗以樘计量，项目特征必须描述框截面及外围展开面积。

⑤木窗五金包括：折页、插销、风钩、木螺钉、滑楞滑轨（推拉窗）等。

⑥窗开启方式指平开、推拉、上或中悬。

⑦ 窗形状指矩形或异形。

5）金属窗。

①金属窗应区分金属组合窗、防盗窗等项目，分别编码列项。

②金属窗以樘计量，项目特征必须描述洞口尺寸，没有洞口尺寸必须描述窗框外围尺寸；以平方米计量，项目特征可不描述洞口尺寸及框的外围尺寸。

③金属窗以平方米计量，无设计图示洞口尺寸，按窗框外围以面积计算。

④金属橱窗、飘（凸）窗以樘计量，项目特征必须描述框外围展开面积。

⑤金属窗中铝合金窗五金应包括：卡锁、滑轮、铰拉、执手、拉把、拉手、风撑、角码、牛角制等。

⑥其他金属窗五金包括：折页、螺钉、执手、卡锁、风撑、滑轮滑轨（推拉窗）等。

（2）清单工程量计算规则。在"13计算规范"附录H（门窗工程）中，对木门、金属门、特种门、木窗、金属窗等工程工程量清单的项目设置、项目特征描述的内容、计量单位及工程量计算规则等作出了详细的规定。表4-53～表4-58列出了部分常用项目的相关内容。

表 4-53　木门（编号：010801）

项目编码	项目名称	项目特征	计量单位	工程量计算规则	工作内容
010801001	木质门	1. 门代号及洞口尺寸 2. 镶嵌玻璃品种、厚度	1. 樘 2. m²	1. 以樘计量，按设计图示数量计算 2. 以平方米计量，按设计图示洞口尺寸以面积计算	1. 门安装 2. 玻璃安装 3. 五金安装
010801002	木质门带套				
010801003	木质连窗门				
010801004	木质防火门				
010801005	木门框	1. 门代号及洞口尺寸 2. 框截面尺寸 3. 防护材料种类	1. 樘 2. m	1. 以樘计量，按设计图示数量计算 2. 以米计量，按设计图示框的中心线以延长米计算	1. 木门框制作、安装 2. 运输 3. 刷防护材料
010801006	门锁安装	1. 锁品种 2. 锁规格	个（套）	按设计图示数量计算	安装

表 4-54　金属门(编码：010802)

项目编码	项目名称	项目特征	计量单位	工程量计算规则	工作内容
010802001	金属(塑钢)门	1. 门代号及洞口尺寸 2. 门框或扇外围尺寸 3. 门框、扇材质 4. 玻璃品种、厚度	1. 樘 2. m²	1. 以樘计量，按设计图示数量计算 2. 以平方米计量，按设计图示洞口尺寸以面积计算	1. 门安装 2. 五金安装 3. 玻璃安装
010802002	彩板门	1. 门代号及洞口尺寸 2. 门框或扇外围尺寸			
010802003	钢质防火门	1. 门代号及洞口尺寸 2. 门框或扇外围尺寸 3. 门框、扇材质			1. 门安装 2. 五金安装
010702004	防盗门				

表 4-55　金属卷帘(闸)门(编号：010803)

项目编码	项目名称	项目特征	计量单位	工程量计算规则	工作内容
010803001	金属卷帘(闸)门	1. 门代号及洞口尺寸 2. 门材质 3. 启动装置品种、规格	1. 樘 2. m²	1. 以樘计量，按设计图示数量计算 2. 以平方米计量，按设计图示洞口尺寸以面积计算	1. 门运输、安装 2. 启动装置、活动小门、五金安装
010803002	防火卷帘(闸)门				

注：以樘计量，项目特征必须描述洞口尺寸；以平方米计量，项目特征可不描述洞口尺寸。

表 4-56　厂库房大门、特种门(编号：010804)

项目编码	项目名称	项目特征	计量单位	工程量计算规则	工作内容
010804001	木板大门	1. 门代号及洞口尺寸 2. 门框或扇外围尺寸 3. 门框、扇材质 4. 五金种类、规格 5. 防护材料种类	1. 樘 2. m²	1. 以樘计量，按设计图示数量计算 2. 以平方米计量，按设计图示洞口尺寸以面积计算	1. 门(骨架)制作、运输 2. 门、五金配件安装 3. 刷防护材料
010804002	钢木大门				
010804003	全钢板大门				
010804004	防护铁丝门			1. 以樘计量，按设计图示数量计算 2. 以平方米计量，按设计图示门框或扇以面积计算	
010804005	金属格栅门	1. 门代号及洞口尺寸 2. 门框或扇外围尺寸 3. 门框、扇材质 4. 启动装置的品种、规格		1. 以樘计量，按设计图示数量计算 2. 以平方米计量，按设计图示洞口尺寸以面积计算	1. 门安装 2. 启动装置、五金配件安装

项目编码	项目名称	项目特征	计量单位	工程量计算规则	工作内容
010804006	钢质花饰大门	1. 门代号及洞口尺寸 2. 门框或扇外围尺寸 3. 门框、扇材质	1. 樘 2. m²	1. 以樘计量，按设计图示数量计算 2. 以平方米计量，按设计图示门框或扇以面积计算	1. 门安装 2. 五金配件安装
010804007	特种门			1. 以樘计量，按设计图示数量计算 2. 以平方米计量，按设计图示洞口尺寸以面积计算	

表 4-57　木窗(编号：010806)

项目编码	项目名称	项目特征	计量单位	工程量计算规则	工作内容
010806001	木质窗	1. 窗代号及洞口尺寸 2. 玻璃品种、厚度	1. 樘 2. m²	1. 以樘计量，按设计图示数量计算 2. 以平方米计量，按设计图示洞口尺寸以面积计算	1. 窗安装 2. 五金、玻璃安装
010806002	木飘(凸)窗				
010806003	木橱窗	1. 窗代号 2. 框截面及外围展开面积 3. 玻璃品种、厚度 4. 防护材料种类		1. 以樘计量，按设计图示数量计算 2. 以平方米计量，按设计图示尺寸以框外围展开面积计算	1. 窗制作、运输、安装 2. 五金、玻璃安装 3. 刷防护材料

表 4-58　金属窗(编号：010807)

项目编码	项目名称	项目特征	计量单位	工程量计算规则	工作内容
010807001	金属(塑钢、断桥)窗	1. 窗代号及洞口尺寸 2. 框、扇材质 3. 玻璃品种、厚度	1. 樘 2. m²	1. 以樘计量，按设计图示数量计算 2. 以平方米计量，按设计图示洞口尺寸以面积计算	1. 窗安装 2. 五金、玻璃安装
010807002	金属防火窗				
010807003	金属百叶窗				1. 窗安装 2. 五金安装

4.9 屋面及防水工程

4.9.1 定额工程量计算规则

(1)屋面及防水工程定额说明。

1)水泥瓦、黏土瓦、英红彩瓦、石棉瓦、玻璃钢波形瓦等,其规格与定额不同时,瓦材数量可以换算,其他不变。

2)防水工程适用于基础、墙身、楼地面、构筑物的防水、防潮工程。

3)卷材屋面、防水卷材的附加层,接缝、收头、找平层的嵌缝、冷底子油已计入定额内。若设计附加层用量与定额含量不同时,可按实调整附加层及粘结材料用量,其他材料及人工不变。子目附注中注明的附加层卷材未包括损耗,其损耗率为1%,粘结材料包括损耗。

4)三元乙丙丁基橡胶卷材屋面防水,按相应三元乙丙橡胶卷材屋面防水项目计算。

5)氯丁冷胶"二布三涂"项目,其"三涂"是指涂料构成防水层数,并非指涂刷遍数。

6)涂膜防水项目中,涂料经涂刷后,固化形成的一个涂层叫作"一涂"。在相邻两个涂层之间铺贴一层胎体增强材料(如无纺布、玻璃丝布)叫作"一布"。

7)变形缝填缝:建筑油膏、聚氯乙烯胶泥断面取定 3 cm×2 cm;油浸木丝板取定为2.5 cm×15 cm;紫铜板止水带厚2 mm,展开宽45 cm;氯丁橡胶宽30 cm,涂刷式氯丁胶贴玻璃止水片宽35 cm。其余均为 15 cm×3 cm。如设计断面不同时,用料可以换算,人工不变。

8)屋面砂浆找平层、面层按"装饰定额"楼地面相应项目计算。

(2)屋面及防水工程工程量计算规则。

1)相关概念。

①延尺系数C。延尺系数C是指两坡屋面的坡度系数,实际是三角形的斜边与直角底边的比值,即

$$C = \frac{斜长}{直角底边} = \frac{1}{\cos\theta}$$

其中,斜长 $= \sqrt{A^2 + B^2}$。

坡屋面示意图如图 4-30 所示。

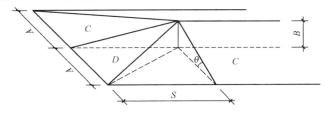

图 4-30 坡屋面示意图

注：a. 两坡排水屋面的面积为屋面水平投影面积乘以延尺系数C；

b. 四坡排水屋面斜脊长度$=A×D$（当$S=A$时）；

c. 两坡排水屋面的沿山墙泛水长度$=A×C$；

d. 坡屋面高度$=B$。

②隅延尺系数D。隅延尺系数D是指四坡屋面斜脊长度系数，实际是四坡排水屋面斜脊长度与直角底边的比值。即

$$D=\frac{四坡屋面斜脊长度}{直角底边}$$

其中，四坡屋面斜脊长度$=\sqrt{A^2+A^2+B^2}=AD$。

2）瓦屋面、金属压型板（包括挑檐部分）均按图示尺寸的水平投影面积乘以屋面坡度系数以平方米计算。不扣除房上烟囱、风帽底座、屋面小气窗和斜沟等所占面积。屋面小气窗的出檐与屋面重叠部分亦不增加，但天窗出檐部分重叠的面积并入相应屋面工程量内。

屋面坡度系数见表4-59。

表4-59　屋面坡度系数表

坡度 $B(A=1)$	坡度 $B/(2A)$	坡度角度 (θ)	延尺系数C $(A=1)$	偶延尺系数D $(A=1)$
1	1/2	45°	1.414 2	1.732 1
0.75	—	36°52′	1.250 0	1.600 8
0.70	—	35°	1.220 7	1.577 9
0.666	1/3	33°40′	1.201 5	1.562 0
0.65	—	33°01′	1.192 6	1.556 4
0.60	—	30°58′	1.166 2	1.536 2
0.577	—	30°	1.154 7	1.527 0
0.55	—	28°49′	1.141 3	1.517 0
0.50	1/4	26°34′	1.118 0	1.500 0
0.45	—	24°14′	1.096 6	1.483 9
0.40	1/5	21°48′	1.077 0	1.469 7
0.35	—	19°17′	1.059 4	1.456 9
0.3	—	16°42′	1.044 0	1.445 7
0.25	—	14°02′	1.030 8	1.436 2
0.2	1/10	11°19′	1.019 8	1.428 3
0.15	—	8°32′	1.011 2	1.422 1
0.125	—	7°8′	1.007 8	1.419 1
0.10	1/20	5°42′	1.005 0	1.417 7
0.083	—	4°45′	1.003 5	1.416 6
0.066	1/30	3°49′	1.002 2	1.415 7

3）卷材屋面工程量按图示尺寸的水平投影面积乘以规定的坡度系数以平方米计算，不扣除房上烟囱、风帽底座、风道、斜沟等所占面积，屋面的女儿墙、伸缩缝、天窗等处的弯起部分及天窗出檐与屋面重叠部分，按图示尺寸并入屋面工程量内计算。如图纸无规定时，伸缩缝、女儿墙的弯起部分可以按 250 mm 计算，天窗弯起部分可按 500 mm 计算。

4）涂膜屋面的工程量计算同卷材屋面。涂膜屋面的油膏嵌缝、玻璃布盖缝、屋面分格缝，以延长米计算。

5）屋面排水工程量按以下规定计算：

①镀锌薄钢板排水按图示尺寸以展开面积计算，咬口和搭接等已计入定额项目中，不另计算。

②铸铁、PVC 水落管区别不同直径按图示尺寸以延长米计算，雨水口、水斗、弯头以个计算，PVC 阳台排水管以组计算。

6）防水工程工程量按以下规定计算：

①建筑物地面防水、防潮层，按主墙间净空面积计算，扣除凸出地面的构筑物、设备基础等所占的面积，不扣除柱、垛、间壁墙、烟囱及 0.3 m² 以内孔洞所占面积。与墙面连接处高度在 500 mm 以内者按展开面积计算，并入平面工程量内，超过 500 mm 时，按立面防水层计算。

②建筑物墙基防水、防潮层，外墙长度按中心线、内墙按净长乘以宽度以平方米计算。

③构筑物及建筑物地下室防水层，按实铺面积计算，但不扣除 0.3 m² 以内的孔洞面积。平面与立面交接处的防水层，其上卷高度超过 500 mm 时，按立面防水层计算。

④变形缝按延长米计算。

7）屋面检查孔以块计算。

4.9.2　清单工程量计算规则

（1）"13 计算规范"的相关解释说明。"13 计算规范"对屋面及防水工程主要有以下相关解释说明：

1）瓦、型材及其他屋面。

①瓦屋面，若是在木基层上铺瓦，项目特征不必描述粘结层砂浆的配合比，瓦屋面铺防水层，按附录表 J.2 屋面防水及其他中相关项目编码列项。

②型材屋面、阳光板屋面、玻璃钢屋面的柱、梁、屋架，按附录 F 金属结构工程、附录 G 木结构工程中相关项目编码列项。

2）屋面防水及其他。

①屋面刚性层无钢筋，其钢筋项目特征不必描述。

②屋面找平层按附录 K 楼地面装饰工程"平面砂浆找平层"项目编码列项。

③屋面防水搭接及附加层用量不另行计算，在综合单价中考虑。

④屋面保温找坡层按附录 K 保温、隔热、防腐工程"保温隔热屋面"项目编码列项。

3）墙面防水防潮。

①墙面防水搭接及附加层用量不另行计算，在综合单价中考虑。

②墙面变形缝，若做双面，工程量乘以系数2。

③墙面找平层按附录M墙、柱面装饰与隔断、幕墙工程"立面砂浆找平层"项目编码列项。

4) 楼(地)面防水、防潮。

①楼(地)面防水找平层按附录L楼地面装饰工程"平面砂浆找平层"项目编码列项。

②楼(地)面防水搭接及附加层用量不另行计算，在综合单价中考虑。

(2) 清单工程量计算规则。在"13计算规范"附录J(屋面及防水工程)中，对瓦屋面、屋面防水、墙面防水、楼(地)面防水等工程量清单的项目设置、项目特征描述的内容、计量单位及工程量计算规则等作出了详细的规定。表4-60～表4-63列出了部分常用项目的相关内容。

表4-60 瓦、型材及其他屋面(编号：010901)

项目编码	项目名称	项目特征	计量单位	工程量计算规则	工作内容
010901001	瓦屋面	1. 瓦品种、规格 2. 粘结层砂浆的配合比	m²	按设计图示尺寸以斜面积计算。 不扣除房上烟囱、风帽底座、风道、小气窗、斜沟等所占面积。小气窗的出檐部分不增加面积	1. 砂浆制作、运输、摊铺、养护 2. 安瓦、作瓦脊
010901002	型材屋面	1. 型材品种、规格 2. 金属檩条材料品种、规格 3. 接缝、嵌缝材料种类			1. 檩条制作、运输、安装 2. 屋面型材安装 3. 接缝、嵌缝
010901003	阳光板屋面	1. 阳光板品种、规格 2. 骨架材料品种、规格 3. 接缝、嵌缝材料种类 4. 油漆品种、刷漆遍数		按设计图示尺寸以斜面积计算 不扣除屋面面积≤0.3 m²孔洞所占面积	1. 骨架制作、运输、安装、刷防护材料、油漆 2. 阳光板安装 3. 接缝、嵌缝
010901004	玻璃钢屋面	1. 玻璃钢品种、规格 2. 骨架材料品种、规格 3. 玻璃钢固定方式 4. 接缝、嵌缝材料种类 5. 油漆品种、刷漆遍数			1. 骨架制作、运输、安装、刷防护材料、油漆 2. 玻璃钢制作、安装 3. 接缝、嵌缝
010901005	膜结构屋面	1. 膜布品种、规格 2. 支柱(网架)钢材品种、规格 3. 钢丝绳品种、规格 4. 锚固基座做法 5. 油漆品种、刷漆遍数		按设计图示尺寸以需要覆盖的水平投影面积计算	1. 膜布热压胶接 2. 支柱(网架)制作、安装 3. 膜布安装 4. 穿钢丝绳、锚头锚固 5. 锚固基座、挖土、回填 6. 刷防护材料，油漆

表 4-61 屋面防水及其他(编号：010902)

项目编码	项目名称	项目特征	计量单位	工程量计算规则	工作内容
010902001	屋面卷材防水	1. 卷材品种、规格、厚度 2. 防水层数 3. 防水层做法	m²	按设计图示尺寸以面积计算。 1. 斜屋顶(不包括平屋顶找坡)按斜面积计算，平屋顶按水平投影面积计算 2. 不扣除房上烟囱、风帽底座、风道、屋面小气窗和斜沟所占面积 3. 屋面的女儿墙、伸缩缝和天窗等处的弯起部分，并入屋面工程量内	1. 基层处理 2. 刷底油 3. 铺油毡卷材、接缝
010902002	屋面涂膜防水	1. 防水膜品种 2. 涂膜厚度、遍数 3. 增强材料种类			1. 基层处理 2. 刷基层处理剂 3. 铺布、喷涂防水层
010902003	屋面刚性层	1. 刚性层厚度 2. 混凝土种类 3. 混凝土强度等级 4. 嵌缝材料种类 5. 钢筋规格、型号		按设计图示尺寸以面积计算。不扣除房上烟囱、风帽底座、风道等所占面积	1. 基层处理 2. 混凝土制作、运输、铺筑、养护 3. 钢筋制安
010902004	屋面排水管	1. 排水管品种、规格 2. 雨水斗、山墙出水口品种、规格 3. 接缝、嵌缝材料种类 4. 油漆品种、刷漆遍数	m	按设计图示尺寸以长度计算。如设计未标注尺寸，以檐口至设计室外散水上表面垂直距离计算	1. 排水管及配件安装、固定 2. 雨水斗、山墙出水口、雨水算子安装 3. 接缝、嵌缝 4. 刷漆
010902005	屋面排(透)气管	1. 排(透)气管品种、规格 2. 接缝、嵌缝材料种类 3. 油漆品种、刷漆遍数		按设计图示尺寸以长度计算	1. 排(透)气管及配件安装、固定 2. 铁件制作、安装 3. 接缝、嵌缝 4. 刷漆
010902006	屋面(廊、阳台)泄(吐)水管	1. 吐水管品种、规格 2. 接缝、嵌缝材料种类 3. 吐水管长度 4. 油漆品种、刷漆遍数	根(个)	按设计图示数量计算	1. 水管及配件安装、固定 2. 接缝、嵌缝 3. 刷漆
010902007	屋面天沟、檐沟	1. 材料品种、规格 2. 接缝、嵌缝材料种类	m²	按设计图示尺寸以展开面积计算	1. 天沟材料铺设 2. 天沟配件安装 3. 接缝、嵌缝 4. 刷防护材料
010902008	屋面变形缝	1. 嵌缝材料种类 2. 止水带材料种类 3. 盖缝材料 4. 防护材料种类	m	按设计图示以长度计算	1. 清缝 2. 填塞防水材料 3. 止水带安装 4. 盖缝制作、安装 5. 刷防护材料

表 4-62　墙面防水、防潮(编号：010903)

项目编码	项目名称	项目特征	计量单位	工程量计算规则	工作内容
010903001	墙面卷材防水	1. 卷材品种、规格、厚度 2. 防水层数 3. 防水层做法	m²	按设计图示尺寸以面积计算	1. 基层处理 2. 刷胶粘剂 3. 铺防水卷材 4. 接缝、嵌缝
010903002	墙面涂膜防水	1. 防水膜品种 2. 涂膜厚度、遍数 3. 增强材料种类			1. 基层处理 2. 刷基层处理剂 3. 铺布、喷涂防水层
010903003	墙面砂浆防水(防潮)	1. 防水层做法 2. 砂浆厚度、配合比 3. 钢丝网规格			1. 基层处理 2. 挂钢丝网片 3. 设置分格缝 4. 砂浆制作、运输、摊铺、养护
010903004	墙面变形缝	1. 嵌缝材料种类 2. 止水带材料种类 3. 盖缝材料 4. 防护材料种类	m	按设计图示以长度计算	1. 清缝 2. 填塞防水材料 3. 止水带安装 4. 盖缝制作、安装 5. 刷防护材料

表 4-63　楼(地)面防水、防潮(编号：010904)

项目编码	项目名称	项目特征	计量单位	工程量计算规则	工作内容
010904001	楼(地)面卷材防水	1. 卷材品种、规格、厚度 2. 防水层数 3. 防水层做法 4. 反边高度	m²	按设计图示尺寸以面积计算 1. 楼(地)面防水：按主墙间净空面积计算，扣除凸出地面的构筑物、设备基础等所占面积，不扣除间壁墙及单个面积≤0.3 m²柱、垛、烟囱和孔洞所占面积 2. 楼(地)面防水反边高度≤300 mm算作地面防水，反边高度＞300 mm按墙面防水计算	1. 基层处理 2. 刷胶粘剂 3. 铺防水卷材 4. 接缝、嵌缝
010904002	楼(地)面涂膜防水	1. 防水膜品种 2. 涂膜厚度、遍数 3. 增强材料种类			1. 基层处理 2. 刷基层处理剂 3. 铺布、喷涂防水层
010904003	楼(地)面砂浆防水(防潮)	1. 防水层做法 2. 砂浆厚度、配合比 3. 反边高度			1. 基层处理 2. 砂浆制作、运输、摊铺、养护
010904004	楼(地)面变形缝	1. 嵌缝材料种类 2. 止水带材料种类 3. 盖缝材料 4. 防护材料种类	m	按设计图示以长度计算	1. 清缝 2. 填塞防水材料 3. 止水带安装 4. 盖缝制作、安装 5. 刷防护材料

4.9.3 例题解析

【例4-18】 试分别计算附录"××办公楼"工程中屋面二中瓦屋面的定额和清单工程量。

解: (1)定额工程量计算。

$$定额工程量=(3.6\times6+0.1\times2+3.6\times6+0.1\times2-6.7\times2)\times\sqrt{3.1^2+6.7^2}\times\frac{1}{2}\times2+$$
$$(13.2+0.1\times2)\times\sqrt{3.1^2+6.7^2}\times\frac{1}{2}\times2$$
$$=321.87(\text{m}^2)$$

(2)清单工程量计算。

清单工程量=定额工程量=321.87 m²

【例4-19】 试分别计算附录"××办公楼"工程中屋面一高聚物改性沥青防水卷材的定额和清单工程量(防水卷材的上卷高度按250 mm计算)。

解: (1)定额工程量计算。

$$定额工程量=[(14.1-0.1\times2)\times(7.2-0.1\times2)+(14.1-0.1\times2+7.2-0.1\times2)\times2\times$$
$$0.25]\times2=215.5(\text{m}^2)$$

(2)清单工程量计算。

清单工程量=定额工程量=215.5 m²

4.10 保温、隔热、防腐工程

4.10.1 定额工程量计算规则

(1)保温、隔热、防腐工程定额说明。

1)保温、隔热工程定额说明。

①定额适用于中温、低温及恒温的工业厂(库)房隔热工程,以及一般保温工程。

②定额只包括保温、隔热材料的铺贴,不包括隔气防潮、保护层或衬墙等。

③隔热层铺贴,除松散稻壳、玻璃棉、矿渣棉为散装外,其他保温材料均以石油沥青(30#)作胶结材料。

④稻壳已包括装前的筛选、除尘工序,稻壳中如需增加药物防虫时,材料另行计算,人工不变。

⑤玻璃棉、矿渣棉包装材料和人工均已包括在定额内。

⑥墙体铺贴块体材料,包括基层涂沥青一遍。

2)防腐工程定额说明。

①整体面层、隔离层适用于平面、立面的防腐耐酸工程,包括沟、坑、槽。

②块料面层以平面砌为准,砌立面者按平面砌相应项目,人工乘以系数1.38,踢脚板人工乘以系数1.56,其他不变。

③各种砂浆、胶泥、混凝土材料的种类、配合比及各种整体面层的厚度,如设计与定

额不同时，可以换算。但各种块料面层的结合层砂浆或胶泥厚度不变。

④防腐的各种面层，除软聚氯乙烯塑料地面外，均不包括踢脚板。

⑤花岗岩板以六面剁斧的板材为准。如底面为毛面者，水玻璃砂浆增加 0.38 m³；耐酸沥青砂浆增加 0.44 m³。

(2)保温、隔热、防腐工程工程量计算规则。

1)保温、隔热工程工程量计算规则。

①保温、隔热层应区分不同保温隔热材料，除另有规定者外，均按设计实铺厚度以立方米计算。

②保温、隔热层的厚度按隔热材料(不包括胶结材料)净厚度计算。

③屋面保温、隔热层应区分不同材料按设计实铺面积乘以平均厚度以立方米计算。其中，实铺面积的计算范围是：有女儿墙的，算至女儿墙内侧；有挑檐的，算至外墙外边线；有天沟的，扣除天沟所占面积；阳台上屋面，按实铺面积计算。平均厚度的计算同屋面找坡层平均厚度的计算。

屋面找坡层按图示水平投影面积乘以平均厚度以立方米计算。其中，水平投影面积的计算范围是：有女儿墙的，算至女儿墙内侧；有挑檐的，算至外墙外边线，加挑檐处展开面积；有天沟的，扣除天沟所占面积；阳台上屋面，按实铺面积计算。

屋面找坡平均厚度的计算如图 4-31 所示。

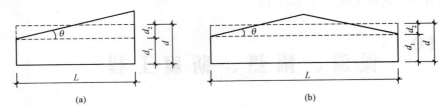

(a)　　　　　　　　　　　　　(b)

图 4-31　屋面找坡层平均厚度计算示意图

单坡屋面平均厚度：$d = d_1 + d_2 = d_1 + \dfrac{iL}{2}$

双坡屋面平均厚度：$d = d_1 + d_2 = d_1 + \dfrac{iL}{4}$

式中　d——厚度(m)；

　　　θ——屋面倾斜角(°)；

　　　i——坡度；

　　　d_1——最薄处厚度(m)。

④地面隔热层按围护结构墙体间净面积乘以设计厚度以立方米计算，不扣除柱、垛所占的体积。

⑤墙体隔热层，外墙按隔热层中心线、内墙按隔热层净长乘以图示尺寸的高度及厚度以立方米计算。应扣除冷藏门洞口和管道穿墙洞口所占的体积。

⑥柱包隔热层，按图示的隔热层中心线的展开长度乘以图示尺寸的高度及厚度以立方米计算。

⑦其他保温、隔热：

a. 池槽隔热层按图示池、槽保温隔热层的长、宽及其厚度以立方米计算，其中，池壁按墙面计算，池底按地面计算。

b. 门洞口侧壁周围的隔热部分，按图示隔热层尺寸以立方米计算，并入墙面的保温、隔热工程量内。

c. 柱帽保温、隔热层按图示保温、隔热层体积并入天棚保温、隔热层工程量内。

2）防腐工程工程量计算规则。

①防腐工程项目应区分不同防腐材料种类及厚度，按设计实铺面积以平方米计算。应扣除凸出地面的构筑物、设备基础等所占的面积，砖垛等凸出墙面部分按展开面积计算并入墙面防腐工程量内。

②踢脚板按实铺长度乘以高度以平方米计算，应扣除门洞所占面积并相应增加侧壁展开面积。

③平面砌筑双层耐酸块料时，按单层面积乘以2计算。

④防腐卷材接缝、附加层、收头等人工、材料，已计入定额中，不再另行计算。

4.10.2 清单工程量计算规则

（1）"13计算规范"的相关解释说明。"13计算规范"对保温、隔热、防腐工程主要有以下相关解释说明：

1）保温隔热装饰面层，按"13计算规范"附录L、M、N、P、Q中相关项目编码列项；仅做找平层按附录L楼地面装饰工程中"平面砂浆找平层"或附录M墙、柱面装饰与隔断、幕墙工程"立面砂浆找平层"项目编码列项。

2）柱帽保温、隔热应并入天棚保温、隔热工程量内。

3）池槽保温、隔热应按其他保温、隔热项目编码列项。

4）保温、隔热方式：指内保温、外保温、夹心保温。

5）保温柱、梁适用于不与墙、天棚相连的独立柱、梁。

6）防腐踢脚线，应按附录L中"踢脚线"项目编码列项。

（2）清单工程量计算规则。

在"13计算规范"附录K（保温、隔热、防腐工程）中，对保温、隔热、防腐面层等工程工程量清单的项目设置、项目特征描述的内容、计量单位及工程量计算规则等作出了详细的规定。表4-64、表4-65列出了部分常用项目的相关内容。

表4-64 保温、隔热（编号：011001）

项目编码	项目名称	项目特征	计量单位	工程量计算规则	工作内容
011001001	保温、隔热屋面	1. 保温、隔热材料品种、规格、厚度 2. 隔气层材料品种、厚度 3. 粘结料种类、做法 4. 防护材料种类、做法	m²	按设计图示尺寸以面积计算。扣除面积>0.3 m²孔洞及占位面积	1. 基层清理 2. 刷粘结材料 3. 铺粘保温层 4. 铺、刷（喷）防护材料

项目编码	项目名称	项目特征	计量单位	工程量计算规则	工作内容
011001002	保温、隔热天棚	1. 保温、隔热面层材料品种、规格、性能 2. 保温、隔热材料品种、规格及厚度 3. 粘结材料种类及做法 4. 防护材料种类及做法	m²	按设计图示尺寸以面积计算。扣除面积>0.3 m²上柱、垛、孔洞所占面积。与天棚相连的梁按展开面积，计算并入天棚工程量内	1. 基层清理 2. 刷粘结材料 3. 铺粘保温层 4. 铺、刷（喷）防护材料
011001003	保温、隔热墙面	1. 保温、隔热部位 2. 保温、隔热方式 3. 踢脚线、勒脚线保温做法 4. 龙骨材料品种、规格 5. 保温、隔热面层材料品种、规格、性能 6. 保温、隔热材料品种、规格及厚度 7. 增强网及抗裂防水砂浆种类 8. 粘结材料种类及做法 9. 防护材料种类及做法	m²	按设计图示尺寸以面积计算。扣除门窗洞口以及面积>0.3 m²梁、孔洞所占面积；门窗洞口侧壁以及与墙相连的柱，并入保温墙体工程量内	1. 基层清理 2. 刷界面剂 3. 安装龙骨 4. 填贴保温材料 5. 保温板安装 6. 粘贴面层 7. 铺设增强格网、抹抗裂、防水砂浆面层 8. 嵌缝 9. 铺、刷（喷）防护材料
011001004	保温柱、梁			按设计图示尺寸以面积计算 1. 柱按设计图示柱断面保温层中心线展开长度乘以保温层高度以面积计算，扣除面积>0.3 m²梁所占面积 2. 梁按设计图示梁断面保温层中心线展开长度乘以保温层长度以面积计算	
011001005	保温、隔热楼地面	1. 保温、隔热部位 1. 保温、隔热材料品种、规格、厚度 2. 隔气层材料品种、厚度 3. 粘结材料种类、做法 4. 防护材料种类、做法		按设计图示尺寸以面积计算。扣除面积>0.3 m²柱、垛、孔洞所占面积。门洞、空圈、暖气包槽、壁龛的开口部分不增加面积	1. 基层清理 2. 刷粘结材料 3. 铺粘保温层 4. 铺、刷（喷）防护材料

表 4-65　防腐面层（编号：011002）

项目编码	项目名称	项目特征	计量单位	工程量计算规则	工作内容
011002001	防腐混凝土面层	1. 防腐部位 2. 面层厚度 3. 混凝土种类 4. 胶泥种类、配合比	m²	按设计图示尺寸以面积计算 1. 平面防腐：扣除凸出地面的构筑物、设备基础等以及面积>0.3 m²孔洞、柱、垛所占面积，门洞、空圈、暖气包槽、壁龛的开口部分不增加面积 2. 立面防腐：扣除门、窗、洞口以及面积>0.3 m²孔洞、梁所占面积，门、窗、洞口侧壁、垛凸出部分按展开面积并入墙面积内	1. 基层清理 2. 基层刷稀胶泥 3. 混凝土制作、运输、摊铺、养护
011002002	防腐砂浆面层	1. 防腐部位 2. 面层厚度 3. 砂浆、胶泥种类、配合比			1. 基层清理 2. 基层刷稀胶泥 3. 砂浆制作、运输、摊铺、养护

项目编码	项目名称	项目特征	计量单位	工程量计算规则	工作内容

011002003	防腐胶泥面层	1. 防腐部位
		2. 面层厚度
		3. 胶泥种类、配合比
			m²	按设计图示尺寸以面积计算
				  1. 平面防腐：扣除凸出地面的构筑物、设备基础等以及面积＞0.3 m² 孔洞、柱、垛所占面积，门洞、空圈、暖气包槽、壁龛的开口部分不增加面积
				  2. 立面防腐：扣除门、窗、洞口以及面积＞0.3 m² 孔洞、梁所占面积，门、窗、洞口侧壁、垛凸出部分按展开面积并入墙面积内
					1. 基层清理
					2. 胶泥调制、摊铺

011002004	玻璃钢防腐面层	1. 防腐部位 2. 玻璃钢种类 3. 贴布材料的种类、层数 4. 面层材料品种			1. 基层清理 2. 刷底漆、刮腻子 3. 胶浆配制、涂刷 4. 粘布、涂刷面层
011002006	块料防腐面层	1. 防腐部位 2. 块料品种、规格 3. 粘结材料种类 4. 勾缝材料种类			1. 基层清理 2. 铺贴块料 3. 胶泥调制、勾缝

4.10.3　例题解析

【例4-20】　试分别计算附录"××办公楼"工程中屋面—现喷硬质发泡聚氨保温层的定额和清单工程量。

解：（1）定额工程量计算。

定额工程量＝(14.1－0.1×2)×(7.2－0.1×2)×0.04×2＝7.78(m³)

（2）清单工程量计算。

清单工程量＝(14.1－0.1×2)×(7.2－0.1×2)＝97.3(m²)

4.11 楼地面装饰工程

4.11.1　定额工程量计算规则

（1）楼地面装饰工程定额说明。

1）楼地面装饰工程定额中各种砂浆、混凝土的配合比，如设计规定与定额不同时可以换算。

2）整体面层、块料面层中的楼地面项目，均不包括踢脚线工料；楼梯不包括踢脚线、侧面及板底抹灰，应另按相应定额项目计算。

3）踢脚线高度是按150 mm编制的，如设计高度与定额高度不同时，材料用量可以调整，但人工、机械用量不变。高度超过 300 m，按墙面相应定额计算。

4)螺旋楼梯的装饰，按相应弧形楼梯项目：人工、机械定额量乘以系数 1.20；块料材料定额量乘以系数 1.10；整体面层、栏杆、扶手材料定额量乘以系数 1.05。

5)现浇水磨石定额项目已包括酸洗打蜡工料，其余项目均不包括酸洗打蜡。

6)台阶不包括牵边、侧面装饰，应另按相应定额项目计算。

7)台阶包括水泥砂浆防滑条，其他材料做防滑条时，则应另行计算防滑条。

8)同一铺贴面上有不同种类、材质的材料，应分别按楼地面工程相应子目执行。

9)扶手、栏杆、栏板适用于楼梯、走廊、回廊及其他装饰性栏杆、栏板。扶手、栏杆分别列项计算。栏板、栏杆、扶手造型图见定额后面附图。

10)除定额项目中注明厚度的水泥砂浆可以换算外，其他一律不作调整。

11)块料面层切割成弧形、异形时损耗按实计算，人工乘以系数 1.2，其他不变。

12)铝合金扶手包括弯头，其他扶手不包括弯头制作，弯头应按弯头单项定额计算。

13)宽度在 300 mm 以内的室内周边边线套波打线项目。

14)零星项目面层适用于楼梯侧面、台阶的牵边和侧面，楼地面 300 mm 以内的边线以及镶拼大于 0.015 m² 的点缀面积，小便池、蹲台、池槽以及面积在 1 m² 以内且定额未列项目的工程。

15)木地板填充材料，按照"装饰定额"相应子目执行。

16)大理石、花岗岩楼地面拼花按成品考虑。

17)单块面积小于 0.015 m² 的石材执行点缀子目。其他块料面层的点缀执行大理石点缀子目。

18)大理石、花岗岩踢脚线用云石胶粘贴时，按相应定额子目执行，不换算。

19)块料面层不包括酸洗打蜡，如设计要求酸洗打蜡者，按相应定额执行。

20)本部分块料面层是按半成品考虑。

(2)楼地面装饰工程工程量计算规则。

1)整体面层及找平层按主墙间净空面积以平方米计算。应扣除凸出地面的构筑物、设备基础、室内管道、地沟等所占的面积，不扣除柱、垛、间壁墙、附墙烟囱及面积在 0.3 m² 以内的孔洞所占面积，但门洞、空圈、暖气包槽、壁龛等开口部分也不增加。

2)块料面层按饰面的实铺面积计算，不扣除 0.1 m² 以内的孔洞所占面积。拼花部分按实贴面积计算。

3)楼梯面积(包括踏步、休息平台，以及小于 500 mm 宽的楼梯井)按水平投影面积计算。

4)台阶面层(包括踏步及最上一层踏步沿 300 mm)按水平投影面积计算。

5)整体面层踢脚板按延长米计算，洞口、空圈长度不予扣除，门洞、空圈、垛、附墙烟囱等侧壁长度亦不增加。块料楼地面踢脚线按实贴长乘高以平方米计算，成品及预制水磨石块踢脚线按实贴延长米计算。楼梯踏步踢脚线按相应定额基价乘以系数 1.15。

6)防滑条按实际长度以延长米计算。

7)零星项目按实铺面积计算。

8)栏杆、栏板、扶手均按其中心线长度以延长米计算，计算扶手时不扣除弯头所占长度。

9)弯头按个计算。

10)楼梯木地板饰面按展开面积计算。

11)点缀按个计算，计算主体铺贴地面面积时，不扣除点缀所占面积。圆形及弧形点缀镶贴，人工定额量乘以系数 1.20，材料定额量乘以系数 1.15。

4.11.2 清单工程量计算规则

(1)"13 计算规范"的相关解释说明。"13 计算规范"对楼地面装饰工程主要有以下相关解释说明：

1)水泥砂浆面层处理是拉毛还是提浆压光应在面层做法要求中描述。

2)平面砂浆找平层只适用于仅做找平层的平面抹灰。

3)间壁墙指墙厚≤120 mm 的墙。

4)楼地面混凝土垫层按附录 E.1 垫层项目编码列项，除混凝土外的其他材料垫层按表 D.4 垫层项目编码列项。

5)在描述碎石材项目的面层材料特征时可不用描述规格、品牌、颜色。

6)石材、块料与粘接材料的结合面刷防渗材料的种类在防护层材料种类中描述。

7)工作内容中的磨边指施工现场磨边，后面章节工作内容中涉及的磨边含义同此条。

(2)清单工程量计算规则。在"13 计算规范"附录 L(楼地面装饰工程)中，对整体面层及找平层、块料面层、踢脚线、楼梯面层、台阶装饰工程量清单的项目设置、项目特征描述的内容、计量单位及工程量计算规则等作出了详细的规定。表 4-66～表 4-70 列出了部分常用项目的相关内容。

表 4-66　楼地面抹灰(编号：011101)

项目编码	项目名称	项目特征	计量单位	工程量计算规则	工作内容
011101001	水泥砂浆楼地面	1. 找平层厚度、砂浆配合比 2. 素水泥浆遍数 3. 面层厚度、砂浆配合比 4. 面层做法要求	m²	按设计图示尺寸以面积计算。扣除凸出地面构筑物、设备基础、室内铁道、地沟等所占面积，不扣除间壁墙及≤0.3 m² 柱、垛、附墙烟囱及孔洞所占面积。门洞、空圈、暖气包槽、壁龛的开口部分不增加面积	1. 基层清理 2. 抹找平层 3. 抹面层 4. 材料运输
011101002	现浇水磨石楼地面	1. 找平层厚度、砂浆配合比 2. 面层厚度、水泥石子浆配合比 3. 嵌条材料种类、规格 4. 石子种类、规格、颜色 5. 颜料种类、颜色 6. 图案要求 7. 磨光、酸洗、打蜡要求			1. 基层清理 2. 抹找平层 3. 面层铺设 4. 嵌缝条安装 5. 磨光、酸洗打蜡 6. 材料运输

项目编码	项目名称	项目特征	计量单位	工程量计算规则	工作内容
011101003	细石混凝土楼地面	1. 找平层厚度、砂浆配合比 2. 面层厚度、混凝土强度等级			1. 基层清理 2. 抹找平层 3. 面层铺设 4. 材料运输
011101004	菱苦土楼地面	1. 找平层厚度、砂浆配合比 2. 面层厚度 3. 打蜡要求	m²	按设计图示尺寸以面积计算。扣除凸出地面构筑物、设备基础、室内铁道、地沟等所占面积，不扣除间壁墙及≤0.3 m²柱、垛、附墙烟囱及孔洞所占面积。门洞、空圈、暖气包槽、壁龛的开口部分不增加面积	1. 基层清理 2. 抹找平层 3. 面层铺设 4. 打蜡 5. 材料运输
011101005	自流平楼地面	1. 找平层砂浆配合比、厚度 2. 界面剂材料种类 3. 中层漆材料种类、厚度 4. 面漆材料种类、厚度 5. 面层材料种类			1. 基层处理 2. 抹找平层 3. 涂界面剂 4. 涂刷中层漆 5. 打磨、吸尘 6. 镘自流平面漆(浆) 7. 拌和自流平浆料 8. 铺面层
011101006	平面砂浆找平层	找平层厚度、砂浆配合比		按设计图示尺寸以面积计算。	1. 基层清理 2. 抹找平层 3. 材料运输

表 4-67　块料面层(编号：011102)

项目编码	项目名称	项目特征	计量单位	工程量计算规则	工作内容
011102001	石材楼地面	1. 找平层厚度、砂浆配合比 2. 结合层厚度、砂浆配合比 3. 面层材料品种、规格、颜色 4. 嵌缝材料种类 5. 防护层材料种类 6. 酸洗、打蜡要求	m²	按设计图示尺寸以面积计算。门洞、空圈、暖气包槽、壁龛的开口部分并入相应的工程量内	1. 基层清理 2. 抹找平层 3. 面层铺设、磨边 4. 嵌缝 5. 刷防护材料 6. 酸洗、打蜡 7. 材料运输
011102002	碎石材楼地面				
011102003	块料楼地面				

表 4-68   踢脚线（编号：011105）

项目编码	项目名称	项目特征	计量单位	工程量计算规则	工作内容
011105001	水泥砂浆踢脚线	1. 踢脚线高度 2. 底层厚度、砂浆配合比 3. 面层厚度、砂浆配合比	1. m² 2. m	1. 以平方米计量，按设计图示长度乘以高度以面积计算 2. 以米计量按延长米计算	1. 基层清理 2. 底层和面层抹灰 3. 材料运输
011105002	石材踢脚线	1. 踢脚线高度 2. 粘贴层厚度、材料种类 3. 面层材料品种、规格、颜色 4. 防护材料种类			1. 基层清理 2. 底层抹灰 3. 面层铺贴、磨边 4. 擦缝 5. 磨光、酸洗、打蜡 6. 刷防护材料 7. 材料运输
011105003	块料踢脚线				

表 4-69   楼梯面层（编号：011106）

项目编码	项目名称	项目特征	计量单位	工程量计算规则	工作内容
011106001	石材楼梯面层	1. 找平层厚度、砂浆配合比 2. 粘结层厚度、材料种类 3. 面层材料品种、规格、颜色 4. 防滑条材料种类、规格 5. 勾缝材料种类 6. 防护层材料种类 7. 酸洗、打蜡要求	m²	按设计图示尺寸以楼梯（包括踏步、休息平台及≤500 mm 的楼梯井）水平投影面积计算。楼梯与楼地面相连时，算至梯口梁内侧边沿；无梯口梁者，算至最上一层踏步边沿加 300 mm	1. 基层清理 2. 抹找平层 3. 面层铺贴、磨边 4. 贴嵌防滑条 5. 勾缝 6. 刷防护材料 7. 酸洗、打蜡 8. 材料运输
011106002	块料楼梯面层				
011106003	拼碎块料面层				
011106004	水泥砂浆楼梯面层	1. 找平层厚度、砂浆配合比 2. 面层厚度、砂浆配合比 3. 防滑条材料种类、规格			1. 基层清理 2. 抹找平层 3. 抹面层 4. 抹防滑条 5. 材料运输
011106005	现浇水磨石楼梯面层	1. 找平层厚度、砂浆配合比 2. 面层厚度、水泥石子浆配合比 3. 防滑条材料种类、规格 4. 石子种类、规格、颜色 5. 颜料种类、颜色 6. 磨光、酸洗打蜡要求			1. 基层清理 2. 抹找平层 3. 抹面层 4. 贴嵌防滑条 5. 磨光、酸洗、打蜡 6. 材料运输

表 4-70　台阶装饰(编号：011107)

项目编码	项目名称	项目特征	计量单位	工程量计算规则	工作内容
011107001	石材台阶面	1. 找平层厚度、砂浆配合比 2. 粘结层材料种类 3. 面层材料品种、规格、颜色 4. 勾缝材料种类 5. 防滑条材料种类、规格 6. 防护材料种类	m²	按设计图示尺寸以台阶(包括最上层踏步边沿加300 mm)水平投影面积计算	1. 基层清理 2. 抹找平层 3. 面层铺贴 4. 贴嵌防滑条 5. 勾缝 6. 刷防护材料 7. 材料运输
011107002	块料台阶面				
011107003	拼碎块料台阶面				
011107004	水泥砂浆台阶面	1. 找平层厚度、砂浆配合比 2. 面层厚度、砂浆配合比 3. 防滑条材料种类			1. 基层清理 2. 抹找平层 3. 抹面层 4. 抹防滑条 5. 材料运输
011107005	现浇水磨石台阶面	1. 找平层厚度、砂浆配合比 2. 面层厚度、水泥石子浆配合比 3. 防滑条材料种类、规格 4. 石子种类、规格、颜色 5. 颜料种类、颜色 6. 磨光、酸洗、打蜡要求			1. 清理基层 2. 抹找平层 3. 抹面层 4. 贴嵌防滑条 5. 打磨、酸洗、打蜡 6. 材料运输
011107006	剁假石台阶面	1. 找平层厚度、砂浆配合比 2. 面层厚度、砂浆配合比 3. 剁假石要求			1. 清理基层 2. 抹找平层 3. 抹面层 4. 剁假石 5. 材料运输

4.11.3　例题解析

【例 4-21】　试分别计算附录"××办公楼"工程中首层②～③轴和Ⓑ～Ⓒ轴之间房间的水泥砂浆找平扫毛的定额和清单工程量。

解：(1)定额工程量计算。

定额工程量=(5.1-0.1×2)×(3.6-0.1×2)=16.66(m²)

(2)清单工程量计算。

清单工程量=定额工程量=16.66 m²

4.12 墙、柱面装饰与隔断、幕墙工程

4.12.1 定额工程量计算规则

（1）墙、柱面装饰与隔断、幕墙工程定额说明。

1）墙、柱面装饰与隔断、幕墙工程定额凡注明砂浆种类、配合比、饰面材料及型材的型号规格与设计不同时，可按设计规定调整，但人工、机械消耗量不变。

2）墙、柱面装饰与隔断、幕墙工程定额中的镶贴块料面层均未包括打底抹灰，打底抹灰按一般抹灰子目执行。但人工乘以系数0.7。

3）抹灰砂浆厚度：如设计与定额取定不同时，除定额有注明厚度的项目可以换算外，其他一律不作调整。抹灰厚度按不同的砂浆分别列在定额项目中，同类砂浆列总厚度，不同砂浆分别列出厚度，如定额项目中18 mm＋6 mm即表示两种不同砂浆的各自厚度。

4）墙面抹石灰砂浆分两遍、三遍、四遍。其标准如下：

①两遍：一遍底层，一遍面层。

②三遍：一遍底层，一遍中层，一遍面层。

③四遍：一遍底层，一遍中层，两遍面层。

5）抹灰等级与抹灰遍数、工序、外观质量的对应关系见表4-71。

表 4-71 抹灰等级与抹灰遍数、工序、外观质量的对应关系

名称	普通抹灰	中级抹灰	高级抹灰
遍数	两遍	三遍	四遍
主要工序	分层找平、修整、表面压光	阳角找方、设置标筋、分层找平、修整、表面压光	阳角找方、设置标筋、分层找平、修整、表面压光
外观质量	表面光滑、洁净、接槎平整	表面光滑、洁净、接槎平整、压线清晰、顺直	表面光滑、洁净、颜色均匀、无抹纹压线、平直方正、清晰美观

6）加气混凝土砌块墙抹灰按轻质墙面定额套用。其表面清扫每100 m² 另计2.5工日；如面层再加108胶，每100 m² 按下列工料计算：

人工1.7工日；32.5级水泥25 kg；中粗砂0.017 m³；108胶14 kg；水4 m³。

7）圆弧形、锯齿形等不规则墙面抹灰、镶贴块料按相应项目人工乘以系数1.15，材料乘以系数1.05。

8）灰缝镶贴面砖定额子目，面砖消耗量分别按缝宽5 mm、10 mm以内和20 mm以内考虑，如灰缝不同或灰缝超过20 mm以上者，其块料及灰缝材料（水泥砂浆1∶1）用量允许调整，其他不变。

9）块料镶贴和装饰抹灰的"零星项目"适用于挑檐、天沟、腰线、窗台线、门窗套、压顶、栏板、扶手、遮阳板、阳台雨篷周边等。一般抹灰的"零星项目"适用于各种壁柜、碗柜、过人洞、暖气壁龛、池槽、花台以及1 m² 以内的抹灰。一般抹灰的"装饰线条"适用于

门窗套、挑檐、天沟、腰线、压顶、扶手、遮阳板、楼梯边梁、阳台雨篷周边、宣传栏边框等凸出墙面或抹灰面展开宽度小于300 mm以内的竖、横线条抹灰。超过300 mm的线条抹灰按"零星项目"执行。

10)独立柱饰面面层定额未列项目者，按相应墙面项目套用，工程量按实抹(贴)面积计算。

11)单梁单独抹灰、镶贴、饰面，按独立柱相应项目执行。

12)木龙骨基层是按双向计算的，如设计为单向时，人工、材料消耗量乘以系数0.55。弧形木龙骨基层按相应子目定额消耗量乘以系数1.10。

13)定额木材种类除注明者外，均以一、二类木种为准，如采用三、四类木种时，人工及机械乘以系数1.3。

14)面层、隔墙(间壁)、隔断(护壁)定额内，除注明者外均未包括压条、收边、装饰线(板)，如设计要求时，应按"其他工程"相应子目执行。

15)面层、木基层均未包括刷防火涂料，如设计要求时，应按"油漆、涂料、裱糊工程"相应子目执行。

16)玻璃幕墙设计有平开、推拉窗者，仍执行幕墙定额，窗型材、窗五金相应增加，其他不变。

17)玻璃幕墙中的玻璃按成品玻璃考虑，幕墙中的避雷连接、防火隔离层定额已综合，但幕墙的封边、封顶的费用另行计算。

18)隔墙(间壁)、隔断(护壁)等定额中龙骨间距、规格如与设计不同时，定额用量允许调整。

19)干挂块料面层、隔断、幕墙的型钢骨架不包括油漆，油漆按"油漆、涂料、裱糊工程"相应子目计算。

20)铝塑板幕墙子目中铝塑板的消耗量已包含折边用量，不得另行计算。

21)幕墙实际施工时，材料用料与定额用量不符时，均按实换算，但人工、机械不变。

22)干挂大理石(花岗岩)子目中，大理石(花岗岩)单价包含钻孔、开槽费用。

23)铝单板、不锈钢等相关子目中均未含折边弯弧加工费。

24)雕花玻璃、冰裂玻璃等其他成品玻璃套相应成品玻璃子目。

25)挂贴大理石、花岗岩未做钢筋网时，应扣除钢筋含量，人工乘以系数0.9。

26)墙面干挂块料面层如使用铁件，按钢骨架计算。

(2)墙、柱面装饰与隔断、幕墙工程工程量计算规则。

1)内墙抹灰工程量按以下规定计算：

①内墙抹灰面积应扣除门窗洞口和空圈所占的面积，不扣除踢脚板、挂镜线、0.3 m² 以内的孔洞和墙与构件交接处的面积，洞口侧壁亦不增加。墙垛和附墙烟囱侧壁面积与内墙抹灰工程量合并计算。

②内墙面抹灰的长度，以主墙间的图示净长尺寸计算。其高度确定如下：

a.无墙裙时，其高度按室内地面或楼面至天棚底面计算。

b.有墙裙时，其高度按墙裙顶至天棚底面计算。

c.有吊顶时装饰天棚的内墙面抹灰，其高度按室内地面或楼面至天棚底面另加100 mm计算。

③内墙裙抹灰面积按内墙净长乘以高度计算。应扣除门窗洞口和空圈所占的面积，门窗洞口和空圈的侧壁不另增加，墙垛、附墙烟囱侧壁面积并入墙裙抹灰面积内计算。

2)外墙一般抹灰工程量按以下规定计算：

①外墙抹灰面积，按外墙面的垂直投影面积以平方米计算。应扣除门窗洞口、外墙裙和大于 0.3 m² 孔洞所占面积，洞口侧壁面积不另增加。附墙垛、梁、柱侧面抹灰面积并入外墙面抹灰工程量内计算。

②外墙裙抹灰面积按其长度和高度计算，扣除门窗洞口和大于 0.3 m² 孔洞所占面积，门窗洞口及孔洞的侧壁不增加。

③栏板、栏杆(包括立柱、扶手或压顶等)抹灰按立面垂直投影面积乘以系数 2.2 以平方米计算。

④墙面勾缝按垂直投影面积计算。应扣除墙裙和墙面抹灰面积，不扣除门窗洞口、门窗套、腰线等零星抹灰所占面积，附墙柱和门窗洞口侧面的勾缝面积不增加。

⑤抹灰面嵌条、分格的工程量同抹灰面面积。

3)外墙装饰抹灰工程量按以下规定计算：

①外墙面装饰抹灰面积按垂直投影面积计算，扣除门窗洞口和 0.3 m² 以上的孔洞所占的面积，门窗洞口及孔洞侧壁面积也不增加。附墙垛、梁、柱侧面抹灰面积并入外墙抹灰面积工程量内。

②女儿墙(包括泛水、挑砖)、阳台栏板(不扣除花格所占孔洞面积)内侧抹灰按垂直投影面积乘以系数 1.10，带压顶者乘以系数 1.30 按墙面定额执行。

③"零星项目"按设计图示尺寸以展开面积计算。

④装饰抹灰分格、嵌缝按装饰抹灰面面积计算。

4)ZL 胶粉聚苯颗粒外墙保温(外饰涂料)按外墙面的垂直投影面积以平方米计算。应扣除门窗洞口和大于 0.3 m² 孔洞所占面积，洞口侧壁面积不另增加。附墙垛、梁、柱侧面积及门窗套、凸出墙外的腰线面积并入外墙工程量内计算。

5)镶贴块料面层工程量按以下规定计算：

①墙面贴块料面层，按实贴面积计算。面砖镶贴子目用于镶贴柱时人工定额量乘以系数 1.10，其他不变。

②墙面贴块料饰面高度在 300 mm 以内者，按踢脚板定额执行。

6)独立柱、梁工程量按以下规定计算：

①一般抹灰、装饰抹灰，挂贴预制水磨块按柱结构断面周长乘以高度以平方米计算。其他装饰按外围饰面尺寸乘以高度以平方米计算。

②挂贴大理石中其他零星项目的大理石是按成品考虑的，大理石柱墩、柱帽按个计算。

③除定额已列有柱帽、柱墩的项目外，其他项目的柱帽、柱墩工程量按设计图示尺寸以展开面积计算，并入相应柱面积内，每个柱帽或柱墩另增人工：抹灰 0.25 工日、块料 0.38 工日、饰面 0.5 工日。

7)墙(柱)面龙骨、基层板、饰面板均按实铺面积计算，不扣除 0.1 m² 以内的孔洞所占面积。

8)隔断按净长乘以高计算，扣除门窗洞口及 0.3 m² 以上孔洞所占面积。

9)浴厕木隔断、塑钢隔断按下横挡底面至上横挡顶面高度乘以图示长度以平方米计算，同材质门扇面积并入隔断面积内计算。

10)全玻隔断的不锈钢边框工程量按边框展开面积计算。

11)全玻隔断、全玻幕墙如有加强肋者，工程量按其展开面积计算；玻璃幕墙、铝板幕墙按展开面积计算。

12）瓷板倒角磨边，按交角延长米计算。

13）干挂块料面层、隔断、幕墙的型钢架按施工图包含预埋铁件、加工铁板等，以吨计算。

4.12.2 清单工程量计算规则

(1)"13计算规范"的相关解释说明。"13计算规范"对墙、柱面装饰与隔断、幕墙工程主要有以下相关解释说明：

1）立面砂浆找平项目适用于仅做找平层的立面抹灰。

2）抹石灰砂浆、水泥砂浆、混合砂浆、聚合物水泥砂浆、麻刀石灰浆、石膏灰浆等按一般抹灰列项，水刷石、斩假石、干粘石、假面砖等按装饰抹灰列项。

3）飘窗凸出外墙面增加的抹灰不计算工程量，在综合单价中考虑。

4）有吊顶天棚的内墙面抹灰，抹至吊顶以上部分在综合单价中考虑。

5）墙、柱(梁)面≤0.5 m² 的少量分散的抹灰按附录表M.3零星抹灰项目编码列项。

6）在描述碎块项目的面层材料特征时可不用描述规格、品牌、颜色。

7）石材、块料与粘结材料的结合面刷防渗材料的种类在防护层材料种类中描述。

8）柱梁面干挂石材的钢骨架按附录表M.4干挂石材钢骨架项目编码列项。

9）墙柱面≤0.5 m² 的少量分散的镶贴块料面层应按零星项目执行。

(2)清单工程量计算规则。在"13计算规范"附录M(墙、柱面装饰与隔断、幕墙工程)中，对墙柱面抹灰、墙柱面块料面层、隔断和幕墙工程工程量清单的项目设置、项目特征描述的内容、计量单位及工程量计算规则等作出了详细的规定。表4-72～表4-78列出了部分常用项目的相关内容。

表 4-72　墙面抹灰(编号：011201)

项目编码	项目名称	项目特征	计量单位	工程量计算规则	工作内容
011201001	墙面一般抹灰	1. 墙体类型 2. 底层厚度、砂浆配合比 3. 面层厚度、砂浆配合比	m²	按设计图示尺寸以面积计算。扣除墙裙、门窗洞口及单个>0.3 m²的孔洞面积，不扣除踢脚线、挂镜线和墙与构件交接处的面积，门窗洞口和孔洞的侧壁及顶面不增加面积。附墙柱、梁、垛、烟囱侧壁并入相应的墙面面积内 　1. 外墙抹灰面积按外墙垂直投影面积计算	1. 基层清理 2. 砂浆制作、运输 3. 底层抹灰 4. 抹面层 5. 抹装饰面 6. 勾分格缝
011201002	墙面装饰抹灰	4. 装饰面材料种类 5. 分格缝宽度、材料种类		2. 外墙裙抹灰面积按其长度乘以高度计算 　3. 内墙抹灰面积按主墙间的净长乘以高度计算	
011201003	墙面勾缝	1. 勾缝类型 2. 勾缝材料种类		(1)无墙裙的，高度按室内楼地面至天棚底面计算 　(2)有墙裙的，高度按墙裙顶至天棚底面计算 　有吊顶天棚抹灰，高度算至天棚底	1. 基层清理 2. 砂浆制作、运输 3. 勾缝
011201004	立面砂浆找平层	1. 基层类型 2. 找平层砂浆厚度、配合比		4. 内墙裙抹灰面按内墙净长乘以高度计算	1. 基层清理 2. 砂浆制作、运输 3. 抹灰找平

表 4-73　柱(梁)面抹灰(编号：011202)

项目编码	项目名称	项目特征	计量单位	工程量计算规则	工作内容
011202001	柱、梁面一般抹灰	1. 柱(梁)体类型 2. 底层厚度、砂浆配合比 3. 面层厚度、砂浆配合比 4. 装饰面材料种类 5. 分格缝宽度、材料种类	m²	1. 柱面抹灰：按设计图示柱断面周长乘以高度以面积计算 2. 梁面抹灰：按设计图示梁断面周长乘以长度以面积计算	1. 基层清理 2. 砂浆制作、运输 3. 底层抹灰 4. 抹面层 5. 勾分格缝
011202002	柱、梁面装饰抹灰				
011202003	柱、梁面砂浆找平	1. 柱(梁)体类型 2. 找平的砂浆厚度、配合比			1. 基层清理 2. 砂浆制作、运输 3. 抹灰找平
011202004	柱面勾缝	1. 勾缝类型 2. 勾缝材料种类		按设计图示柱断面周长乘以高度以面积计算	1. 基层清理 2. 砂浆制作、运输 3. 勾缝

表 4-74　墙面块料面层(编码：011204)

项目编码	项目名称	项目特征	计量单位	工程量计算规则	工作内容
011204001	石材墙面	1. 墙体类型 2. 安装方式 3. 面层材料品种、规格、颜色 4. 缝宽、嵌缝材料种类 5. 防护材料种类 6. 磨光、酸洗、打蜡要求	m²	按镶贴表面积计算	1. 基层清理 2. 砂浆制作、运输 3. 粘结层铺贴 4. 面层安装 5. 嵌缝 6. 刷防护材料 7. 磨光、酸洗、打蜡
011204002	拼碎石材墙面				
011204003	块料墙面				
011204004	干挂石材钢骨架	1. 骨架种类、规格 2. 防锈漆品种遍数	t	按设计图示以质量计算	1. 骨架制作、运输、安装 2. 刷漆

表 4-75　柱(梁)面镶贴块料(编号：011205)

项目编码	项目名称	项目特征	计量单位	工程量计算规则	工作内容
011205001	石材柱面	1. 柱截面类型、尺寸 2. 安装方式 3. 面层材料品种、规格、颜色 4. 缝宽、嵌缝材料种类 5. 防护材料种类 6. 磨光、酸洗、打蜡要求	m²	按镶贴表面积计算	1. 基层清理 2. 砂浆制作、运输 3. 粘结层铺贴 4. 面层安装 5. 嵌缝 6. 刷防护材料 7. 磨光、酸洗、打蜡
011205002	块料柱面				
011205003	拼碎块柱面				
011205004	石材梁面	1. 安装方式 2. 面层材料品种、规格、颜色 3. 缝宽、嵌缝材料种类 4. 防护材料种类 5. 磨光、酸洗、打蜡要求			
011205005	块料梁面				

表 4-76　墙饰面(编码：011207)

项目编码	项目名称	项目特征	计量单位	工程量计算规则	工作内容
011207001	墙面装饰板	1. 龙骨材料种类、规格、中距 2. 隔离层材料种类、规格 3. 基层材料种类、规格 4. 面层材料品种、规格、颜色 5. 压条材料种类、规格	m²	按设计图示墙净长乘以净高以面积计算。扣除门窗洞口及单个>0.3 m²的孔洞所占面积	1. 基层清理 2. 龙骨制作、运输、安装 3. 钉隔离层 4. 基层铺钉 5. 面层铺贴

表 4-77　柱(梁)饰面(编码：011208)

项目编码	项目名称	项目特征	计量单位	工程量计算规则	工作内容
011208001	柱(梁)面装饰	1. 龙骨材料种类、规格、中距 2. 隔离层材料种类 3. 基层材料种类、规格 4. 面层材料品种、规格、颜色 5. 压条材料种类、规格	m²	按设计图示饰面外围尺寸以面积计算。柱帽、柱墩并入相应柱饰面工程量内	1. 清理基层 2. 龙骨制作、运输、安装 3. 钉隔离层 4. 基层铺钉 5. 面层铺贴

表 4-78　幕墙工程(编码：011209)

项目编码	项目名称	项目特征	计量单位	工程量计算规则	工作内容
011209001	带骨架幕墙	1. 骨架材料种类、规格、中距 2. 面层材料品种、规格、颜色 3. 面层固定方式 4. 隔离带、框边封闭材料品种、规格 5. 嵌缝、塞口材料种类	m²	按设计图示框外围尺寸以面积计算。与幕墙同种材质的窗所占面积不扣除	1. 骨架制作、运输、安装 2. 面层安装 3. 隔离带、框边封闭 4. 嵌缝、塞口 5. 清洗
011209002	全玻(无框玻璃)幕墙	1. 玻璃品种、规格、颜色 2. 粘结塞口材料种类 3. 固定方式		按设计图示尺寸以面积计算。带肋全玻幕墙按展开面积计算	1. 幕墙安装 2. 嵌缝、塞口 3. 清洗

4.12.3　例题解析

【例 4-22】　试分别计算附录"××办公楼"工程中首层②～③轴和⑧～⑥轴之间房间的混合砂浆墙面的定额和清单工程量。

解：(1)定额工程量计算。

定额工程量＝(5.1－0.1×2)×(4.2－0.8＋4.2－0.6)＋(3.6－0.1×2)×2×(4.2－0.7)－0.9×2.1－0.9×(4.2－0.7)×2＝49.91(m²)

(2)清单工程量计算。

清单工程量＝定额工程量＝49.91 m²

4.13 天棚工程

4.13.1　定额工程量计算规则

(1)天棚工程定额说明。

1)定额凡注明了砂浆种类和配合比的如与设计不同时，可按设计规定调整。

2)定额除部分项目为龙骨、基层、面层合并列项外，其余均为天棚龙骨、基层、面层分别列项编制。

3)定额龙骨的种类、间距、规格和基层、面层材料的型号、规格是按常用材料和常用做法考虑的，如与设计要求不同时，材料可以调整，但人工、机械不变。

4)天棚轻钢龙骨、铝合金龙骨按面层不同的标高分一级和跌级天棚，天棚面层在同一标高者称一级天棚，不在同一标高且高差在 20 cm 以上者称为跌级。

5)天棚木龙骨按封板层在同一标高者，称为一级天棚；天棚封板层不在同一标高者称为跌级。

6)轻钢龙骨、铝合金龙骨定额中为双层结构(即中、小龙骨紧贴大龙骨底面吊挂)，如为单层结构时(大、中龙骨底面在同一水平上)，人工乘以系数 0.85。

7)对于小面积的跌级吊顶，当跌级(或落差)长度小于顶面周长的 50%时，将级差展开面积并入天棚面积，仍按一级吊顶划分；当级差长度大于顶面周长的 50%时，按跌级吊顶划分。

8)定额中平面天棚和跌级天棚指一般直线型天棚，不包括灯光槽的制作安装。灯光槽制作安装应按"天棚工程"相应子目执行。艺术造型天棚项目中包括灯光槽的制作安装。

9)龙骨架、基层、面层的防火处理，应按"油漆、涂料、裱糊工程"相应子目执行。

10)天棚检查孔的工料已包括在定额项目内，不另计算。

11)铝塑板、不锈钢饰面天棚中，铝塑板、不锈钢折边消耗量、加工费另计。

(2)天棚工程工程量计算规则。

1)天棚抹灰工程量按以下规定计算：

①天棚抹灰面积，按主墙间的净面积计算，不扣除间壁墙、垛、柱、附墙烟囱、检查口和管道所占的面积。带梁天棚，梁两侧抹灰面积，并入天棚抹灰工程量内计算。

②密肋梁和井字梁天棚抹灰面积，按展开面积计算。

③天棚抹灰如带有装饰线时，区别按三道线以内或五道线以内按延长米计算，线角的道数以一个突出的棱角为一道线。

④檐口天棚的抹灰面积，并入相同的天棚抹灰工程量内计算。

⑤天棚中的折线、灯槽线、圆弧形线、拱形线等艺术形式的抹灰，按展开面积计算。

⑥阳台底面抹灰按水平投影面积以平方米计算，并入相应天棚抹灰面积内。阳台如带悬臂梁者，其工程量乘以系数 1.30。阳台上表面的抹灰按水平投影面积以平方米计算，套楼地面的相应定额子目。

⑦雨篷底面或顶面抹灰分别按水平投影面积计算，并入相应天棚抹灰面积内。雨篷顶面带反沿或反梁者，其工程量乘以系数 1.20；底面带悬臂梁者，其工程量也乘以系数 1.20。

⑧板式楼梯底面的装饰工程量按水平投影面积乘以系数 1.15 计算，梁式及螺旋楼梯底面按展开面积计算。

2)各种吊顶天棚龙骨按墙间净面积计算，不扣除检查口、附墙烟囱、柱、垛和管道所占面积。但天棚中的折线、迭落等圆弧形、高低吊灯槽等面积龙骨不展开计算。

3)天棚基层板、装饰面层，按墙间实钉(粘贴)面积以平方米计算，不扣除检查口、附墙烟囱、垛和管道、开挖灯孔及 0.3 m² 以内空洞所占面积。

4)灯光槽按延长米计算。

5)保温层按实铺面积计算。

6)嵌缝、贴胶带按延长米计算。

4.13.2　清单工程量计算规则

在"13 计算规范"附录 N(天棚工程)中，对天棚抹灰、天棚吊顶等工程工程量清单的项目设置、项目特征描述的内容、计量单位及工程量计算规则等作出了详细的规定。表 4-79、表 4-80 列出了部分常用项目的相关内容。

表 4-79　天棚抹灰（编号：011301）

项目编码	项目名称	项目特征	计量单位	工程量计算规则	工作内容
011301001	天棚抹灰	1. 基层类型 2. 抹灰厚度、材料种类 3. 砂浆配合比	m²	按设计图示尺寸以水平投影面积计算。不扣除间壁墙、垛、柱、附墙烟囱、检查口和管道所占的面积，带梁天棚的梁两侧抹灰面积并入天棚面积内，板式楼梯底面抹灰按斜面积计算，锯齿形楼梯底板抹灰按展开面积计算	1. 基层清理 2. 底层抹灰 3. 抹面层

表 4-80　天棚吊顶（编号：011302）

项目编码	项目名称	项目特征	计量单位	工程量计算规则	工作内容
011302001	吊顶天棚	1. 吊顶形式、吊杆规格、高度 2. 龙骨材料种类、规格、中距 3. 基层材料种类、规格 4. 面层材料品种、规格 5. 压条材料种类、规格 6. 嵌缝材料种类 7. 防护材料种类	m²	按设计图示尺寸以水平投影面积计算。天棚面中的灯槽及跌级、锯齿形、吊挂式、藻井式天棚面积不展开计算。不扣除间壁墙、检查口、附墙烟囱、柱垛和管道所占面积，扣除单个＞0.3 m² 的孔洞、独立柱及与天棚相连的窗帘盒所占的面积	1. 基层清理、吊杆安装 2. 龙骨安装 3. 基层板铺贴 4. 面层铺贴 5. 嵌缝 6. 刷防护材料
011302002	格栅吊顶	1. 龙骨材料种类、规格、中距 2. 基层材料种类、规格 3. 面层材料品种、规格 4. 防护材料种类			1. 基层清理 2. 安装龙骨 3. 基层板铺贴 4. 面层铺贴 5. 刷防护材料
011302003	吊筒吊顶	1. 吊筒形状、规格 2. 吊筒材料种类 3. 防护材料种类		按设计图示尺寸以水平投影面积计算	1. 基层清理 2. 吊筒制作安装 3. 刷防护材料
011302004	藤条造型悬挂吊顶	1. 骨架材料种类、规格 2. 面层材料品种、规格			1. 基层清理 2. 龙骨安装 3. 铺贴面层
011302005	织物软雕吊顶				
011302006	网架（装饰）吊顶	网架材料品种、规格			1. 基层清理 2. 网架制作安装

4.13.3 例题解析

【例 4-23】 试分别计算附录"××办公楼"工程中首层②～③轴和Ⓑ～Ⓒ轴之间房间的顶棚抹灰的定额和清单工程量。

解： (1)定额工程量计算。

$$
\begin{aligned}
定额工程量 =& (5.1-0.1\times2)\times(3.6-0.1\times2)+(3.6-0.175-0.1)\times(0.7-0.1)+ \\
& (3.6-0.15-0.1)\times(0.7-0.1)+(5.1-0.1\times2)\times(0.8-0.1)+(5.1- \\
& 0.1\times2)\times(0.6-0.1)=26.55(\text{m}^2)
\end{aligned}
$$

(2)清单工程量计算。

清单工程量＝定额工程量＝26.55 m²

4.14 油漆、涂料、裱糊工程

4.14.1 定额工程量计算规则

(1)油漆、涂料、裱糊工程定额说明。

1)本定额刷涂、刷油采用手工操作；喷塑、喷涂采用机械操作。操作方法不同时，不予调整。

2)门窗油漆定额内包括多面油漆和贴脸，玻璃压条的油漆工料在内。

3)油漆浅、中、深各种颜色，已综合在定额内，颜色不同，不另作调整。

4)本定额在同一平面上的分色及门窗内外分色已综合考虑。如需做美术图案者，另行计算。

5)定额内规定的喷、涂、刷遍数与设计要求不同时，可按每增加一遍定额项目进行调整。

6)喷塑(一塑三油)、底油、装饰漆、面油，其规格划分如下：

①大压花：喷点压平、点面积在 1.2 cm² 以上。

②中压花：喷点压平、点面积在 1～1.2 cm² 以内。

③喷中点、幼点：喷点面积在 1 cm² 以下。

7)定额中的单层木门刷油是按双面刷油考虑的，如采用单面刷油，其定额含量乘以系数 0.49 计算。

8)天棚顶面刮防瓷、刷乳胶漆、喷涂等，套相应子目后，其人工乘以系数 1.10。

(2)油漆、涂料、裱糊工程工程量计算规则。

1)定额中的隔墙、护壁、柱、天棚木龙骨及木地板中木龙骨带毛地板，刷防火涂料工程量计算规则如下：

①隔墙、护壁木龙骨按其面层正立面投影面积计算。

②柱木龙骨按其面层外围面积计算。

③天棚木龙骨按其水平投影面积计算。

④木地板中木龙骨及木龙骨带毛地板按地板面积计算。

2)隔墙、护壁、柱、天棚面层及木地板刷防火涂料,执行其他木材面刷防火涂料相应子目。

3)木材面油漆、金属面油漆的工程量分别按表4-81～表4-85的规定计算。

①木材面油漆工程量见表4-81～表4-83。

表4-81 执行木门定额工程量系数表

项目名称	系数	工程量计算方法
单层木门	1.00	按单面洞口面积计算
双层(一玻一纱)木门	1.36	
双层(单裁口)木门	2.00	
单层全玻门	0.83	
木百叶门	1.25	
厂库大门	1.10	

表4-82 执行木窗定额工程量系数表

项目名称	系数	工程量计算方法
单层玻璃窗	1.00	按单面洞口面积计算
双层(一玻一纱)木窗	1.36	
双层框扇(单裁口)木窗	2.00	
双层框三层(二玻一纱)木窗	2.60	
单层组合窗	0.83	
双层组合窗	1.13	
木百叶窗	1.50	

表4-83 执行木扶手定额工程量系数表

项目名称	系数	工程量计算方法
木扶手(不带托板)	1.00	按延长米计算
木扶手(带托板)	2.60	
窗帘盒	2.04	
封檐板、顺水板	1.74	
挂衣板、黑板框、单独木线条100 mm以外	0.52	
挂镜线、窗帘棍、单独木线条100 mm以内	0.35	

②金属面油漆工程量见表 4-84。

表 4-84 执行单层钢门窗定额工程量系数表

项目名称	系数	工程量计算方法
单层钢门窗	1.00	洞口面积
双层(一玻一纱)钢门窗	1.48	
钢百页钢门	2.74	
半截百页钢门	2.22	
满钢门或包铁皮门	1.63	
钢折叠门	2.30	
射线防护门	2.96	
厂库房平开、推拉门	1.70	框(扇)外围面积
铁丝网大门	0.81	
间壁	1.85	长×宽
平板屋面	0.74	斜长×宽
瓦垄板屋面	0.89	
排水、伸缩缝盖板	0.78	展开面积
吸气罩	1.63	水平投影面积

③抹灰面油漆、涂料、裱糊工程量见表 4-85。

表 4-85 抹灰面油漆、涂料、裱糊

项目名称	系数	工程量计算方法
混凝土楼梯底(板式)	1.15	水平投影面积
混凝土楼梯底(梁式)	1.00	展开面积
混凝土花格窗、栏杆花饰	1.82	单面外围面积
楼地面、天棚、墙、柱、梁面	1.00	展开面积

4.14.2　清单工程量计算规则

(1)"13计算规范"的相关解释说明。"13计算规范"对油漆、涂料、裱糊工程主要有以下相关解释说明。

1)木门油漆应区分木大门、单层木门、双层(一玻一纱)木门、双层(单裁口)木门、全玻自由门、半玻自由门、装饰门及有框门或无框门等项目,分别编码列项。

2)金属门油漆应区分平开门、推拉门、钢制防火门列项。

3)以平方米计量,项目特征可不必描述洞口尺寸。

4)木窗油漆应区分单层木门、双层(一玻一纱)木窗、双层框扇(单裁口)木窗、双层框三层(二玻一纱)木窗、单层组合窗、双层组合窗、木百叶窗、木推拉窗等项目，分别编码列项。

5)金属窗油漆应区分平开窗、推拉窗、固定窗、组合窗、金属隔栅窗分别列项。

6)以平方米计量，项目特征可不必描述洞口尺寸。

7)木扶手应区分带托板与不带托板，分别编码列项，若是木栏杆带扶手，木扶手不应单独列项，应包含在木栏杆油漆中。

8)喷刷墙面涂料部位要注明内墙或外墙。

(2)清单工程量计算规则。在"13 计算规范"附录 P(油漆、涂料、裱糊工程)中，对门窗油漆、喷刷涂料等工程工程量清单的项目设置、项目特征描述的内容、计量单位及工程量计算规则等作出了详细的规定。表 4-86～表 4-91 列出了部分常用项目的相关内容。

表 4-86　门油漆(编号：011401)

项目编码	项目名称	项目特征	计量单位	工程量计算规则	工作内容
011401001	木门油漆	1. 门类型 2. 门代号及洞口尺寸 3. 腻子种类 4. 刮腻子遍数 5. 防护材料种类 6. 油漆品种、刷漆遍数	1. 樘 2. m²	1. 以樘计量，按设计图示数量计量 2. 以平方米计量，按设计图示洞口尺寸以面积计算	1. 基层清理 2. 刮腻子 3. 刷防护材料、油漆
011401002	金属门油漆				1. 除锈、基层清理 2. 刮腻子 3. 刷防护材料、油漆

表 4-87　窗油漆(编号：011402)

项目编码	项目名称	项目特征	计量单位	工程量计算规则	工作内容
011402001	木窗油漆	1. 窗类型 2. 窗代号及洞口尺寸 3. 腻子种类 4. 刮腻子遍数 5. 防护材料种类 6. 油漆品种、刷漆遍数	1. 樘 2. m²	1. 以樘计量，按设计图示数量计量 2. 以平方米计量，按设计图示洞口尺寸以面积计算	1. 基层清理 2. 刮腻子 3. 刷防护材料、油漆
011402002	金属窗油漆				1. 除锈、基层清理 2. 刮腻子 3. 刷防护材料、油漆

表 4-88　金属面油漆(编号：011405)

项目编码	项目名称	项目特征	计量单位	工程量计算规则	工作内容
011405001	金属面油漆	1. 构件名称 2. 腻子种类 3. 刮腻子要求 4. 防护材料种类 5. 油漆品种、刷漆遍数	1. t 2. m²	1. 以吨计量，按设计图示尺寸以质量计算 2. 以平方米计量，按设计展开面积计算	1. 基层清理 2. 刮腻子 3. 刷防护材料、油漆

表 4-89　抹灰面油漆(编号：011406)

项目编码	项目名称	项目特征	计量单位	工程量计算规则	工作内容
011406001	抹灰面油漆	1. 基层类型 2. 腻子种类 3. 刮腻子遍数 4. 防护材料种类 5. 油漆品种、刷漆遍数 6. 部位	m²	按设计图示尺寸以面积计算	1. 基层清理 2. 刮腻子 3. 刷防护材料、油漆
011406002	抹灰线条油漆	1. 线条宽度、道数 2. 腻子种类 3. 刮腻子遍数 4. 防护材料种类 5. 油漆品种、刷漆遍数	m	按设计图示尺寸以长度计算	
011406003	满刮腻子	1. 基层类型 2. 腻子种类 3. 刮腻子遍数	m²	按设计图示尺寸以面积计算	1. 基层清理 2. 刮腻子

表 4-90　喷刷涂料(编号：011407)

项目编码	项目名称	项目特征	计量单位	工程量计算规则	工作内容
011407001	墙面喷刷涂料	1. 基层类型 2. 喷刷涂料部位 3. 腻子种类 4. 刮腻子要求 5. 涂料品种、喷刷遍数	m²	按设计图示尺寸以面积计算	1. 基层清理 2. 刮腻子 3. 刷、喷涂料
011407002	天棚喷刷涂料				
011407003	空花格、栏杆刷涂料	1. 腻子种类 2. 刮腻子遍数 3. 涂料品种、刷喷遍数		按设计图示尺寸以单面外围面积计算	
011407004	线条刷涂料	1. 基层清理 2. 线条宽度 3. 刮腻子遍数 4. 刷防护材料、油漆	m	按设计图示尺寸以长度计算	
011407005	金属构件刷防火涂料	1. 喷刷防火涂料构件名称 2. 防火等级要求 3. 涂料品种、喷刷遍数	1. t 2. m²	1. 以吨计量，按设计图示尺寸以质量计算 2. 以平方米计量，按设计展开面积计算	1. 基层清理 2. 刷防护材料、油漆
011407006	木材构件喷刷防火涂料		m²	按设计图示尺寸以面积计算	1. 基层清理 2. 刷防火材料

表 4-91   裱糊(编号：011408)

项目编码	项目名称	项目特征	计量单位	工程量计算规则	工作内容
011408001	墙纸裱糊	1. 基层类型 2. 裱糊部位 3. 腻子种类 4. 刮腻子遍数 5. 粘结材料种类 6. 防护材料种类 7. 面层材料品种、规格、颜色	m²	按设计图示尺寸以面积计算	1. 基层清理 2. 刮腻子 3. 面层铺粘 4. 刷防护材料
011408002	织锦缎裱糊				

4.14.3   例题解析

【例 4-24】   试分别计算附录"××办公楼"工程中首层②～③轴和Ⓑ～Ⓒ轴之间房间的顶棚涂料的定额和清单工程量。

解：(1)定额工程量计算。

定额工程量 = $(5.1-0.1×2)×(3.6-0.1×2)+(3.6-0.175-0.1)×(0.7-0.1)+$
$(3.6-0.15-0.1)×(0.7-0.1)+(5.1-0.1×2)×(0.8-0.1)+(5.1-$
$0.1×2)×(0.6-0.1)=26.55(m²)$

(2)清单工程量计算。

清单工程量 = 定额工程量 = 26.55 m²

4.15   其他装饰工程

4.15.1   定额工程量计算规则

(1)其他装饰工程定额说明。

1)"其他装饰工程"定额项目在实际施工中使用的材料品种、规格与定额取定不同时，可以换算，但人工、机械不变。

2)"其他装饰工程"定额中铁件已包括刷防锈漆一遍，如设计需涂刷油漆、防火涂料按"油漆、涂料、裱糊工程"相应子目执行。

3)柜类、货架定额中未考虑面板拼花及饰面板上贴其他材料的花饰、造型艺术品，货架、柜类图见本定额后面附图。柜类、货架设计如与附图不同时，则均执行非附图家具类项目。

4)非附图家具的定额项目：

①家具类不分家具功能名称，只按家具结构部位分别按台面、侧面、层板、抽屉、柜门、底板、顶板、背板套用相应定额，凡无定额子目可套的部位，均套侧面板相应子目。饰面板层数如与定额不同可按实际层数调整，饰面板减少一层，人工乘以系数 0.75，未贴饰面板，人工费乘以系数 0.5。

②木质推拉柜门套平开柜门子目，但应扣减轿型铰链、门吸，增加轨道。轨道套门窗工程中轨道安装子目。

③家具类不适用实木家具。

5)暖气罩挂板式是指钩挂在暖气片上；平墙式是指凹入墙内；明式是指凸出墙面；半凹半凸式按照明式定额子目执行。

6)装饰线条。

①石膏、木装饰线均以成品安装为准。

②单价中，不再另计。

7)石材磨边、磨斜边、磨半圆边及台面开孔子目均为现场磨制。

8)装饰线条以墙面上直线安装为准，如天棚安装直线形、圆弧形或其他图案者，按以下规定计算：

①天棚面安装直线装饰线条人工乘以系数 1.34。

②天棚面安装圆弧装饰线条人工乘以系数 1.6，材料乘以系数 1.1。

③墙面安装圆弧装饰线条人工乘以系数 1.2，材料乘以系数 1.1。

④装饰线条做艺术图案者，人工乘以以系数 1.8，材料乘以系数 1.1。

9)招牌基层。

①平面招牌是指安装在门前的墙面上；箱体招牌、竖式标箱是指六面体固定在墙面上；沿雨篷、檐口、阳台走向立式招牌，按平面招牌复杂项目执行。

②一般招牌和矩形招牌是指正立面平整无凸面；复杂招牌和异形招牌是指正立面有凹凸造型。

③招牌的灯饰均不包括在定额内。

10)美术字安装。

①美术字均以成品安装固定为准。

②美术字不分字体均执行本定额。

(2)其他装饰工程工程量计算规则。

1)柜橱、货架类均以正立面的高(包括脚的高度在内)乘以宽以平方米计算。

2)收银台、试衣间等以个计算，其他以延长米为单位计算。

3)非附图家具按其成品各部位最大外切矩形正投影面积以平方米计算(抽屉按挂面投影面积；层板不扣除切角的投影面积)。

4)暖气罩(包括脚的高度在内)按边框外围尺寸垂直投影面积计算。

5)招牌、灯箱：

①平面招牌基层按正立面面积计算，复杂形的凹凸造型部分亦不增减。

②沿雨篷、檐口或阳台走向的立式招牌基层，按平面招牌复杂型执行时，应按展开面积计算。

③箱体招牌和竖式标箱的基层，按外围体积计算。凸出箱外的灯饰、店徽及其他艺术

装璜等均另行计算。

④灯箱的面层按展开面积以平方米计算。

⑤广告牌钢骨架以吨计算。

6)压条、装饰线条均按延长米计算。

7)石材、玻璃开孔按个计算，金属面开孔按周长以米计算。

8)石材及玻璃磨边按其延长米计算。

9)美术字安装按字的最大外围矩形面积以个计算。

10)镜面玻璃安装、盥洗室木镜箱以正立面面积计算。

11)塑料镜箱、毛巾环、肥皂盒、金属帘子杆、浴缸拉手、毛巾杆安装以只或副计算。洗漱台以台面延长米计算(不扣除孔洞面积)。

4.15.2 清单工程量计算规则

在"13计算规范"附录 Q(其他装饰工程)中，对其他装饰工程工程量清单的项目设置、项目特征描述的内容、计量单位及工程量计算规则等作出了详细的规定。表4-92～表4-96列出了部分常用项目的相关内容。

表 4-92 柜类、货架(编号: 011501)

项目编码	项目名称	项目特征	计量单位	工程量计算规则	工作内容
011501001	柜台	1. 台柜规格 2. 材料种类、规格 3. 五金种类、规格 4. 防护材料种类 5. 油漆品种、刷漆遍数	1. 个 2. m 3. m³	1. 以个计量，按设计图示数量计量 2. 以米计量，按设计图示尺寸以延长米计算 3. 以立方米计量，按设计图示尺寸以体积计算	1. 台柜制作、运输、安装(安放) 2. 刷防护材料、油漆 3. 五金件安装
011501002	酒柜				
011501003	衣柜				
011501004	存包柜				
011501005	鞋柜				
011501006	书柜				
011501007	厨房壁柜				
011501008	木壁柜				
011501009	厨房低柜				
011501010	厨房吊柜				
011501011	矮柜				
011501012	吧台背柜				
011501013	酒吧吊柜				
011501014	酒吧台				
011501015	展台				
011501016	收银台				
011501017	试衣间				
011501018	货架				
011501019	书架				
011501020	服务台				

表 4-93　装饰线(编号：011502)

项目编码	项目名称	项目特征	计量单位	工程量计算规则	工作内容
011502001	金属装饰线				
011502002	木质装饰线				
011502003	石材装饰线	1. 基层类型 2. 线条材料品种、规格、颜色 3. 防护材料种类	m	按设计图示尺寸以长度计算	1. 线条制作、安装 2. 刷防护材料
011502004	石膏装饰线				
011502005	镜面玻璃线				
011502006	铝塑装饰线				
011502007	塑料装饰线				

表 4-94　扶手、栏杆、栏板装饰(编码：011503)

项目编码	项目名称	项目特征	计量单位	工程量计算规则	工作内容
011503001	金属扶手、栏杆、栏板	1. 扶手材料种类、规格 2. 栏杆材料种类、规格 3. 栏板材料种类、规格、颜色 4. 固定配件种类 5. 防护材料种类			
011503002	硬木扶手、栏杆、栏板				
011503003	塑料扶手、栏杆、栏板				
011503004	GRC栏杆、扶手	1. 栏杆的规格 2. 安装间距 3. 扶手类型规格 4. 填充材料种类	m	按设计图示以扶手中心线长度(包括弯头长度)计算	1. 制作 2. 运输 3. 安装 4. 刷防护材料
011503005	金属靠墙扶手	1. 扶手材料种类、规格 2. 固定配件种类 3. 防护材料种类			
011503006	硬木靠墙扶手				
011503007	塑料靠墙扶手				
011503008	玻璃栏板	1. 栏杆玻璃的种类、规格、颜色 2. 固定方式 3. 固定配件种类			

表 4-95　招牌、灯箱(编号：011507)

项目编码	项目名称	项目特征	计量单位	工程量计算规则	工作内容
011507001	平面、箱式招牌	1. 箱体规格 2. 基层材料种类 3. 面层材料种类 4. 防护材料种类	m²	按设计图示尺寸以正立面边框外围面积计算。复杂形的凹凸造型部分不增加面积	1. 基层安装 2. 箱体及支架制作、运输、安装 3. 面层制作、安装 4. 刷防护材料、油漆
011507002	竖式标箱		个	按设计图示数量计算	
011507003	灯箱				

表 4-96　美术字(编号：011508)

项目编码	项目名称	项目特征	计量单位	工程量计算规则	工作内容
011508001	泡沫塑料字	1. 基层类型 2. 镂字材料品种、颜色 3. 字体规格 4. 固定方式 5. 油漆品种、刷漆遍数	个	按设计图示数量计算	1. 字制作、运输、安装 2. 刷油漆
011508002	有机玻璃字				
011508003	木质字				
011508004	金属字				
011508005	吸塑字				

4.16 脚手架工程

4.16.1 定额工程量计算规则

(1)脚手架工程定额说明。

1)凡砖石砌体、现浇钢筋混凝土墙、贮水(油)池、贮仓、设备基础、独立柱等高度超过 1.2 m，均需计算脚手架。

2)定额中分别列有钢管脚手架和毛竹脚手架，实际使用哪种架子，即套用相应的定额子目。

3)外脚手架定额中均综合了上料平台、护卫栏杆等。24 m 以内外架还综合了斜道的工料。

4)烟囱脚手架综合了垂直运输架、斜道、缆风绳、地锚等。

5)水塔脚手架按相应的烟囱脚手架人工乘以系数1.11，其他不变。

6)架空运输道，以架宽2m为准，如架宽超过2m时，应按相应项目乘以系数1.2，超过3m时，按相应项目乘以系数1.5。

7)装饰装修脚手架包括满堂脚手架、外脚手架、内墙面粉饰脚手架。

（2）脚手架工程工程量计算规则。

1)脚手架工程一般计算规则。

①建筑物外墙脚手架以檐高（设计室外地坪至檐口滴水高度）划分。毛竹架：檐高在7m以内时，按单排外架计算；外墙檐高超过7m时按双排外架计算。钢管架：檐高在15m以内时，按单排外架计算；檐高超过15m时，按双排外架计算。檐高虽未超过7m或15m，但外墙门窗及装饰面积超过外墙表面积60％以上时，均按双排脚手架计算。

②建筑物内墙脚手架，内墙砌筑高度（凡设计室内地面或楼板面至上层楼板或顶板下表面或山墙高度的1/2处）在3.6m以内的，按里脚手架计算；砌筑高度超过3.6m时，按其高度的不同分别套用相应单排或双排外脚手架计算。

③计算内、外脚手架时，均不扣除门、窗洞口、空圈洞口等所占的面积。

④同一建筑物高度不同时，应按不同高度分别计算（不同高度的划分是指建筑物的垂直方向划分）。

⑤围墙脚手架，凡室外自然地坪至围墙顶面的砌筑高度在3.6m以下的，按里脚手架计算；砌筑高度超过3.6m以上时，按相应单排脚手架计算。

⑥滑升模板施工的钢筋混凝土烟囱、筒仓，不另计算脚手架。

⑦砌筑贮仓、贮水（油）池、设备基础，按双排外脚手架计算。

⑧满堂基础以及带形基础底宽超过3m，柱基、设备基础底面面积超过20 m²按底板面积计算满堂脚手架。

2)砌筑脚手架计算规则。

①外脚手架按外墙外边线长度乘以外墙砌筑高度以平方米计算，凸出墙外宽度在24 cm以内的墙垛、附墙烟囱等不计算脚手架；宽度超过24 cm以外时，按图示尺寸展开计算，并入外脚手架工程量内。外墙砌筑高度是指设计室外地面至砌体顶面的高度，山墙为1/2高。

②里脚手架按墙面垂直投影面积计算。

③独立柱按图示柱结构外围周长另加3.6m乘以砌筑高度以平方米计算，套用相应双排外脚手架定额。柱砌筑高度是指设计室外地面或楼板面至上层楼板顶面的距离。

3)现浇钢筋混凝土脚手架计算规则。

①现浇钢筋混凝土独立柱，按柱图示周长另加3.6m乘以柱高以平方米计算，套用相应双排外脚手架定额。柱高是指设计室外地面或楼板面至上层楼板顶面的距离。建筑物周边的框架边柱不计算脚手架。

②现浇钢筋混凝土单梁、连续梁、墙，按设计室外地面或楼板上表面至楼板底之间的高度乘以梁、墙净长以平方米计算，套用相应双排外脚手架定额。

③室外楼梯按楼梯垂直投影长边的一边长度乘以楼梯总高度套相应双排外脚手架定额。

④挑出外墙面在 1.2 m 以上的阳台、雨篷，可按顺墙方向长度计算挑脚手架。

4)装饰装修脚手架计算规则。

①满堂脚手架，按实际搭设的水平投影面积计算，不扣除附墙柱、柱所占的面积，其基本层高以 3.6 m 以上至 5.2 m 为准。凡超过 3.6 m、在 5.2 m 以内的天棚抹灰及装饰，应计算满堂脚手架基本层；层高超过 5.2 m，每增加 1.2 m 计算一个增加层，增加层的层数＝(层高－5.2 m)÷1.2 m，按四舍五入取整数。室内凡计算了满堂脚手架者，其内墙面粉饰不再计算粉饰架，只按每 100 m² 墙面垂直投影面积增加改架工 1.28 工日。

②装饰装修外脚手架，按外墙的外边线长乘以墙高以平方米计算，不扣除门窗洞口的面积。同一建筑物各面墙的高度不同，且不在同一定额步距内时，应分别计算工程量。定额中所指的高度，是指建筑物自设计室外地坪至外墙顶点或构筑物顶面的高度。

③独立柱按柱周长增加 3.6 m 乘以柱高套用装饰装修外脚手架相应高度的定额。

④内墙面粉饰脚手架均按内墙面垂直投影面积计算，不扣除门窗洞口的面积。

⑤高度超过 3.6 m 的喷浆，每 100 m² 按 50 元包干使用。

5)其他脚手架计算规则。

①烟囱、水塔脚手架，区别不同搭设高度，以座计算。

②电梯井脚手架，按单孔以座计算。

③架空运输脚手架，按搭设长度以延长米计算。

④斜道区别不同高度以座计算。

⑤砌筑贮仓脚手架，不分单筒或贮仓组均按贮仓外边线周长乘以设计室外地面至贮仓上口之间高度，以平方米计算。

⑥贮水(油)池脚手架，按外壁周长乘以室外地面至池壁顶面之间高度，以平方米计算。

⑦设备基础(块体)脚手架，按其外形周长乘以地坪至外形顶面边线之间高度，以平方米计算。

4.16.2　清单工程量计算规则

(1)"13 计算规范"的相关解释说明。"13 计算规范"对脚手架工程主要有以下相关解释说明：

1)使用综合脚手架时，不再使用外脚手架、里脚手架等单项脚手架；综合脚手架适用于能够按"建筑面积计算规则"计算建筑面积的建筑工程脚手架，不适用于房屋加层、构筑物及附属工程脚手架。

2)同一建筑物有不同檐高时，按建筑物竖向切面分别按不同檐高编列清单项目。

3)整体提升架已包括 2 m 高的防护架体设施。

4)脚手架材质可以不描述，但应注明由投标人根据工程实际情况按照《建筑施工扣件式钢管脚手架安全技术规范》(JGJ 130)、《建筑施工附着升降脚手架管理暂行规定》(建建〔2000〕230 号)等规范自行确定。

(2)清单工程量计算规则。在"13 计算规范"附录 S(措施项目)中，对脚手架工程工程量清单的项目设置、项目特征描述的内容、计量单位及工程量计算规则等作出了详细的规定。表 4-97 列出了常用项目的相关内容。

表 4-97　脚手架工程(编码：011701)

项目编码	项目名称	项目特征	计量单位	工程量计算规则	工作内容
011701001	综合脚手架	1. 建筑结构形式 2. 檐口高度	m²	按建筑面积计算	1. 场内、场外材料搬运 2. 搭、拆脚手架、斜道、上料平台 3. 安全网的铺设 4. 选择附墙点与主体连接 5. 测试电动装置、安全锁等 6. 拆除脚手架后材料的堆放
011701002	外脚手架	1. 搭设方式 2. 搭设高度 3. 脚手架材质	m	按所服务对象的垂直投影面积计算	1. 场内、场外材料搬运 2. 搭、拆脚手架、斜道、上料平台 3. 安全网的铺设 4. 拆除脚手架后材料的堆放
011701003	里脚手架				
011701004	悬空脚手架	1. 搭设方式 2. 悬挑宽度 3. 脚手架材质		按搭设的水平投影面积计算	
011701005	挑脚手架			按搭设长度乘以搭设层数以延长米计算	
011701006	满堂脚手架	1. 搭设方式 2. 搭设高度 3. 脚手架材质		按搭设的水平投影面积计算	
011701007	整体提升架	1. 搭设方式及启动装置 2. 搭设高度	m²	按所服务对象的垂直投影面积计算	1. 场内、场外材料搬运 2. 选择附墙点与主体连接 3. 搭、拆脚手架、斜道、上料平台 4. 安全网的铺设 5. 测试电动装置、安全锁等 6. 拆除脚手架后材料的堆放
011701008	外装饰吊篮	1. 升降方式及启动装置 2. 搭设高度及吊篮型号		按所服务对象的垂直投影面积计算	1. 场内、场外材料搬运 2. 吊篮的安装 3. 测试电动装置、安全锁、平衡控制器等 4. 吊篮的拆卸

4.16.3 例题解析

【例4-25】 试分别计算附录"××办公楼"工程中外墙砌筑脚手架的定额和清单工程量。

解：（1）定额工程量计算。

定额工程量=(36+0.2+14.1+0.2+0.9)×2×(0.45+11.4+0.9)=1 310.7(m²)

（2）清单工程量计算。

清单工程量=定额工程量=1 310.7 m²

【例4-26】 试分别计算附录"××办公楼"工程中首层②～③轴和Ⓑ～Ⓒ轴之间房间的满堂脚手架的定额和清单工程量。

解：（1）定额工程量计算。

定额工程量=(5.1-0.1×2)×(3.6-0.1×2)=16.66(m²)

（2）清单工程量计算。

清单工程量=定额工程量=16.66 m²

4.17 混凝土模板及支架（撑）工程

4.17.1 定额工程量计算规则

（1）混凝土模板及支架（撑）工程定额说明。

1）现浇混凝土模板按不同构件，分别以组合钢模板、钢支撑或木支撑，九夹板模板、钢支撑或木支撑，木模板、木支撑配制。使用其他模板时，可以编制补充单位估价表。

2）一个工程使用不同模板时，以一个构件为准计算工程量及套用定额。如同一构件使用两种模板，则以与混凝土接触面积大的模板套用定额。

3）预制钢筋混凝土模板，是按不同构件分别以组合钢模板、九夹板模板、木模板、定型钢模、长线台钢拉模，并配制相应的砖地模、砖胎模、混凝土地模、长线台混凝土地模编制的。使用其他模板时，可以编制补充单位基价表。

4）模板工作内容包括清理、场内运输、安装、刷隔离剂、浇灌混凝土时模板维护、拆模、集中堆放、场外运输。木模板包括制作（预制包括刨光，现浇不刨光），组合钢模板、九夹板模板包括装箱。

5）现浇混凝土梁、板、柱、墙是按支模高度（地面至板底或板面至板底）3.6 m编制的，超过3.6 m时，按超过部分工程量另计支撑超高增加费。

6）用钢滑升模板施工的烟囱、水塔及贮仓是按无井架施工计算的，并综合了操作平台，不再计算脚手架及竖井架。

7）用钢滑升模板施工的烟囱、水塔、提升模板使用的钢爬杆用量是按100%摊销计算的，贮仓是按50%摊销计算的，设计要求不同时，另行换算。

8)倒锥壳水塔塔身钢滑升模板项目，也适用于一般水塔塔身滑升模板工程。

9)烟囱钢滑升模板项目均包括烟囱筒身、牛腿、烟道口；水塔钢滑升模板均已包括直筒、门窗洞口等模板用量。

10)整板基础、带形基础的反梁、基础梁或地下室墙侧面的模板用砖侧模时，可按砖基础计算，同时不计算相应面积的模板费用。

11)钢筋混凝土墙及高度大于700 mm的深梁模板的固定，若审定的施工组织设计采用对拉螺栓时，可按实计算。

12)钢筋混凝土后浇带按相应定额子目中模板人工乘以系数1.2；模板用量及钢筋支撑乘以系数1.5。

13)坡屋面坡度大于等于1/4(26°34′)时，套相应的定额子目但子目中人工乘以系数1.15，模板用量及钢支撑乘以系数1.30。

(2)混凝土模板及支架(撑)工程工程量计算规则。

1)现浇混凝土及钢筋混凝土模板工程量，按以下规定计算：

①现浇混凝土及钢筋混凝土模板工程量，除另有规定者外，均应区别模板的不同材质，按混凝土与模板接触面的面积，以平方米计算。

②现浇钢筋混凝土柱、梁、板、墙的支模高度，即室外地坪至板底(梁底)或板面(梁面)至板底(梁底)之间的高度以3.6 m以内为准，超过3.6 m以上部分，另按超过部分每增高1 m增加支撑工程量。不足0.5 m时不计，超过0.5 m按1 m计算。

③现浇钢筋混凝土墙、板上单孔面积在0.3 m²以内的孔洞，不予扣除，洞侧壁模板也不增加，但凸出墙、板面的混凝土模板应相应增加；单孔面积在0.3 m²以外时，应予扣除，洞侧壁模板并入墙、板模板工程量内计算。

④柱与梁、柱与墙、梁与梁等连接的重叠部分以及伸入墙内的梁头、板头部分，均不计算模板面积。

⑤构造柱均按图示外露部分计算模板面积。留马牙槎的按最宽面计算模板宽度。构造柱与墙接触面不计算模板面积。

⑥现浇钢筋混凝土阳台、雨篷，按图示外挑部分尺寸的水平投影面积计算。挑出墙外的牛腿梁及板边模板不另计算。雨篷的翻边按展开面积并入雨篷内计算。

⑦现浇钢筋混凝土楼梯，以图示露明面尺寸的水平投影面积计算，不扣除宽度小于500 mm楼梯井所占面积。楼梯的踏步、踏步板、平台梁等侧面模板，不另计算。楼梯和楼面相连时，以楼梯梁外边为界。

⑧混凝土台阶不包括梯带，按图示台阶尺寸的水平投影面积计算，台阶端头两侧不另计算模板面积。

⑨现浇混凝土小型池槽按构件外围体积计算，池槽内、外侧及底部模板不另计算。

⑩混凝土扶手按延长米计算。

2)预制钢筋混凝土构件模板工程量按以下规定计算：

①预制钢筋混凝土构件模板工程量，除另有规定者外，均按混凝土实体积以立方米计算。混凝土地模已包括在定额中，不另行计算。空腹构件应扣除空腹体积。

②预制桩的体积，按设计全长乘以桩的截面面积计算(不扣除桩尖虚体积)。但预制桩尖应按虚体积计算。

③小型池槽按外形体积以立方米计算。

3)构筑物模板工程量按以下规定计算：

①构筑物的模板工程量，除另有规定者外，区别现浇、预制和构件类别，分别按现浇及预制钢筋混凝土构件模板工程量有关规定计算。

②液压滑升模板施工的烟囱、水塔塔身、贮仓及预制倒圆锥形水塔罐壳模板等均按混凝土体积，以立方米计算。

③大型池槽等分别按基础、墙、板、梁、柱等有关规定计算并套相应定额项目。

4.17.2 清单工程量计算规则

(1)"13计算规范"的相关解释说明。"13计算规范"对混凝土模板及支架(撑)工程主要有以下相关解释说明：

1)原槽浇灌的混凝土基础、垫层，不计算模板。

2)混凝土模板及支撑(架)项目，只适用于以平方米计量，按模板与混凝土构件的接触面积计算。以"立方米"计量的模板及支撑(支架)，按混凝土及钢筋混凝土实体项目执行，综合单价中应包含模板及支架。

3)采用清水模板时，应在特征中注明。

4)若现浇混凝土梁、板支撑高度超过3.6 m时，项目特征应描述支撑高度。

(2)清单工程量计算规则。在"13计算规范"附录S(措施项目)中，对混凝土模板及支架(撑)工程量清单的项目设置、项目特征描述的内容、计量单位及工程量计算规则等作出了详细的规定。表4-98列出了常用项目的相关内容。

表4-98　混凝土模板及支架(撑)(编号：011702)

项目编码	项目名称	项目特征	计量单位	工程量计算规则	工作内容
011702001	基础	基础类型	m²	按模板与现浇混凝土构件的接触面积计算 1. 现浇钢筋混凝土墙、板单孔面积≤0.3 m²的孔洞不予扣除，洞侧壁模板亦不增加；单孔面积>0.3 m²时应予扣除，洞侧壁模板面积并入墙、板工程量内计算 2. 现浇框架分别按梁、板、柱有关规定计算；附墙柱、暗梁、暗柱并入墙内工程量内计算 3. 柱、梁、墙、板相互连接的重叠部分，均不计算模板面积 4. 构造柱按图示外露部分计算模板面积	1. 模板制作 2. 模板安装、拆除、整理堆放及场内外运输 3. 清理模板粘结物及模内杂物、刷隔离剂等
011702002	矩形柱				
011702003	构造柱				
011702004	异形柱	柱截面形状			
011702005	基础梁	梁截面形状			
011702006	矩形梁	支撑高度			
011702007	异形梁	1. 梁截面形状 2. 支撑高度			
011702008	圈梁				
011702009	过梁				
011702010	弧形、拱形梁	1. 梁截面形状 2. 支撑高度			

项目编码	项目名称	项目特征	计量单位	工程量计算规则	工作内容
011702011	直形墙			按模板与现浇混凝土构件的接触面积计算	
011702012	弧形墙			1. 现浇钢筋混凝土墙、板单孔面积≤0.3 m²的孔洞不予扣除，洞侧壁模板亦不增加；单孔面积>0.3 m²时应予扣除，洞侧壁模板面积并入墙、板工程量内计算	
011702013	短肢剪力墙、电梯井壁				
011702014	有梁板				
011702015	无梁板				
011702016	平板				
011702017	拱板	支撑高度		2. 现浇框架分别按梁、板、柱有关规定计算；附墙柱、暗梁、暗柱并入墙内工程量内计算	
011702018	薄壳板			3. 柱、梁、墙、板相互连接的重叠部分，均不计算模板面积	
011702019	空心板				
011702020	其他板			4. 构造柱按图示外露部分计算模板面积	
011702021	栏板				
011702022	天沟、檐沟	构件类型		按模板与现浇混凝土构件的接触面积计算	
011702023	雨篷、悬挑板、阳台板	1. 构件类型 2. 板厚度		按图示外挑部分尺寸的水平投影面积计算，挑出墙外的悬臂梁及板边不另计算	1. 模板制作 2. 模板安装、拆除、整理堆放及场内外运输 3. 清理模板粘结物及模内杂物、刷隔离剂等
011702024	楼梯	类型	m²	按楼梯（包括休息平台、平台梁、斜梁和楼层板的连接梁）的水平投影面积计算，不扣除宽度≤500 mm的楼梯井所占面积，楼梯踏步、踏步板、平台梁等侧面模板不另计算，伸入墙内部分亦不增加	
011702025	其他现浇构件	构件类型		按模板与现浇混凝土构件的接触面积计算	
011702026	电缆沟、地沟	1. 沟类型 2. 沟截面		按模板与电缆沟、地沟接触的面积计算	
011702027	台阶	台阶踏步宽		按图示台阶水平投影面积计算，台阶端头两侧不另计算模板面积。架空式混凝土台阶，按现浇楼梯计算	
011702028	扶手	扶手断面尺寸		按模板与扶手的接触面积计算	
011702029	散水			按模板与散水的接触面积计算	
011702030	后浇带	后浇带部位		按模板与后浇带的接触面积计算	
011702031	化粪池	1. 化粪池部位 2. 化粪池规格		按模板与混凝土接触面积计算	
011702032	检查井	1. 检查井部位 2. 检查井规格			

4.17.3　例题解析

【例 4-27】　试分别计算附录"××办公楼"工程中①轴与Ⓐ轴相交处独立基础模板的定额和清单工程量。

解：(1)定额工程量计算

定额工程量＝(2.5＋1.5)×4×0.3＝4.8(m²)

(2)清单工程量计算

清单工程量＝定额工程量＝4.8 m²

【例 4-28】　试分别计算附录"××办公楼"工程中①轴与Ⓐ轴相交处框架柱模板的定额和清单工程量。

解：(1)定额工程量计算。

定额工程量＝(0.35＋0.5)×2×(0.9＋11.3)－0.2×0.7×2×3－(0.35＋0.5－0.2×2)×0.1×3＝19.77(m²)

因首层层高 4.2 m＞3.6 m，需计算超高模板支撑工程量。

超高模板支撑工程量＝(0.35＋0.5)×2×(4.1＋0.45－3.6)－0.2×0.7×2－(0.35＋0.5－0.2×2)×0.1＝1.29(m²)

(2)清单工程量计算。

清单工程量＝定额工程量＝19.77 m²

4.18　垂 直 运 输 工 程

4.18.1　定额工程量计算规则

(1)垂直运输工程定额说明。

1)建筑物垂直运输。

①檐高是指设计室外地坪至檐口的滴水高度，凸出主体建筑屋顶的楼梯间、电梯间、屋顶水箱间、屋面天窗等不计入檐口高度之内。层数是指建筑物地面以上部分的层数，凸出主体建筑屋顶的楼梯间、电梯间、水箱间等不计算层数。

②定额工作内容，包括单位工程在合理工期内完成主体结构全部工程项目(包括屋面保温防水)所需的垂直运输机械台班，不包括机械的场外运输、一次安拆及路基铺垫和轨道铺拆等费用。

③同一建筑物多种用途(或多种结构)，按不同用途(或结构)分别计算建筑面积，并均以该建筑物总高度为准，分别套用各自相应的定额。当上层建筑面积小于下层建筑面积的50％时，应垂直分割为两部分，按不同高度的定额子目分别计算。

④定额中现浇框架是指柱、梁全部为现浇的钢筋混凝土框架结构，如部分现浇(柱、梁

中有一项现浇)时按现浇框架定额乘以系数 0.96，如楼板也为现浇混凝土时，按现浇框架定额乘以系数 1.04。

⑤预制钢筋混凝土柱、钢屋架的单层厂房按预制排架定额计算。

⑥单身宿舍按住宅定额乘以系数 0.9。

⑦定额是按一类厂房为准编制的，二类厂房定额乘以系数 1.14。厂房分类如下：

一类厂房是指机加工、机修、五金、缝纫、一般纺织(粗纺、制条、洗毛等)及无特殊要求的车间。

二类厂房是指厂房内设备基础及工艺要求较复杂、建筑设备或建筑标准较高的车间，如铸造、锻压，电镀、酸碱、电子、仪表、手表、电视、医药、食品等车间。

建筑标准较高的车间是指车间有吊顶或油漆的天棚、内墙面贴墙纸(布)或油漆墙面、水磨石地面三项。其中一项所占建筑面积达到全车间建筑面积的 50% 及以上者，即为建筑标准较高的车间。

⑧服务用房是指城镇、街道、居民区具有较小规模综合服务功能的设施，其建筑面积不超过 1 000 m²，层数不超过三层的建筑，如副食品、百货、餐饮店等。

⑨檐高在 3.6 m 以内的单层建筑，不计算垂直运输机械台班。

⑩定额项目的划分是以建筑物檐高和层数两个指标界定的，只要有一个指标达到定额规定，即可套用定额项目。

2)构筑物垂直运输。构筑物的高度是指设计室外地坪至构筑物的顶面高度。凸出构筑物主体的机房等高度，不计入构筑物高度内。

(2)垂直运输工程工程量计算规则。

1)建筑物垂直运输机械台班，区分不同建筑物的结构类型及高度按建筑面积以平方米计算。建筑面积按建筑面积计算规则计算。

2)构筑物垂直运输机械台班以座计算。超过规定高度时再按每增高 1 m 定额项目计算，其高度不足 1 m 时，按 1 m 计算。

4.18.2 清单工程量计算规则

(1)"13 计算规范"的相关解释说明。"13 计算规范"对垂直运输主要有以下相关解释说明。

1)建筑物的檐口高度是指设计室外地坪至檐口滴水的高度(平屋顶是指屋面板底高度)，凸出主体建筑物屋顶的电梯机房、楼梯出口间、水箱间、瞭望塔、排烟机房等不计入檐口高度。

2)垂直运输机械是指施工工程在合理工期内所需垂直运输机械。

3)同一建筑物有不同檐高时，按建筑物的不同檐高做纵向分割，分别计算建筑面积，以不同檐高分别编码列项。

(2)清单工程量计算规则。在"13 计算规范"附录 S(措施项目)中，对垂直运输工程量清单的项目设置、项目特征描述的内容、计量单位及工程量计算规则等作出了详细的规定。表 4-99 列出了常用项目的相关内容。

表 4-99　垂直运输(011703)

项目编码	项目名称	项目特征	计量单位	工程量计算规则	工作内容
011703001	垂直运输	1. 建筑物建筑类型及结构形式 2. 地下室建筑面积 3. 建筑物檐口高度、层数	1. m² 2. 天	1. 按建筑面积计算 2. 按施工工期日历天数计算	1. 垂直运输机械的固定装置、基础制作、安装 2. 行走式垂直运输机械轨道的铺设、拆除、摊销

4.19 超高施工增加工程

4.19.1 定额工程量计算规则

(1)超高施工增加工程定额说明。

1)定额适用于建筑物檐高 20 m(层数 6 层)以上的工程。当檐高或层数两者之一符合定额规定时,即可套用相应定额子目。

2)檐高是指设计室外地坪到檐口的高度。凸出主体建筑屋顶的楼梯间、电梯间、屋顶水箱间、屋面天窗等不计入檐高之内。

3)层数是指建筑物地面以上部分的层数。凸出主体建筑屋顶的楼梯间、电梯间、水箱间等不计算层数。

4)同一建筑物高度不同时,按不同高度的定额子目分别计算。

5)建筑物超高增加费的内容包括人工降效、其他机械降效、用水加压等费用。

6)吊装机械降效费按吊装项目中的全部机械费用乘以表 4-100 中规定的定额系数计算。

表 4-100　吊装机械降效费定额系数

檐高	30 m以内	40 m以内	50 m以内	60 m以内	70 m以内	80 m以内	90 m以内	100 m以内	110 m以内	120 m以内
降效系数	0.076 7	0.150 0	0.222 0	0.340 0	0.464 3	0.592 5	0.723 3	0.856 0	0.990 0	1.125 0

(2)超高施工增加工程工程量计算规则。

1)建筑物超高增加费以超过檐高 20 m 以上(6 层)的建筑面积以平方米计算。

2)超高部分的建筑面积按建筑面积计算规则的规定计算。

6 层以上的建筑物,有自然层分界(层高在 3.3 m 以内时)的按自然层计算超高部分的建筑面积;无自然层分界的单层建筑物和层高较高的多层或高层建筑物,总高度超过 20 m

时，其超过部分可按每 3.3 m 高折算为一层计算超过部分的建筑面积。高度折算后的余量大于等于 2 m 时，可增加一层计算超高建筑面积，不足 2 m 时不计。

3)构件吊装工程的吊装机械超高降效费按本定额第六章吊装项目中的全部机械费计算，套用相应檐高的降效系数。

4.19.2 清单工程量计算规则

(1)"13 计算规范"的相关解释说明。"13 计算规范"对超高施工增加主要有以下相关解释说明。

1)单层建筑物檐口高度超过 20 m，多层建筑物超过 6 层时，可按超高部分的建筑面积计算超高施工增加。计算层数时，地下室不计入层数。

2)同一建筑物有不同檐高时，可按不同高度的建筑面积分别计算建筑面积，以不同檐高分别编码列项。

(2)清单工程量计算规则。

在"13 计算规范"附录 S(措施项目)中，对超高施工增加工程量清单的项目设置、项目特征描述的内容、计量单位及工程量计算规则等作出了详细的规定。表 4-101 列出了常用项目的相关内容。

表 4-101　超高施工增加(编号：011704)

项目编码	项目名称	项目特征	计量单位	工程量计算规则	工作内容
011704001	超高施工增加	1. 建筑物建筑类型及结构形式 2. 建筑物檐口高度、层数 3. 单层建筑物檐口高度超过 20 m，多层建筑物超过 6 层部分的建筑面积	m²	按建筑物超高部分的建筑面积计算	1. 建筑物超高引起的人工工效降低以及由于人工工效降低引起的机械降效 2. 高层施工用水加压水泵的安装、拆除及工作台班 3. 通信联络设备的使用及摊销

4.20 常用大型机械安拆和场外运输费用表

4.20.1 定额工程量计算规则

(1)常用大型机械安拆和场外运输费定额说明。

1)轨道铺拆费用表。

①轨道铺拆以直线形为准，如铺设弧线形时，乘以系数 1.15 计算。

②定额不包括：轨道和枕木之间增加其他型钢或钢板的轨道、自升塔式起重机行走轨道、自升塔式起重机固定式基础，施工电梯和混凝土搅拌站的基础等。应按"建筑定额"中有关规定计算。

2)特、大型机械每安装、拆卸一次费用表。

①安拆费中已包括机械安装完毕后的试运转费用。

②自升式塔式起重机的安拆费是以塔高 45 m 确定的，如塔高超过 45 m 时，每增高 10 m，安拆费增加 20%，其增高部分的折旧费按相应定额子目折旧费的 5% 计算，并入台班基价中。

3)特、大型机械场外运输费用表。

①本表费用已包括机械的回程费用。

②凡利用自身行走装置转移的大型机械场外运输费用按下列规定计算：

履带式行走装置者：2 km 以内按 0.5 台班，5 km 以内按 1 台班计算；

轮胎式行走装置者：5 km 以内按 0.5 台班，10 km 以内按 1 台班，25 km 以内按 2 个台班计算；

汽车式行走装置者：10 km 以内按 0.5 台班，25 km 以内按 1 台班计算。

③本表除列运距 25 km 以内的机械进出场费用外，还列有运距 25 km 以外 50 km 以内每增加 1 km 的进出场费用。超过 50 km 以上，每增加 1 km 的费用计算，是指运距 50 km 以上而发生的费用，则每增加 1 km 的费用按定额中机械进(退)场费每增加 1 km 费用乘以系数 1.2。

④大型机械场外运输费、安装拆卸费用中未包括：

a. 有公安、交通部门的保安护送费用；

b. 路桥(涵)限载发生的加固和通行损失费用；

c. 道路临时拓宽和必须占用道路的费用；

d. 水运及铁路运输费用；

e. 过路、过桥、过渡等费用。

以上 5 项未包括的费用发生时，按实签证，计入机械台班使用费。

(2)常用大型机械安拆和场外运输费工程量计算规则。常用大型机械安拆和场外运输费按使用机械设备的数量计算。

4.20.2 清单工程量计算规则

在"13 计算规范"附录 S(措施项目)中，对大型机械设备进出场及安拆工程量清单的项目设置、项目特征描述的内容、计量单位及工程量计算规则等作出了详细的规定。表 4-102 列出了常用项目的相关内容。

表 4-102　大型机械设备进出场及安拆(编号：011705)

项目编码	项目名称	项目特征	计量单位	工程量计算规则	工作内容
011705001	大型机械设备进出场及安拆	1. 机械设备名称 2. 机械设备规格型号	台次	按使用机械设备的数量计算	1. 安拆费包括施工机械、设备在现场进行安装拆卸所需人工、材料、机械和试运转费用以及机械辅助设施的折旧、搭设、拆除等费用 2. 进出场费包括施工机械、设备整体或分体自停放地点运至施工现场或由一施工地点运至另一施工地点所发生的运输、装卸、辅助材料等费用

本章小结

建筑工程工程量计算是工程计价的基础工作，直接决定了工程造价的准确性。

首先，介绍了工程量计算的原理和方法，重点介绍了工程量计算的依据、工程量计算的一般方法、工程量清单的组成及其编制方法。

其次，重点介绍了各分部分项工程的定额说明、定额工程量计算规则、清单说明和清单工程量计算规则，对各分部分项工程工程量计算过程中应注意问题进行了详细介绍。

思考题

(1)工程量计算的依据有哪些？

(2)什么是工程量清单、招标工程量清单和已标价工程量清单？

(3)"13 计价规范"对工程量清单编制有哪些规定？

(4)工程量清单的编制程序有哪些步骤？

(5)分部分项工程项目清单有哪些内容构成？应如何编制？

(6)措施项目包括哪两类？应如何编制？

(7)其他项目清单包括哪些内容？应如何编制？

(8)简述平整场地、挖沟槽、挖基坑和挖一般土方的定额和清单工程量计算规则。

(9)简述砖基础和墙身的分界线。

(10)砖砌体外墙和内墙的高度如何确定？

(11)简述现浇混凝土柱高和梁长的确定方法。

(12)简述屋面保温层面积的计算范围。

(13)现浇混凝土楼梯分别应计算哪些定额工程量和清单工程量?

(14)在定额和清单工程量计算规则中内墙抹灰高度应如何确定?

(15)可计算工程量的措施项目有哪些?

第5章　建筑工程计价

学习要求

（1）掌握施工图预算的概念，熟悉施工图预算的作用；

（2）掌握施工图预算的编制方法和步骤；

（3）掌握"13计价规范"对工程量清单计价的一般规定；

（4）掌握分部分项工程及单价措施项目综合单价的编制方法；

（5）熟悉招标控制价、投标报价的编制；

（6）了解工程造价鉴定、工程计价资料与归档，以及工程量清单计价表格的组成和使用。

5.1　定额计价模式下施工图预算的编制方法

5.1.1　施工图预算概述

（1）施工图预算的概念。施工图预算也称为设计预算，是指在施工图纸设计完成后，工程开工前，根据施工图设计图纸、现行预算定额、费用定额以及地区设备、材料、人工、施工机械台班预算价格、施工组织设计等编制和确定的建筑安装工程造价的文件。

（2）施工图预算的分类。

1）按编制范围不同，施工图预算可分为单位工程预算、单项工程预算和建设项目总预算。

2）按专业不同，施工图预算可分为房屋建筑与装饰工程、仿古建筑工程、通用安装工程、市政工程、园林绿化工程、矿山工程、构筑物工程、城市轨道交通工程和爆破工程施工图预算。

（3）施工图预算的作用。

1）施工图预算对建设单位的作用。

①施工图预算是确定工程招标控制价的依据。招标控制价通常是在施工图预算的基础上考虑工程的特殊施工措施、工程质量要求、目标工期、招标工程范围以及自然条件等因素进行编制的。

②施工图预算是控制造价及资金合理使用的依据。施工图预算确定的预算造价是工程的计划成本，建设单位按该计划成本筹集建设资金，并控制资金的合理使用。

③施工图预算是拨付进度工程款及办理结算的依据。施工单位根据已会审的施工图，编制施工图预算送交建设单位审核。审核后的施工图预算就是建设单位和施工单位竣工时双方结算工程费用的依据。

2）施工图预算对施工单位的作用。

①施工图预算是施工单位进行施工准备的依据。施工单位各职能部门可根据施工图预算编制劳动力供应计划和材料供应计划，并由此做好施工前的准备工作。

②施工图预算是确定投标报价的参考依据。在投标过程中，由于竞争激烈，施工单位需要根据施工图预算，结合企业的投标策略，确定投标报价。

③施工图预算是建筑工程预算包干的依据和签订施工合同的主要内容。在采用总价合同的情况下，施工单位通过与建设单位的协商，可在施工图预算的基础上考虑相关风险因素，增加一定系数作为工程造价一次性包干。在签订施工合同时，其中的工程价款的相关条款也必须以施工图预算为依据。

④施工图预算是控制工程成本的依据。根据施工图预算确定的中标价格是施工单位收取工程款的依据。施工单位只有合理利用各项资源，采取先进技术和管理方法，将成本控制在施工图预算价格以内，才会获得良好的经济效益。

⑤施工企业可以通过施工图预算和施工预算的对比分析，找出差距，采取必要的措施。

3）施工图预算对其他方面的作用。

①施工图预算是工程造价管理部门监督检查执行定额标准、合理确定工程造价、测算造价指数及审定工程招标控制价的重要依据。

②工程咨询单位客观、准确地为委托方作出施工图预算，以帮助投资方实现对工程造价的控制，有利于节省投资，提高建设项目的投资效益。

5.1.2 施工图预算的编制依据、方法和步骤

（1）施工图预算的编制依据。

1）施工图纸及设计说明和标注图集。经审定的施工图纸、说明书和标准图集，完整地反映了工程的具体内容。各部的具体做法、结构尺寸、技术特征以及施工方法，是编制施工图预算的重要依据。

2）现行的预算定额和费用定额。各省、市、自治区颁发的现行预算定额和费用定额，是编制施工图预算时确定分项工程子目、计算工程量、计算相关费用的主要依据。

3）施工组织设计或施工方案。施工组织设计或施工方案是确定单位工程施工方法或主要技术措施以及施工现场平面布置的技术文件，该文件所确定的材料堆放地点、机械的选择、土方的运输工具及各种技术措施等，都是编制施工图预算不可缺少的依据。

4）人工、材料、机械台班预算价格及市场价格。人工、材料、机械台班预算价格是构成综合单价的主要因素。在市场经济条件下，人工、材料、机械台班的价格是随市场而变化的，为使预算造价尽可能符合实际，合理确定材料、人工、机械台班预算价格是编制施工图预算的重要依据。

5）甲乙双方签订的合同或协议。在甲乙双方签订的合同或协议中，明确规定了合同范围、部分材料的暂估价等重要信息，这是编制施工图预算必不可少的资料。

6）有关部门批准的拟建工程概算文件。

7）预算工作手册。预算工作手册是将常用的数据、计算公式和系数等资料汇编而成的手册，方便查用，可加快工程量计算速度。

（2）施工图预算的编制方法和步骤。根据原建设部 2001 年 12 月 1 日发布的第 107 号令《建筑工程施工发包与承包计价管理办法》第五条规定，施工图预算、招标控制价和投标报价由成本、利润和税金构成。发包价与承包价的计算方法可分为工科单价法和综合单价法。施工图预算的编制方法与发包和承包价的计算方法相同。

1）工料单价法。工料单价法是指分部分项工程单价为直接工程费单价。它是根据建筑安装工程施工图和预算定额，按分部分项的顺序，先算出分项工程量，然后再乘以对应的分项工程单价，求出分项工程直接工程费，将分项工程直接工程费汇总为单位工程直接工程费，直接工程费汇总后另加措施费、间接费、利润、税金生成工程承发包价。

按照分部分项工程单价产生的方法不同，工料单价法又可分为预算单价法和实物法。

①预算单价法。预算单价法编制施工图预算的基本步骤如下：

a. 编制前的准备工作，如熟悉施工图纸、熟悉预算定额、收集人工（材料、机械台班）的市场价格、了解施工组织设计资料和现场踏勘等。

b. 划分工程项目和计算工程量。工程量的计算在整个预算过程中是最重要、最繁重的一个环节，是预算工作中的主要部分，直接影响预算造价的准确性。

c. 套预算单价和计算直接工程费。核对工程量计算结果后，利用地区统一单位估价表中的分项工程预算单价，计算出各分项工程合价，汇总求出单位工程直接工程费。单位工程直接工程费计算公式如下：

$$单位工程直接工程费 = \sum 分项工程工程量 \times 相应的定额基价$$

d. 进行工料分析和价差调整。工料分析是根据各分部分项工程的实物工程量和预算定额中所列的用工及主要材料数量，计算各分部分项工程所需人工及材料数量，汇总后得出该单位工程所需各类人工、主要材料的数量。

$$单位工程人工（或某材料）消耗量 = \sum 某分项工程工程量 \times 相应的定额消耗量$$

工料分析结束后，再根据人工或材料的市场价可进行价差调整。价差调整的公式如下：

$$某材料价差 = 该材料消耗量 \times （该材料市场价 - 该材料定额价）$$

e. 按计价程序计取其他费用，并汇总造价。根据规定的税率、费率和相应的计价程序，分别计算措施费、间接费、利润和税金，将上述费用累计后与直接工程费进行汇总，求出单位工程预算造价。

f. 复核。复核的内容主要是核查分项工程项目有无漏项或重项；工程量计算公式和结果有无少算、多算或错算，套用定额基价、换算单价或补充单价是否选用合适；各项费用及取费标准是否符合规定，计算基础和计算结果是否正确。

g. 编写编制说明和封面，并装订。预算编制说明应包含的内容有：工程概况、编制依据、编制范围和编制过程中存在的问题等。

封面内容应填写工程名称、规模、总造价、单方造价、签字盖章等，预算装订顺序为封面、编制说明、取费表、预算表、价差汇总表、工料分析表、工程量计算表。

单价法具有计算简单、工作量较小、编制速度较快、便于工程造价管理部门集中统一管理的特点；但因其利用的定额基价只能反映单位估价表编制年份的价格水平，在市场价格波动较大的情况下，单价法的计算结果会偏离实际价格水平，需调价。

②实物法。实物法编制施工图预算的基本步骤如下：

a. 收集各种编制依据资料。

b. 熟悉施工图纸、定额，了解现场情况和施工组织设计资料。

c. 划分工程项目和计算工程量。

d. 进行工料分析。工料分析是根据各分部分项工程的实物工程量和预算定额中所列的用工及所有材料数量，计算各分部分项工程所需人工及材料数量，汇总后得出该单位工程所需各类人工、所有主要材料的数量。

e. 计算直接工程费。用当时当地的各类人工、材料和机械台班的实际单价分别乘以相应的人工、材料和机械台班的消耗量，并汇总得出单位工程的人工费、材料费和机械使用费。直接工程费的计算公式如下：

$$单位工程直接工程费 = \sum(分项工程工程量 \times 人工预算定额消耗量 \times 当时当地人工工资单价) + \sum(分项工程工程量 \times 材料预算定额消耗量 \times 当时当地材料预算单价) + \sum(分项工程工程量 \times 施工机械台班预算定额消耗量 \times 当时当地机械台班单价)$$

f. 按计价程序计取其他费用，并汇总造价。

g. 复核。

h. 编写编制说明和封面，并装订。

③工料单价法计价程序。工料单价法是以分部分项工程量乘以单价后的合计为直接工程费，直接工程费以人工、材料、机械的消耗量及其相应价格确定。直接工程费汇总后另加间接费、利润、税金生成工程发承包价，其计算程序分为以下三种：

a. 以直接费为计算基础，见表 5-1。

表 5-1　以直接费为计算基础的工料单价法的计价程序

序号	费用项目	计算方法	备注
1	直接工程费	按预算表	
2	措施费	按规定标准计算	
3	小计	(1)+(2)	
4	间接费	(3)×相应费率	
5	利润	[(3)+(4)]×相应利润率	
6	合计	(3)+(4)+(5)	
7	含税造价	(6)×(1+相应税率)	

b. 以人工费和机械费为计算基础，见表5-2。

表5-2　以人工费和机械费为计算基础的工料单价法的计价程序

序号	费用项目	计算方法	备注
1	直接工程费	按预算表	
2	其中人工费和机械费	按预算表	
3	措施费	按规定标准计算	
4	其中人工费和机械费	按规定标准计算	
5	小计	(1)+(3)	
6	人工费和机械费小计	(2)+(4)	
7	间接费	(6)×相应费率	
8	利润	(6)×相应利润率	
9	合计	(5)+(7)+(8)	
10	含税造价	(9)×(1+相应税率)	

c. 以人工费为计算基础，见表5-3。

表5-3　以人工费为计算基础的工料单价法的计价程序

序号	费用项目	计算方法	备注
1	直接工程费	按预算表	
2	直接工程费中人工费	按预算表	
3	措施费	按规定标准计算	
4	措施费中人工费	按规定标准计算	
5	小计	(1)+(3)	
6	人工费小计	(2)+(4)	
7	间接费	(6)×相应费率	
8	利润	(6)×相应利润率	
9	合计	(5)+(7)+(8)	
10	含税造价	(9)×(1+相应税率)	

2)综合单价法。综合单价根据分部分项工程单价所综合的内容又有不同的分类。目前我国常用的综合单价有两类，一类是全费用综合单价法；另一类是部分费用综合单价法。

①全费用综合单价。全费用综合单价是指其综合的单价内容包括直接工程费、间接费、利润和税金在内的全部费用，措施费也可按全费用综合单价的方法生成全费用价格。以各分项工程量乘以综合单价的合价汇总后，生成分部分项工程施工图预算价，再加上措施费用，即可得到单位工程施工图预算价。

②部分费用综合单价。部分费用综合单价是指其综合的单价内容包括直接工程费、管理费、利润，并未包括措施费、规费、税金等，是不完全费用单价。以各分项工程量乘以部分费用综合单价的合价汇总后，生成分部分项工程施工图预算价，再加上项目的措施剪费、其他项目费、规费、税金就生成单位工程施工图预算价。

③综合单价法计价程序(以全费用综合单价为例)。由于各分部分项工程中的人工、材料、机械含量的比例不同，各分项工程可根据其材料费占人工费、材料费、机械费合计的比例(以字母"C"代表该项比值)在以下三种计算程序中选择一种，计算其综合单价：

a. 当 $C>C_0$(C_0 为本地区原费用定额测算所选典型工程材料费占人工费、材料费和机械费合计的比例)时，可采用以人工费、材料费、机械费合计为基数计算该分项的间接费和利润，见表5-4。

表5-4　以直接费为计算基础的综合单价法的计价程序

序号	费用项目	计算方法	备注
1	分项直接工程费	人工费＋材料费＋机械费	
2	间接费	(1)×相应费率	
3	利润	[(1)＋(2)]×相应利润率	
4	合计	(1)＋(2)＋(3)	
5	含税造价	(4)×(1＋相应税率)	

b. 当 $C<C_0$ 值的下限时，可采用以人工费和机械费合计为基数计算该分项的间接费和利润，见表5-5。

表5-5　以人工费和机械费为计算基础的综合单价法的计价程序

序号	费用项目	计算方法	备注
1	分项直接工程费	人工费＋材料费＋机械费	
2	其中人工费和机械费	人工费＋机械费	
3	间接费	(2)×相应费率	
4	利润	(2)×相应利润率	
5	合计	(1)＋(3)＋(4)	
6	含税造价	(5)×(1＋相应税率)	

c. 如该分项的直接费仅为人工费，无材料费和机械费时，可采用以人工费为基数计算该分项的间接费和利润，见表5-6。

表5-6　以人工费为计算基础的综合单价法的计价程序

序号	费用项目	计算方法	备注
1	分项直接工程费	人工费＋材料费＋机械费	
2	直接工程费中人工费	人工费	
3	间接费	(2)×相应费率	
4	利润	(2)×相应利润率	
5	合计	(1)＋(3)＋(4)	
6	含税造价	(5)×(1＋相应税率)	

5.2 工程量清单计价模式

工程量清单计价是国际上通用的一种计价模式，推行工程量清单计价是适应我国建筑工程投资体制和建设项目管理体制改革的需要，是深化我国工程造价管理改革的一项重要工作。

5.2.1 工程量清单计价

(1)工程量清单计价的概念。工程量清单计价是指建筑工程招标投标过程中，招标人按照国家统一的工程量计算规则计算并公开提供工程量清单，投标人根据招标文件、工程量清单、拟建工程的施工方案，结合本企业实际情况并考虑风险因素，从而确定工程造价的过程或活动。

为了全面推行工程量清单计价政策，2003 年 2 月 17 日，原建设部以第 119 号公告批准发布了国家标准《建设工程工程量清单计价规范》(GB 50500—2003)(以下简称"03 计价规范")，自 2003 年 7 月 1 日起实施。"03 计价规范"的实施，使我国工程造价从传统的以预算定额为主的计价方式向国际上通行的工程量清单计价模式转变，是我国工程造价管理政策的一项重大措施，在工程建设领域受到了广泛的关注与积极的响应。"03 计价规范"实施以来，在各地和有关部门的工程建设中得到了有效推行，积累了宝贵的经验，取得了丰硕的成果，但在执行过程中，也反映出一些不足之处。因此，为了完善工程量清单计价工作，住房和城乡建设部先后于 2008 年 7 月 9 日发布了《建设工程工程量清单计价规范》(GB 50500—2008)(以下简称"08 计价规范")，于 2012 年 12 月 25 日发布了《建设工程工程量清单计价规范》(GB 50500—2013)(以下简称"13 计价规范")，"13 计价规范"作为现行规范，在"08 计价规范"附录 A、附录 B 的基础上，制定了《房屋建筑与装饰工程工程量计算规范》(GB 50854—2013)，另外，对"08 计价规范"的有关计量计价规定、项目划分、项目特征和工作内容等做了相应的修订，使得工程量清单计价行为更贴近工程实际，对巩固工程量清单计价改革的成果，具有十分重要的意义。

(2)"13 计价规范"中相关概念。

1)综合单价。综合单价是指完成一个规定清单项目所需的人工费、材料费和工程设备费、施工机具使用费和企业管理费、利润以及一定范围内的风险费用。

2)风险费用。风险费用是指隐含于已标价工程量清单综合单价中，用于化解发承包双方在工程合同中约定内容和范围内的市场价格波动风险的费用。

3)单价项目。单价项目是指工程量清单中以单价计价的项目，即根据合同工程图纸(含设计变更)和相关工程现行国家计量规范规定的工程量计算规则进行计量，与已标价工程量清单相应综合单价进行价款计算的项目。

4)总价项目。总价项目是指工程量清单中以总价计价的项目，即此类项目在相关工程现行国家计量规范中无工程量计算规则，以总价(或计算基础乘费率)计算的项目。

(3)"13 计价规范"的一般规定。

1)使用国有资金投资的建设工程发承包，必须采用工程量清单计价(强制性条款)。

2)非国有资金投资的建设工程，宜采用工程量清单计价。

3)不采用工程量清单计价的建设工程，应执行"13 计价规范"除工程量清单等专门性规定外的其他规定。

4)工程量清单应采用综合单价计价(强制性条款)。

5)措施项目中的安全文明施工费必须按国家或省级、行业建设主管部门的规定计算，不得作为竞争性费用(强制性条款)。

6)规费和税金必须按国家或省级、行业建设主管部门的规定计算，不得作为竞争性费用(强制性条款)。

7)建设工程发承包，必须在招标文件、合同中明确计价中的风险内容及其范围，不得采用无限风险、所有风险或类似语句规定计价中的风险内容及范围(强制性条款)。

(4)工程量清单计价的基本过程。工程量清单计价过程可以分为两个阶段，即工程量清单编制和工程量清单计价。工程量清单编制程序具体如图 4-1 所示，工程量清单计价的过程如图 5-1 所示。

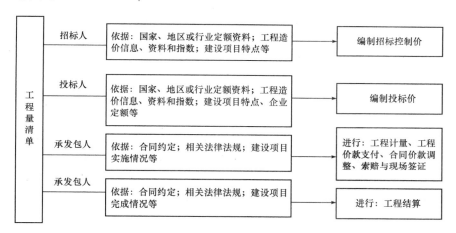

图 5-1　工程量清单计价的过程

(5)工程量清单计价的编制依据。工程量清单计价的编制依据有以下几条：

1)"13 计价规范"和"13 计算规范"。

2)国家或省级、行业建设主管部门颁发的计价定额和办法。

3)建设工程设计文件及相关资料。

4)与建设工程有关的标准、规范、技术资料。

5)拟定的招标文件。

6)施工现场情况、地勘水文资料、工程特点及常规施工方案。

7)其他相关资料。

(6)工程量清单计价的编制方法。根据"13 计价规范"规定，利用综合单价计算清单项目各项费用，然后汇总得到工程总造价，即

1)分部分项工程费 = $\sum$ 分部分项工程量 × 分部分项工程综合单价。

2）措施项目费＝$\sum$单价措施项目工程量×措施项目综合单价＋$\sum$总价项目措施费。

3）其他项目费＝暂列金额＋专业工程暂估价＋计日工＋总承包服务费。

4）单位工程报价＝分部分项工程费＋措施项目费＋其他项目费＋规费＋税金。

5）单项工程报价＝$\sum$单位工程报价。

6）建筑安装工程总造价＝$\sum$单项工程报价。

（7）分部分项工程和单价措施项目综合单价的编制方法。工程量清单计价的关键工作是正确确定清单项目的综合单价。综合单价的确定是一项复杂的工作，需要在熟悉工程的具体情况、当地市场价格、各种技术经济法规等的情况下进行。

综合单价的编制，目前普遍采用的是用建设行政主管部门颁布的预算定额和清单计价规范来确定，但由于两者在工程量计算规则、计量单位、项目内容方面不尽相同，因此，在组价时，必须明确以下两个问题：

第一，拟组价项目的内容是否一致。一个清单项目由一个或多个工程内容构成，清单项目的综合单价应包括其内部各工程内容的单价。用计价规范规定的内容与相应定额项目的内容进行比较，看拟组价项目应该用哪几个定额项目来组合单价。

第二，计价规范与定额的工程量计算规则、工程量计量单位是否相同。由于计价规范与定额中的工程量计算规则、计量单位、项目内容不尽相同，所以，在编制综合单价时可能需要分别计算定额工程量和清单工程量。

鉴于以上两个问题，综合单价的编制有以下两种方法。

1）直接套用定额组价。根据单项定额组价，也就是指一个分项工程的综合单价仅用一个定额项目组合而成。只有当清单计价规范中拟组价项目的工程内容、计算规则、计量单位与定额中完全一致时，可以采用这种方法组价。具体有以下几个步骤：

①直接套用定额的消耗量。

②计算工料机费用，包括人工费、材料费、机械费。

$$工料机费用＝\sum 工料消耗量×工料单价$$

③计算管理费及利润。

管理费和利润通常根据各地区规定的费率乘以规定的计价基础得出。

$$管理费＝工料机费用（或工料机费用中人工费）×管理费费率$$

$$利润＝工料机费用（或工料机费用中人工费）×利润率$$

④汇总形成综合单价。

$$综合单价＝人工费＋材料费＋机械费＋管理费＋利润$$

【例5-1】 试计算附录"××办公楼"工程中①轴与Ⓐ轴相交处框架柱的综合单价。已知该框架柱的工作内容中不含模板及支架（撑）制作、安装、拆除、堆放、运输及清理模内杂物、刷隔离剂等，不考虑风险费用。

解： 从题意可知，该框架柱的综合单价可通过直接套用定额的消耗量来确定。其综合单价分析表见表5-7。

表 5-7　框架柱综合单价分析表

项目编码	010502001001	项目名称		矩形柱	计量单位	m³	工程量	2.14

清单综合单价组成明细													
定额编号	定额项目名称	定额单位	数量	单价/元					合价/元				
				人工费	材料费	机械费	管理费和利润	进项税额	人工费	材料费	机械费	管理费和利润	进项税额
A4-29	现浇矩形柱（商混凝土 C25 卵石泵送檐高 20 m 以内机吊）	10 m³	0.1	1 395	3 632.03	98.23	163.79	121.08	139.5	363.2	9.82	16.38	12.11
	风险费用												
	人工单价		小计						139.5	363.2	9.82	16.38	12.11
综合工日 60 元/工日					未计价材料费								
清单项目综合单价					472.55								

2）重新计算工程量组价。重新计算工程量组价是指清单计价规范中拟组价项目的工程内容、计算规则、计量单位与定额中不完全一致，需要按消耗量定额的计算规则重新计算工程量来组价综合单价。具体有以下几个步骤：

①确定清单项目的组价内容。组价内容是指投标人根据工程量清单项目及其项目特征按报价使用的计价定额的要求确定的、组成"综合单价"的定额分项工程。

②计算组价内容的工程量。清单工程量不能直接用于计价，在计价时必须考虑施工方案等各种影响因素，根据所采用的计价定额及相应的工程量计算规则重新计算各定额子目的施工工程量。

定额子目工程量应严格按照与所采用的定额相对应的工程量计算规则计算。

③测算人、材、机消耗量。人、材、机消耗量的测算，在编制招标控制价时，一般参照政府颁发的消耗量定额进行确定；在编制投标报价时，一般采用反映企业水平的企业定额确定，若投标企业没有企业定额时可参照政府颁发的消耗量定额进行调整。

④确定人、材、机单价。人工单价、材料价格和施工机械台班单价，应根据工程项目的具体情况及市场资源的供求状况进行确定，采用市场价格作为参考，并考虑一定的调价系数。

⑤计算清单项目的直接工程费。根据确定的分项工程人工、材料和机械的消耗量及人工单价、材料单价和施工机械台班单价，与相应的计价工程量相乘即可得到各定额子目的直接工程费，汇总各定额子目的直接工程费得到清单项目的直接工程费。

$$直接工程费 = \sum 计价工程量 \times [\sum (人工消耗量 \times 人工单价) + \sum (材料消耗量 \times 材料单价) + \sum (机械台班消耗量 \times 台班单价)]$$

⑥计算清单项目的管理费和利润。管理费和利润通常根据各地区规定的费率乘以规定

的计价基础得出。

$$管理费＝直接工程费（或直接工程费中人工费）×管理费费率$$
$$利润＝直接工程费（或直接工程费中人工费）×利润率$$

⑦计算清单项目的综合单价。

$$综合单价＝（直接工程费＋企业管理费＋利润）/清单工程量$$

【例 5-2】 试计算附录"××办公楼"工程中①轴与Ⓐ轴相交处框架柱的综合单价。已知该框架柱的工作内容中包含模板及支架（撑）制作、安装、拆除、堆放、运输与清理模内杂物、刷隔离剂等，不考虑风险费用。

解： 从题意可知，该框架柱的工作内容包含模板及支架（撑）制作、安装、拆除、堆放、运输及清理模内杂物、刷隔离剂等和混凝土制作、运输、浇筑、振捣、养护，所以需重新计算工程量组价。

从［例 4-9］可知，该框架柱混凝土的清单工程量和定额工程量均为 2.14 m³。

从［例 4-28］可知，该框架柱的模板的定额工程量为 19.77 m²，超高模板支撑定额工程量为 1.29 m²。

该框架柱的综合单价分析表见表 5-8。

表 5-8　框架柱综合单价分析表

项目编码	010502001002		项目名称		矩形柱		计量单位	m³	工程量	2.14
清单综合单价组成明细										
定额编号	定额项目名称	定额单位	数量	单价/元					合价/元				
				人工费	材料费	机械费	管理费和利润	进项税额	人工费	材料费	机械费	管理费和利润	进项税额
A4—29	现浇矩形柱（商混凝土 C25 卵石泵送檐高 20 m 以内机吊）	10 m³	0.1	1 395	3 632.03	98.23	163.79	121.08	139.5	363.2	9.82	16.38	12.11
A10—53	现浇矩形柱九夹板模板（钢撑）	100 m²	0.092 4	1 926	1 092.17	105.93	140.85	168.6	177.93	100.9	9.79	13.01	15.58
A10—62	现浇柱支撑高度超过 3.6 m 每增加 1 m 钢撑	100 m²	0.006	196.2	24.87	5.2	7.72	4.17	1.18	0.15	0.03	0.05	0.03
风险费用													
人工单价		小计							318.61	464.25	19.64	29.44	27.71
综合工日 60 元/工日		未计价材料费											
清单项目综合单价		759.98											

其中，表中数量一列的计算如下：

现浇矩形柱：$2.14 \div 2.14 \div 10 = 0.1$

九夹板模板：$19.77 \div 2.14 \div 100 = 0.092$

超高模板：$1.29 \div 2.14 \div 100 = 0.006$

5.2.2　招标控制价的编制

(1)"13计价规范"对招标控制价的一般规定。

1)招标控制价。招标控制价是指招标人根据国家或省级、行业建设主管部门颁发的有关计价依据和办法，以及拟定的招标文件和招标工程量清单，结合工程具体情况编制的招标工程的最高投标限价。

2)"13计价规范"对招标控制价的一般规定。

①国有资金投资的建设工程招标，招标人必须编制招标控制价。

②招标控制价应由具有编制能力的招标人或受其委托具有相应资质的工程造价咨询人编制和复核。

③工程造价咨询人接受招标人委托编制招标控制价，不得再就同一工程接受投标人委托编制投标报价。

④招标控制价应按照"13计价规范"的相关规定编制，不应上调或下浮。

⑤当招标控制价超过批准的概算时，招标人应将其报原概算审批部门审核。

⑥招标人应在发布招标文件时公布招标控制价，同时，应将招标控制价及有关资料报送工程所在地或有该工程管辖权的行业管理部门工程造价管理机构备查。

(2)招标控制价的编制与复核。

1)招标控制价应根据下列依据编制与复核：

①"13计价规范"和"13计算规范"。

②国家或省级、行业建设主管部门颁发的计价定额和计价办法。

③建设工程设计文件及相关资料。

④拟定的招标文件及招标工程量清单。

⑤与建设项目相关的标准、规范、技术资料。

⑥施工现场情况、工程特点及常规施工方案。

⑦工程造价管理机构发布的工程造价信息，当工程造价信息没有发布时，参照市场价。

⑧其他的相关资料。

2)综合单价中应包括招标文件中划分的应由投标人承担的风险范围及其费用。招标文件中没有明确的，如是工程造价咨询人编制，应提请招标人明确；如是招标人编制，应予以明确。

3)分部分项工程和措施项目中的单价项目，应根据拟定的招标文件和招标工程量清单项目中的特征描述及有关要求确定综合单价计算。

4)措施项目中的总价项目应根据拟定的招标文件和常规施工方案按"13计价规范"的相关规定计价。

5)其他项目应按下列规定计价：

①暂列金额应按招标工程量清单中列出的金额填写；

②暂估价中的材料、工程设备单价应按招标工程量清单中列出的单价计入综合单价；

③暂估价中的专业工程金额应按招标工程量清单中列出的金额填写；

④计日工应按招标工程量清单中列出的项目根据工程特点和有关计价依据确定综合单价计算；

⑤总承包服务费应根据招标工程量清单列出的内容和要求估算。

6)规费和税金应按"13计价规范"的相关规定计算。

（3）招标控制价的投诉与处理。

1)投标人经复核认为招标人公布的招标控制价未按照"13计价规范"的规定进行编制的，应在招标控制价公布后5天内向招标投标监督机构和工程造价管理机构投诉。

2)投诉人投诉时，应当提交由单位盖章和法定代表人或其委托人签名或盖章的书面投诉书。投诉书应包括下列内容：

①投诉人与被投诉人的名称、地址及有效的联系方式；

②投诉的招标工程名称、具体事项及理由；

③投诉依据及有关证明材料；

④相关的请求及主张。

3)投诉人不得进行虚假、恶意投诉，阻碍招标投标活动的正常进行。

4)工程造价管理机构在接到投诉书后应在2个工作日内进行审查，对有下列情况之一的，不予受理：

①投诉人不是所投诉招标工程招标文件的收受人；

②投诉书提交的时间未在招标控制价公布后5天内；

③投诉书应包括的内容不符合相应规定的；

④投诉事项已进入行政复议或行政诉讼程序的。

5)工程造价管理机构应在不迟于结束审查的次日将是否受理投诉的决定书面通知投诉人、被投诉人以及负责该工程招标投标监督的招标投标管理机构。

6)工程造价管理机构受理投诉后，应立即对招标控制价进行复查，组织投诉人、被投诉人或其委托的招标控制价编制人等单位人员对投诉问题逐一核对。有关当事人应当予以配合，并应保证所提供资料的真实性。

7)工程造价管理机构应当在受理投诉的10天内完成复查，特殊情况下可适当延长，并作出书面结论通知投诉人、被投诉人及负责该工程招标投标监督的招标投标管理机构。

8)当招标控制价复查结论与原公布的招标控制价误差大于±3%时，应当责成招标人改正。

9)招标人根据招标控制价复查结论需要重新公布招标控制价的，其最终公布的时间至招标文件要求提交投标文件截止时间不足15天的，应相应延长投标文件的截止时间。

5.2.3 投标报价的编制

（1）"13计价规范"对投标报价的一般规定。

投标价是指投标人投标时响应招标文件要求所报出的对已标价工程量清单汇总后标明的总价。

1)投标价应由投标人或受其委托具有相应资质的工程造价咨询人编制。

2)投标人应自主确定投标报价，但必须执行"13 计价规范"的强制性规定。

3)投标报价不得低于工程成本。

4)投标人必须按招标工程量清单填报价格。项目编码、项目名称、项目特征、计量单位、工程量必须与招标工程量清单一致。

5)投标人的投标报价高于招标控制价的应予废标。

(2)编制与复核。

1)投标报价应根据下列依据编制和复核：

①"13 计价规范"和"13 计算规范"；

②国家或省级、行业建设主管部门颁发的计价办法；

③企业定额，国家或省级、行业建设主管部门颁发的计价定额和计价办法；

④招标文件、招标工程量清单及其补充通知、答疑纪要；

⑤建设工程设计文件及相关资料；

⑥施工现场情况、工程特点及投标时拟定的施工组织设计或施工方案；

⑦与建设项目相关的标准、规范等技术资料；

⑧市场价格信息或工程造价管理机构发布的工程造价信息；

⑨其他的相关资料。

2)综合单价中应包括招标文件中划分的应由投标人承担的风险范围及其费用，招标文件中没有明确的，应提请招标人明确。

3)分部分项工程和措施项目中的单价项目，应根据招标文件和招标工程量清单项目中的特征描述确定综合单价计算。

4)措施项目中的总价项目金额应根据招标文件及投标时拟定的施工组织设计或施工方案，按"13 计价规范"的相应规定自主确定。其中，安全文明施工费应按照国家或省级、行业建设主管部门的规定计算，不得作为竞争性费用。

5)其他项目应按下列规定报价：

①暂列金额应按招标工程量清单中列出的金额填写；

②材料、工程设备暂估价应按招标工程量清单中列出的单价计入综合单价；

③专业工程暂估价应按招标工程量清单中列出的金额填写；

④计日工应按招标工程量清单中列出的项目和数量，自主确定综合单价并计算计日工金额；

⑤总承包服务费应根据招标工程量清单中列出的内容和提出的要求自主确定。

6)规费和税金应按照国家或省级、行业建设主管部门的规定计算，不得作为竞争性费用。

7)招标工程量清单与计价表中列明的所有需要填写单价和合价的项目，投标人均应填写且只允许有一个报价。未填写单价和合价的项目，可视为此项费用已包含在已标价工程量清单中其他项目的单价和合价之中。当竣工结算时，此项目不得重新组价予以调整。

8)投标总价应当与分部分项工程费、措施项目费、其他项目费和规费、税金的合计金额一致。

5.2.4 工程造价鉴定

(1)"13计价规范"对工程造价鉴定的一般规定。

1)工程造价鉴定。工程造价鉴定是指工程造价咨询人接受人民法院、仲裁机关委托，对施工合同纠纷案件中的工程造价争议，运用专门知识进行鉴别、判断和评定，并提供鉴定意见的活动。其也称为工程造价司法鉴定。

2)一般规定。

①在工程合同价款纠纷案件处理中，需作工程造价司法鉴定的，应委托具有相应资质的工程造价咨询人进行。

②工程造价咨询人接受委托时提供工程造价司法鉴定服务，应按仲裁、诉讼程序和要求进行，并应符合国家关于司法鉴定的规定。

③工程造价咨询人进行工程造价司法鉴定时，应指派专业对口、经验丰富的注册造价工程师承担鉴定工作。

④工程造价咨询人应在收到工程造价司法鉴定资料后10天内，根据自身专业能力和证据资料判断能否胜任该项委托，如不能，应辞去该项委托。工程造价咨询人不得在鉴定期满后以上述理由不作出鉴定结论，影响案件处理。

⑤接受工程造价司法鉴定委托的工程造价咨询人或造价工程师如是鉴定项目一方当事人的近亲属或代理人、咨询人以及其他关系可能影响鉴定公正的，应当自行回避；未自行回避，鉴定项目委托人以该理由要求其回避的，必须回避。

⑥工程造价咨询人应当依法出庭接受鉴定项目当事人对工程造价司法鉴定意见书的质询。如确因特殊原因无法出庭的，经审理该鉴定项目的仲裁机关或人民法院准许，可以书面形式答复当事人的质询。

(2)工程造价取证。

1)工程造价咨询人进行工程造价鉴定工作时，应自行收集以下（但不限于）鉴定资料：

①适用于鉴定项目的法律、法规、规章、规范性文件以及规范、标准、定额；

②鉴定项目同时期同类型工程的技术经济指标及其各类要素价格等。

2)工程造价咨询人收集鉴定项目的鉴定依据时，应向鉴定项目委托人提出具体书面要求，其内容包括：

①与鉴定项目相关的合同、协议及其附件；

②相应的施工图纸等技术经济文件；

③施工过程中的施工组织、质量、工期和造价等工程资料；

④存在争议的事实及各方当事人的理由；

⑤其他有关资料。

3)工程造价咨询人在鉴定过程中要求鉴定项目当事人对缺陷资料进行补充的，应征得鉴定项目委托人同意，或者协调鉴定项目各方当事人共同签认。

4)根据鉴定工作需要现场勘验的，工程造价咨询人应提请鉴定项目委托人组织各方当事人对被鉴定项目所涉及的实物标的进行现场勘验。

5)勘验现场应制作勘验记录、笔录或勘验图表，记录勘验的时间、地点、勘验人、在场人、勘验经过、结果，由勘验人、在场人签名或者盖章确认。绘制的现场图应注明绘制的时间、测绘人的姓名、身份等内容。必要时应采取拍照或摄像取证，留下影像资料。

6）鉴定项目当事人未对现场勘验图表或勘验笔录等签字确认的，工程造价咨询人应提请鉴定项目委托人决定处理意见，并在鉴定意见书中作出表述。

（3）工程造价鉴定。

1）工程造价咨询人在鉴定项目合同有效的情况下，应根据合同约定进行鉴定，不得任意改变双方合法的权益。

2）工程造价咨询人在鉴定项目合同无效或合同条款约定不明确的情况下，应根据法律法规、相关国家标准和"13 计价规范"的规定，选择相应专业工程的计价依据和方法进行鉴定。

3）工程造价咨询人出具正式鉴定意见书之前，可报请鉴定项目委托人向鉴定项目各方当事人发出鉴定意见书征求意见稿，并指明应书面答复的期限及其不答复的相应法律责任。

4）工程造价咨询人收到鉴定项目各方当事人对鉴定意见书征求意见稿的书面复函后，应对不同意见认真复核，修改完善后再出具正式鉴定意见书。

5）工程造价咨询人出具的工程造价鉴定书应包括下列内容：

①鉴定项目委托人名称、委托鉴定的内容；

②委托鉴定的证据材料；

③鉴定的依据及使用的专业技术手段；

④对鉴定过程的说明；

⑤明确的鉴定结论；

⑥其他需说明的事宜；

⑦工程造价咨询人盖章及注册造价工程师签名盖执业专用章。

6）工程造价咨询人应在委托鉴定项目的鉴定期限内完成鉴定工作，如确因特殊原因不能在原定期限内完成鉴定工作时，应按照相应法规提前向鉴定项目委托人申请延长鉴定期限，并应在此期限内完成鉴定工作。经鉴定项目委托人同意等待鉴定项目当事人提交、补充证据的，质证所用的时间不应计入鉴定期限。

7）对于已经出具的正式鉴定意见书中有部分缺陷的鉴定结论，工程造价咨询人应通过补充鉴定作出补充结论。

5.2.5 工程计价资料与档案

（1）工程计价资料。

1）发承包双方应当在合同中约定各自在合同工程中现场管理人员的职责范围，双方现场管理人员在职责范围内签字确认的书面文件是工程计价的有效凭证，但如有其他有效证据或经实证证明其是虚假的除外。

2）发承包双方无论在何种场合对与工程计价有关的事项所给予的批准、证明、同意、指令、商定、确定、确认、通知和请求，或表示同意、否定、提出要求和意见等，均应采用书面形式，口头指令不得作为计价凭证。

3）任何书面文件送达时，应由对方签收，通过邮寄应采用挂号、特快专递传送，或以发承包双方商定的电子传输方式发送，交付、传送或传输至指定的接收人的地址。如接收人通知了另外地址时，随后通信信息应按新地址发送。

4)发承包双方分别向对方发出的任何书面文件，均应将其抄送现场管理人员，如是复印件应加盖合同工程管理机构印章，证明与原件相同。双方现场管理人员向对方所发任何书面文件，也应将其复印件发送给发承包双方，复印件应加盖合同工程管理机构印章，证明与原件相同。

5)发承包双方均应当及时签收另一方送达其指定接收地点的来往信函，拒不签收的，送达信函的一方可以采用特快专递或者公证方式送达，所造成的费用增加(包括被迫采用特殊送达方式所发生的费用)和延误的工期由拒绝签收一方承担。

6)书面文件和通知不得扣压，一方能够提供证据证明另一方拒绝签收或已送达的，应视为对方已签收并应承担相应责任。

(2)工程计价档案。

1)发承包双方以及工程造价咨询人对具有保存价值的各种载体的计价文件，均应收集齐全，整理立卷后归档。

2)发承包双方和工程造价咨询人应建立完善的工程计价档案管理制度，并应符合国家和有关部门发布的档案管理相关规定。

3)工程造价咨询人归档的计价文件，保存期不宜少于五年。

4)归档的工程计价成果文件应包括纸质原件和电子文件，其他归档文件及依据可为纸质原件、复印件或电子文件。

5)归档文件应经过分类整理，并应组成符合要求的案卷。

6)归档可以分阶段进行，也可以在项目竣工结算完成后进行。

7)向接受单位移交档案时，应编制移交清单，双方应签字、盖章后方可交接。

5.2.6 工程量清单计价表格

(1)工程计价表格。工程计价表宜采用统一格式，并应随招标文件发至投标人。工程计价表格包括以下内容。

1)工程计价文件封面，包括：

①招标工程量清单封面(封-1)；

②招标控制价封面(封-2)；

③投标总价封面(封-3)；

④竣工结算书封面(封-4)；

⑤工程造价鉴定意见书封面(封-5)。

2)工程计价文件扉页，包括：

①招标工程量清单扉页(扉-1)；

②招标控制价扉页(扉-2)；

③投标总价扉页(扉-3)；

④竣工结算总价扉页(扉-4)；

⑤工程造价鉴定意见书扉页(扉-5)。

3)工程计价总说明：总说明(表-01)。

4)工程计价汇总表，包括：

①建设项目招标控制价(投标报价)汇总表(表-02)；

②单项工程招标控制价(投标报价)汇总表(表-03);

③单位工程招标控制价(投标报价)汇总表(表-04);

④建设项目竣工结算汇总表(表-05);

⑤单项工程竣工结算汇总表(表-06);

⑥单位工程竣工结算汇总表(表-07)。

5)分部分项工程和措施项目计价表,包括:

①分部分项工程和单价措施项目清单与计价表(表-08);

②综合单价分析表(表-09);

③综合单价调整表(表-10);

④总价措施项目清单与计价表(表-11)。

6)其他项目计价表,包括:

①其他项目清单与计价汇总表(表-12);

②暂列金额明细表(表-12-1);

③材料(工程设备)暂估单价及调整表(表-12-2);

④专业工程暂估价及结算价表(表-12-3);

⑤计日工表(表-12-4);

⑥总承包服务费计价表(表-12-5);

⑦索赔与现场签证计价汇总表(表-12-6);

⑧费用索赔申请(核准)表(表-12-7);

⑨现场签证表(表-12-8)。

7)规费、税金项目计价表(表-13)。

8)工程计量申请(核准)表(表-14)。

9)合同价款支付申请(核准)表,包括:

①预付款支付申请(核准)表(表-15);

②总价项目进度款支付分解表(表-16);

③进度款支付申请(核准)表(表-17);

④竣工结算款支付申请(核准)表(表-18);

⑤最终结清支付申请(核准)表(表-19)。

10)主要材料、工程设备一览表,包括:

①发包人提供材料和工程设备一览表(表-20);

②承包人提供主要材料和工程设备一览表(适用于造价信息差额调整法)(表-21);

③承包人提供主要材料和工程设备一览表(适用于价格指数差额调整法)(表-22)。

以上各组成内容的具体格式见"13 计价规范"附录 B 至附录 L。

(2)工程计价表格的使用规定。工程计价表宜采用统一格式。各省、自治区、直辖市建设行政主管部门和行业建设主管部门可根据本地区、本行业的实际情况,在"13 计价规范"附录 B 至附录 L 的基础上补充完善。工程计价表格的设置应满足工程计价的需要,方便使用。

1)招标控制价、投标报价、竣工结算的编制应符合下列规定:

①使用表格:

a. 招标控制价使用表格包括：封-2、扉-2、表-01、表-02、表-03、表-04、表-08、表-09、表-11、表-12(不含表-12-6～表-12-8)、表-13、表-20、表-21或表-22。

b. 投标报价使用的表格包括：封-3、扉-3、表-01、表-02、表-03、表-04、表-08、表-09、表-11、表-12（不含表-12-6～ 表-12-8）、表-13、表-16、招标文件提供的表-20、表-21或表-22。

c. 竣工结算使用的表格包括：封-4、扉-4、表-01、表-05、表-06、表-07、表-08、表-09、表-10、表-11、表-12、表-13、表-14、表-15、表-16、表-17、表-18、表-19、表-20、表-21或表-22。

②扉页应按规定的内容填写、签字、盖章，除承包人自行编制的投标报价和竣工结算外，受委托编制的招标控制价、投标报价、竣工结算，由造价员编制的应有负责审核的造价工程师签字、盖章以及工造价咨询人盖章。

③总说明应按下列内容填写：

a. 工程概况：建设规模、工程特征、计划工期、合同工期、实际工期、施工现场及变化情况、施工织设计的特点、自然地理条件、环境保护要求等。

b. 编制依据等。

2)工程造价鉴定应符合下列规定：

①工程造价鉴定使用表格包括：封-5、扉-5、表-01、表-05～表-20、表-21或表-22。

②扉页应按规定内容填写、签字、盖章，应有承担鉴定和负责审核的注册造价工程师签字、盖执业专用章。

③说明应按规范规定填写。

本章小结

本章首先介绍了定额计价模式下施工图预算的概念和作用，对施工图预算的编制方法和步骤做了重点介绍。

其次，介绍了工程量清单计价的一般规定及其编制步骤，重点介绍了分部分项工程和单价措施项目的综合单价的确定方法。

再次，介绍了招标控制价和投标报价的编制方法。

最后，介绍了工程造价鉴定、工程计价资料与档案和工程量清单计价表格的组成及使用。

思考题

(1)什么是施工图预算？其作用是什么？

(2)施工图预算的编制依据有哪些？

(3)施工图预算的编制方法有什么？各种编制方法的编制步骤有哪些？

(4)什么是综合单价、单价项目和总价项目？

（5）"13 计价规范"对工程量清单计价有哪些一般规定？

（6）工程量清单计价的编制有哪些步骤？

（7）如何编制综合单价？

（8）什么是招标控制价和投标报价？

第6章　工程价款结算和竣工决算

学习要求

(1)掌握"13计价规范"中关于工程合同价款调整、合同价款中期支付和竣工结算与支付的相关规定；

(2)熟悉承包工程价款的主要结算方式；

(3)掌握竣工决算的基本概念及内容。

6.1　工程价款结算

6.1.1　概述

"13计价规范"中有关工程价款的术语如下：

(1)工程变更。工程变更是指合同工程实施过程中由发包人提出或由承包人提出经发包人批准的合同工程任何一项工作的增、减、取消或施工工艺、顺序、时间的改变；设计图纸的修改；施工条件的改变；招标工程量清单的错、漏从而引起合同条件的改变或工程量的增减变化。

(2)工程量偏差。工程量偏差是指承包人按照合同工程的图纸(含经发包人批准由承包人提供的图纸)实施，按照现行国家计量规范规定的工程量计算规则计算得到的完成合同工程项目应予计量的工程量与相应的招标工程量清单项目列出的工程量之间出现的量差。

(3)索赔。索赔是指在工程合同履行过程中，合同当事人一方因非己方的原因而遭受损失，按合同约定或法律法规规定承担责任，从而向对方提出补偿的要求。

(4)现场签证。现场签证是指发包人现场代表(或其授权的监理人、工程造价咨询人)与承包人现场代表就施工过程中涉及的责任事件所做的签认证明。

(5)提前竣工(赶工)费。提前竣工(赶工)费是指承包人应发包人的要求而采取加快工程进度措施，使合同工程工期缩短，由此产生的费用应由发包人支付。

（6）误期赔偿费。误期赔偿费是指承包人未按照合同工程的计划进度施工，导致实际工期超过合同工期（包括经发包人批准的延长工期），承包人应向发包人赔偿损失的费用。

（7）不可抗力。不可抗力是指发承包双方在工程合同签订时不能预见的，对其发生的后果不能避免，并且不能克服的自然灾害和社会性突发事件。

（8）缺陷责任期。缺陷责任期是指承包人对已交付使用的合同工程承担合同约定的缺陷修复责任的期限。

（9）质量保证金。质量保证金是指发承包双方在工程合同中约定，从应付合同价款中预留，用以保证承包人在缺陷责任期内履行缺陷修复义务的金额。

（10）工程计量。工程计量是指发承包双方根据合同约定，对承包人完成合同工程的数量进行的计算和确认。

（11）工程结算。工程结算是指发承包双方根据合同约定，对合同工程在实施中、终止时、已完工后进行的合同价款计算、调整和确认。包括期中结算、终止结算、竣工结算。

（12）签约合同价（合同价款）。签约合同价（合同价款）是指发承包双方在工程合同中约定的工程造价，即包括了分部分项工程费、措施项目费、其他项目费、规费和税金的合同总金额。

（13）预付款。预付款是指在开工前，发包人按照合同约定，预先支付给承包人用于购买合同工程施工所需的材料、工程设备，以及组织施工机械和人员进场等的款项。

（14）进度款。进度款是指在合同工程施工过程中，发包人按照合同约定对付款周期内承包人完成的合同价款给予支付的款项，也是合同价款期中结算支付。

（15）合同价款调整。合同价款调整是指在合同价款调整因素出现后，发承包双方根据合同约定，对合同价款进行变动的提出、计算和确认。

（16）竣工结算价。竣工结算价是指发承包双方依据国家有关法律、法规和标准规定，按照合同约定确定的，包括在履行合同过程中按合同约定进行的合同价款调整，是承包人按合同约定完成了全部承包工作后，发包人应付给承包人的合同总金额。

（17）工程造价信息。工程造价信息是指工程造价管理机构根据调查和测算发布的建设工程人工、材料、工程设备、施工机械台班的价格信息，以及各类工程的造价指数、指标。

（18）工程造价指数。工程造价指数是反映一定时期的工程造价相对于某一固定时期的工程造价变化程度的比值或比率。包括按单位或单项工程划分的造价指数，按工程造价构成要素划分的人工、材料、机械等价格指数。

6.1.2　"13 计价规范"对工程价款的约定

"13 计价规范"对合同价款的约定包括一般规定和约定内容。

（1）合同价款约定的一般规定。

1）实行招标的工程合同价款应在中标通知书发出之日起 30 天内，由发承包双方依据招标文件和中标人的投标文件在书面合同中约定。合同约定不得违背招标文件、投标文件中关于工期、造价、质量等方面的实质性内容。招标文件与中标人投标文件不一致的地方，应以投标文件为准。

2）不实行招标的工程合同价款，应在发承包双方认可的工程价款基础上，由发承包双方在合同中约定。

3)实行工程量清单计价的工程，应采用单价合同；建设规模较小，技术难度较低，工期较短，且施工图设计已审查批准的建设工程可采用总价合同；紧急抢险、救灾以及施工技术特别复杂的建设工程可采用成本加酬金合同。

(2)合同价款约定的内容。

1)发承包双方应在合同条款中对下列事项进行约定：

①预付工程款的数额、支付时间及抵扣方式；

②安全文明施工措施费的支付计划；

③工程计量与支付工程进度款的方式、数额及时间；

④工程价款的调整因素、方法、程序、支付及时间；

⑤施工索赔与现场签证的程序、金额确认与支付时间；

⑥承担计价风险的内容、范围以及超出约定内容、范围的调整办法；

⑦工程竣工价款结算编制与核对、支付及时间；

⑧工程质量保证金的数额、预留方式及时间；

⑨违约责任以及发生合同价款争议的解决方法及时间；

⑩与履行合同、支付价款有关的其他事项等。

2)合同中没有按照上述条款的要求约定或约定不明的，若发承包双方在合同履行中发生争议由双方协商确定；当协商不能达成一致时，应按"13计价规范"的规定执行。

6.1.3 工程价款结算的方式

按现行规定，工程价款结算可以根据不同情况采取多种方式。

(1)按月结算。即先预付工程备料款，在施工过程中按月结算工程进度款，竣工后进行竣工结算。我国现行建筑安装工程价款结算中相当一部分是实行这种按月结算方式。

(2)竣工后一次结算。建设项目的全部建筑安装工程建设期在12个月以内，或者工程承包合同价值在100万元以下的，可以实行工程价款每月预支，竣工后一次结算。

(3)分段结算。即当年开工，当年不能竣工的单项工程或单位工程按照工程形象进度，划分不同阶段进行结算。分段结算可以按月预支工程款。

(4)其他结算方式。发承包双方根据要完成的工程任务，在合同中约定的其他结算方式。

6.1.4 "13计价规范"中工程价款的调整

(1)"13计价规范"对合同价款调整的一般规定。

1)下列事项(但不限于)发生，发承包双方应当按照合同约定调整合同价款：

①法律法规变化；

②工程变更；

③项目特征不符；

④工程量清单缺项；

⑤工程量偏差；

⑥计日工；

⑦物价变化；

⑧暂估价；

⑨不可抗力；

⑩提前竣工（赶工补偿）；

⑪误期赔偿；

⑫索赔；

⑬现场签证；

⑭暂列金额；

⑮发承包双方约定的其他调整事项。

2）出现合同价款调增事项（不含工程量偏差、计日工、现场签证、索赔）后的14天内，承包人应向发包人提交合同价款调增报告并附上相关资料；承包人在14天内未提交合同价款调增报告的，应视为承包人对该事项不存在调整价款请求。

3）出现合同价款调减事项（不含工程量偏差、索赔）后的14天内，发包人应向承包人提交合同价款调减报告并附相关资料；发包人在14天内未提交合同价款调减报告的，应视为发包人对该事项不存在调整价款请求。

4）发（承）包人应在收到承（发）包人合同价款调增（减）报告及相关资料之日起14天内对其核实，予以确认的应书面通知承（发）包人。当有疑问时，应向承（发）包人提出协商意见。发（承）包人在收到合同价款调增（减）报告之日起14天内未确认也未提出协商意见的，应视为承（发）包人提交的合同价款调增（减）报告已被发（承）包人认可。发（承）包人提出协商意见的，承（发）包人应在收到协商意见后的14天内对其核实，予以确认的应书面通知发（承）包人。承（发）包人在收到发（承）包人的协商意见后14天内既不确认也未提出不同意见的，应视为发（承）包人提出的意见已被承（发）包人认可。

5）发包人与承包人对合同价款调整的不同意见不能达成一致的，只要对发承包双方履约不产生实质影响，双方应继续履行合同义务，直到其按照合同约定的争议解决方式得到处理。

6）经发承包双方确认调整的合同价款，作为追加（减）合同价款，应与工程进度款或结算款同期支付。

（2）法律法规变化时工程价款的调整。

1）招标工程以投标截止日前28天、非招标工程以合同签订前28天为基准日，其后因国家的法律、法规、规章和政策发生变化引起工程造价增减变化的，发承包双方应按照省级或行业建设主管部门或其授权的工程造价管理机构据此发布的规定调整合同价款。

2）因承包人原因导致工期延误的，按上述规定的调整时间，在合同工程原定竣工时间之后，合同价款调增的不予调整，合同价款调减的予以调整。

（3）工程变更时工程价款的调整。

1）因工程变更引起已标价工程量清单项目或其工程数量发生变化时，应按照下列规定调整：

①已标价工程量清单中有适用于变更工程项目的，应采用该项目的单价；但当工程变更导致该清单项目的工程数量发生变化，且工程量偏差超过15%时，该项目单价应按照"13计价规范"工程量偏差的相关规定调整。

②已标价工程量清单中没有适用但有类似于变更工程项目的，可在合理范围内参照类似项目的单价。

③已标价工程量清单中没有适用也没有类似于变更工程项目的，应由承包人根据变更工程资料、计量规则和计价办法、工程造价管理机构发布的信息价格和承包人报价浮动率提出变更工程项目的单价，并应报发包人确认后调整。承包人报价浮动率可按下列公式计算：

招标工程：

$$承包人报价浮动率 L＝(1－中标价/招标控制价)×100\%$$

非招标工程：

$$承包人报价浮动率 L＝(1－报价/施工图预算)×100\%$$

④已标价工程量清单中没有适用也没有类似于变更工程项目，且工程造价管理机构发布的信息价格缺价的，应由承包人根据变更工程资料、计量规则、计价办法和通过市场调查等取得有合法依据的市场价格提出变更工程项目的单价，并应报发包人确认后调整。

2)工程变更引起施工方案改变并使措施项目发生变化时，承包人提出调整措施项目费的，应事先将拟实施的方案提交发包人确认，并应详细说明与原方案措施项目相比的变化情况。拟实施的方案经发承包双方确认后执行，并应按照下列规定调整措施项目费：

①安全文明施工费应按照实际发生变化的措施项目计算，不得作为竞争性费用。

②采用单价计算的措施项目费，应按照实际发生变化的措施项目，按因工程变更引起已标价工程量清单项目或其工程数量发生变化时的规定确定单价。

③按总价(或系数)计算的措施项目费，按照实际发生变化的措施项目调整，但应考虑承包人报价浮动因素，即调整金额按照实际调整金额乘以因工程变更引起已标价工程量清单项目或其工程数量发生变化时规定的承包人报价浮动率计算。如果承包人未事先将拟实施的方案提交给发包人确认，则应视为工程变更不引起措施项目费的调整或承包人放弃调整措施项目费的权利。

3)当发包人提出的工程变更因非承包人原因删减了合同中的某项原定工作或工程，致使承包人发生的费用或(和)得到的收益不能被包括在其他已支付或应支付的项目中，也未被包含在任何替代的工作或工程中时，承包人有权提出并应得到合理的费用及利润补偿。

(4)项目特征不符时工程价款的调整。

1)发包人在招标工程量清单中对项目特征的描述，应被认为是准确的和全面的，并且与实际施工要求相符合。承包人应按照发包人提供的招标工程量清单，根据项目特征描述的内容及有关要求实施合同工程，直到项目被改变为止。

2)承包人应按照发包人提供的设计图纸实施合同工程，若在合同履行期间出现设计图纸(含设计变更)与招标工程量清单任一项目的特征描述不符，且该变化引起该项目工程造价增减变化的，应按实际施工的项目特征，按"13计价规范"工程变更条款的规定重新确定相应工程量清单项目的综合单价，并调整合同价款。

(5)工程量清单缺项时工程价款的调整。

1)合同履行期间，由于招标工程量清单中缺项，新增分部分项工程清单项目的，应按照"13计价规范"相关条款的规定确定单价，并调整合同同价款。

2)新增分部分项工程清单项目后，引起措施项目发生变化的，应按照"13计价规范"相关条款的规定，在承包人提交的实施方案被发包人批准后调整合同价款。

3)由于招标工程量清单中措施项目缺项，承包人应将新增措施项目实施方案提交发包人批准后，按照"13 计价规范"相关条款的规定调整合同价款。

(6)工程量偏差时工程价款的调整。

1)对于任一招标工程量清单项目，当应予计算的实际工程量与招标工程量清单出现的偏差或由于工程变更等原因导致工程量偏差超过 15％时，可进行调整。当工程量增加 15％以上时，增加部分的工程量的综合单价应予调低；当工程量减少 15％以上时，减少后剩余部分的工程量的综合单价应予调高。此时，按下列公式调整结算分部分项工程费：

①当 $Q_1 > 1.15Q_0$ 时，

$$S = 1.15Q_0 \times P_0 + (Q_1 - 1.15Q_0) \times P_1$$

②当 $Q_1 < 0.85Q_0$ 时，

$$S = Q_1 \times P_1$$

式中　S——调整后的某一分部分项工程费结算价；

　　　Q_1——最终完成的工程量；

　　　Q_0——招标工程量清单中列出的工程量；

　　　P_1——按照最终完成工程量重新调整后的综合单价；

　　　P_0——承包人在工程量清单中填报的综合单价。

采用上述两式的关键是确定新的综合单价，即 P_1。其确定的方法主要有两种：一是发承包双方协商确定；二是与招标控制价相联系，当工程量偏差项目出现承包人在工程量清单中填报的综合单价与发包人招标控制价相应清单项目的综合单价偏差超过 15％时，工程量偏差项目综合单价的调整可参考以下公式：

①当 $P_0 < P_2 \times (1-L) \times (1-15\%)$ 时，该类项目的综合单价 P_1 按照 $P_2 \times (1-L) \times (1-15\%)$ 调整。

②当 $P_0 > P_2 \times (1+15\%)$ 时，该类项目的综合单价 P_1 按照 $P_2 \times (1+15\%)$ 调整。

③当 $P_0 > P_2 \times (1-L) \times (1-15\%)$ 或 $P_0 < P_2 \times (1+15\%)$ 时，可不调整。

式中　P_0——承包人在工程量清单中填报的综合单价；

　　　P_2——发包人招标控制价相应项目的综合单价；

　　　L——承包人报价浮动率。

(7)计日工合同价款的调整。

1)发包人通知承包人以计日工方式实施的零星工作，承包人应予执行。

2)采用计日工计价的任何一项变更工作，在该项变更的实施过程中，承包人应按合同约定提交下列报表和有关凭证送发包人复核：

①工作名称、内容和数量；

②投入该工作所有人员的姓名、工种、级别和耗用工时；

③投入该工作的材料名称、类别和数量；

④投入该工作的施工设备型号、台数和耗用台时；

⑤发包人要求提交的其他资料和凭证。

3)任一计日工项目持续进行时，承包人应在该项工作实施结束后的 24 小时内向发包人提交有计日工记录汇总的现场签证报告一式三份。发包人在收到承包人提交现场签证报告后的 2 天内予以确认并将其中一份返还给承包人，作为计日工计价和支付的依据。发包人逾期未确认也未提出修改意见的，应视为承包人提交的现场签证报告已被发包人认可。

4) 任一计日工项目实施结束后，承包人应按照确认的计日工现场签证报告核实该类项目的工程数量，并应根据核实的工程数量和承包人已标价工程量清单中的计日工单价计算，提出应付价款；已标价工程量清单中没有该类计日工单价的，由发承包双方按"13 计价规范"相关条款的规定商定计日工单价计算。

5) 每个支付期末，承包人应按照"13 计价规范"相关条款的规定向发包人提交本期间所有计日工记录的签证汇总表，并应说明本期间自己认为有权得到的计日工金额，调整合同价款，列入进度款支付。

(8) 物价变化时合同价款的调整。

1) "13 计价规范"的规定。

① 合同履行期间，因人工、材料、工程设备、机械台班价格波动影响合同价款时，应根据合同约定，按"13 计价规范"附录 A 的方法之一调整合同价款。

② 承包人采购材料和工程设备的，应在合同中约定主要材料、工程设备价格变化的范围或幅度；当没有约定，且材料、工程设备单价变化超过 5% 时，超过部分的价格应按照"13 计价规范"附录 A 的方法计算调整材料、工程设备费。

③ 发生合同工程工期延误的，应按照下列规定确定合同履行期的价格调整：

a. 因非承包人原因导致工期延误的，计划进度日期后续工程的价格，应采用计划进度日期与实际进度日期两者的较高者。

b. 因承包人原因导致工期延误的，计划进度日期后续工程的价格，应采用计划进度日期与实际进度日期两者的较低者。

④ 发包人供应材料和工程设备的，不适用"13 计价规范"的相关规定，应由发包人按照实际变化调整，列入合同工程的工程造价内。

2) 物价变化合同价款调整方法。

① 价格指数调整价格差额法。

a. 价格调整公式。因人工、材料和工程设备、施工机械台班等价格波动影响合同价格时，根据招标人提供的承包人提供主要材料和工程设备一览表，并由投标人在投标函附录中的价格指数和权重表约定的数据，应按下式计算差额并调整合同价款：

$$\Delta P = P_0 \left[A + (B_1 \times F_{t1}/F_{01} + B_2 \times F_{t2}/F_{02} + B_3 \times F_{t3}/F_{03} + \cdots + B_n \times F_{tn}/F_{0n}) - 1 \right]$$

式中　ΔP——需调整的价格差额；

P_0——约定的付款证书中承包人应得到的已完成工程量的金额；此项金额应不包括价格调整、不计质量保证金的扣留和支付、预付款的支付和扣回；约定的变更及其他金额已按现行价格计价的，也不计在内；

A——定值权重（即不调部分的权重）；

$B_1, B_2, B_3, \cdots, B_n$——各可调因子的变值权重（即可调部分的权重），为各可调因子在投标函投标总报价中所占的比例；

$F_{t1}, F_{t2}, F_{t3}, \cdots, F_{tn}$——各可调因子的现行价格指数，指约定的付款证书相关周期最后一天的前 42 天的各可调因子的价格指数；

F_{01}，F_{02}，F_{03}，$\cdots$，F_n——各可调因子的基本价格指数，指基准日期的各可调因子的价格指数；以上价格调整公式中的各可调因子、定值和变值权重，以及基本价格指数及其来源在投标函附录价格指数和权重表中约定；价格指数应首先采用工程造价管理机构提供的价格指数，缺乏上述价格指数时，可采用工程造价管理机构提供的价格代替。

b. 暂时确定调整差额。在计算调整差额时得不到现行价格指数的，可暂用上一次价格指数计算，并在以后的付款中再按实际价格指数进行调整。

c. 权重的调整。约定的变更导致原定合同中的权重不合理时，由承包人和发包人协商后进行调整。

d. 承包人工期延误后的价格调整。因承包人原因未在约定的工期内竣工的，对原约定竣工日期后继续施工的工程，在使用上述价格调整公式时，应采用原约定竣工日期与实际竣工日期的两个价格指数中较低的一个作为现行价格指数。

e. 若可调因子包括了人工在内，则不适用"13 计价规范"相关条款的规定。

②造价信息调整价格差额法。

a. 施工期内，因人工、材料和工程设备、施工机械台班价格波动影响合同价格时，人工、机械使用费按照国家或省、自治区、直辖市建设行政管理部门、行业建设管理部门或其授权的工程造价管理机发布的人工成本信息、机械台班单价或机械使用费系数进行调整；需要进行价格调整的材料，其单价和采购数应由发包人复核，发包人确认需调整的材料单价及数量，作为调整合同价款差额的依据。

b. 人工单价发生变化且符合"13 计价规范"相关条款规定的条件时，发承包双方应按省级或行业建设主管部门或其授权的工程造价管理机构发布的人工成本文件调整合同价款。

c. 材料、工程设备价格变化按照发包人提供的承包人提供主要材料和工程设备一览表，由发承包双方约定的风险范围按下列规定调整合同价款：

(a)承包人投标报价中材料单价低于基准单价：施工期间材料单价涨幅以某准单价为基础超过合同约定的风险幅度值，或材料单价跌幅以投标报价为基础超过合同约定的风险幅度值时，其超过部分按实调整。

(b)承包人投标报价中材料单价高于基准单价：施工期间材料单价跌幅以基准单价为基础超过合同约定的风险幅度值，或材料单价涨幅以投标报价为基础超过合同约定的风险幅度值时，其超过部分按实调整。

(c)承包人投标报价中材料单价等于基准单价：施工期间材料单价涨、跌幅以基准单价为基础超过合同约定的风险幅度值时，其超过部分按实调整。

(d)承包人应在采购材料前将采购数量和新的材料单价报送发包人核对，确认用于本合同工程时发包人应确认采购材料的数量和单价。发包人在收到承包人报送的确认资料后 3 个工作日不予答复的视为已经认可，作为调整合同价款的依据。如果承包人未报经发包人核对即自行采购材料，再报发包人确认调整合同价款的，如发包人不同意，则不作调整。

d. 施工机械台班单价或施工机械使用费发生变化超过省级或行业建设主管部门或其授权的工程造价管理机构规定的范围时，按其规定调整合同价款。

(9)暂估价合同价款调整。

1）发包人在招标工程量清单中给定暂估价的材料、工程设备属于依法必须招标的，应由发承包双方以招标的方式选择供应商，确定价格，并应以此为依据取代暂估价，调整合同价款。

2）发包人在招标工程量清单中给定暂估价的材料、工程设备不属于依法必须招标的，应由承包人按照合同约定采购，经发包人确认单价后取代暂估价，调整合同价款。

3）发包人在工程量清单中给定暂估价的专业工程不属于依法必须招标的，应按照"13计价规范"第9.3节相应条款的规定确定专业工程价款，并应以此为依据取代专业工程暂估价，调整合同价款。

4）发包人在招标工程量清单中给定暂估价的专业工程，依法必须招标的，应当由发承包双方依法组织招标选择专业分包人，并接受有管辖权的建设工程招标投标管理机构的监督，还应符合下列要求：

①除合同另有约定外，承包人不参加投标的专业工程发包招标，应由承包人作为招标人，但拟定的招标文件、评标工作、评标结果应报送发包人批准。与组织招标工作有关的费用应当被认为已经包括在承包人的签约合同价(投标总报价)中。

②承包人参加投标的专业工程发包招标，应由发包人作为招标人，与组织招标工作有关的费用由发包人承担。同等条件下，应优先选择承包人中标。

③应以专业工程发包中标价为依据取代专业工程暂估价，调整合同价款。

（10）不可抗力合同价款调整。

1）因不可抗力事件导致的人员伤亡、财产损失及其费用增加，发承包双方应按下列原则分别承担并调整合同价款和工期：

①合同工程本身的损害、因工程损害导致第三方人员伤亡和财产损失以及运至施工场地用于施工的材料和待安装的设备的损害，应由发包人承担；

②发包人、承包人人员伤亡应由其所在单位负责，并应承担相应费用；

③承包人的施工机械设备损坏及停工损失，应由承包人承担；

④停工期间，承包人应发包人要求留在施工场地的必要的管理人员及保卫人员的费用应由发包人承担；

⑤工程所需清理、修复费用，应由发包人承担。

2）不可抗力解除后复工的，若不能按期竣工，应合理延长工期。发包人要求赶工的，赶工费用应由发包人承担。

3）因不可抗力解除合同的，应按"13计价规范"相关条款的规定办理。

（11）提前竣工(赶工补偿)合同价款调整。

1）招标人应依据相关工程的工期定额合理计算工期，压缩的工期天数不得超过定额工期的20%，超过者，应在招标文件中明示增加赶工费用。

2）发包人要求合同工程提前竣工的，应征得承包人同意后与承包人商定采取加快工程进度的措施，并应修订合同工程进度计划。发包人应承担承包人由此增加的提前竣工(赶工补偿)费用。

3）发承包双方应在合同中约定提前竣工每日历天应补偿额度，此项费用应作为增加合同价款列入工程结算文件中，应与结算款一并支付。

（12）误期赔偿合同价款调整。

1)承包人未按照合同约定施工，导致实际进度迟于计划进度的，承包人应加快进度，实现合同工期。合同工程发生误期，承包人应赔偿发包人由此造成的损失，并应按照合同约定向发包人支付误期赔偿费。即使承包人支付误期赔偿费，也不能免除承包人按照合同约定应承担的任何责任和应履行的任何义务。

2)发承包双方应在合同中约定误期赔偿费，并应明确每日历天应赔额度。误期赔偿费应列入竣工结算文件中，并应在结算款中扣除。

3)在工程竣工之前，合同工程内的某单项（位）工程已通过了竣工验收，且该单项（位）工程接收证书中表明的竣工日期并未延误，而是合同工程的其他部分产生了工期延误时，误期赔偿费应按照已颁发工程接收证书的单项（位）工程造价占合同价款的比例幅度予以扣减。

（13）索赔合同价款调整。

1)当合同一方向另一方提出索赔时，应有正当的索赔理由和有效证据，并应符合合同的相关约定。

2)根据合同约定，承包人认为非承包人原因发生的事件造成了承包人的损失，应按下列程序向发包人提出索赔：

①承包人应在知道或应当知道索赔事件发生后 28 天内，向发包人提交索赔意向通知书，说明发生索赔事件的事由。承包人逾期未发出索赔意向通知书的，丧失索赔的权利。

②承包人应在发出索赔意向通知书后 28 天内，向发包人正式提交索赔通知书。索赔通知书应详细说明索赔理由和要求，并应附必要的记录和证明材料。

③索赔事件具有连续影响的，承包人应继续提交延续索赔通知，说明连续影响的实际情况和记录。

④在索赔事件影响结束后的 28 天内，承包人应向发包人提交最终索赔通知书，说明最终索赔要求，并应附必要的记录和证明材料。

3)承包人索赔应按下列程序处理：

①发包人收到承包人的索赔通知书后，应及时查验承包人的记录和证明材料。

②发包人应在收到索赔通知书或有关索赔的进一步证明材料后的 28 天内，将索赔处理结果答复承包人，如果发包人逾期未作出答复，视为承包人索赔要求已被发包人认可。

③承包人接受索赔处理结果的，索赔款项应作为增加合同价款，在当期进度款中进行支付；承包人不接受索赔处理结果的，应按合同约定的争议解决方式办理。

4)承包人要求赔偿时，可以选择下列一项或几项方式获得赔偿：

①延长工期；

②包人支付实际发生的额外费用；

③要求发包人支付合理的预期利润；

④要求发包人按合同的约定支付违约金。

5)当承包人的费用索赔与工期索赔要求相关联时，发包人在作出费用索赔的批准决定时，应结合工程延期，综合作出费用赔偿和工程延期的决定。

6)发承包双方在按合同约定办理了竣工结算后，应被认为承包人已无权再提出竣工结算前所发生的任何索赔。承包人在提交的最终结清申请中，只限于提出竣工结算后的索赔，提出索赔的期限应自发承包双方最终结清时终止。

7)根据合同约定，发包人认为由于承包人的原因造成发包人的损失，宜按承包人索赔的程序进行索赔。

8)发包人要求赔偿时，可以选择下列一项或几项方式获得赔偿：

①延长质量缺陷修复期限；

②要求承包人支付实际发生的额外费用；

③要求承包人按合同的约定支付违约金。

9)承包人应付给发包人的索赔金额可从拟支付给承包人的合同价款中扣除，或由承包人以其他方式支付给发包人。

（14）现场签证合同价款调整。

1)承包人应发包人要求完成合同以外的零星项目、非承包人责任事件等工作的，发包人应及时以书面形式向承包人发出指令，并应提供所需的相关资料；承包人在收到指令后，应及时向发包人提出现场签证要求。

2)承包人应在收到发包人指令后的 7 天内向发包人提交现场签证报告，发包人应在收到现场签证报告后的 48 小时内对报告内容进行核实，予以确认或提出修改意见。发包人在收到承包人现场签报告后的 48 小时内未确认也未提出修改意见的，应视为承包人提交的现场签证报告已被发包人认可。

3)现场签证的工作如已有相应的计日工单价，现场签证中应列明完成该类项目所需的人工、材料、工程设备和施工机械台班的数量。如现场签证的工作没有相应的计日工单价，应在现场签证报告中列明完成该签证工作所需的人工、材料设备和施工机械台班的数量及单价。

4)合同工程发生现场签证事项，未经发包人签证确认，承包人便擅自施工的，除非征得发包人书面同意，否则发生的费用应由承包人承担。

5)现场签证工作完成后的 7 天内，承包人应按照现场签证内容计算价款，报送发包人确认后，作为增加合同价款，与进度款同期支付。

6)在施工过程中，当发现合同工程内容因场地条件、地质水文、发包人要求等不一致时，承包人应提供所需的相关资料，并提交发包人签证认可，作为合同价款调整的依据。

（15）"13 计价规范"对暂列金额的规定。

1)已签约合同价中的暂列金额应由发包人掌握使用。

2)发包人按照"13 计价规范"相关规定支付后，暂列金额余额应归发包人所有。

6.1.5 "13 计价规范"中工程价款的结算

（1）预付款。

1)"13 计价规范"中对预付款的规定。

①承包人应将预付款专用于合同工程。

②包工包料工程的预付款的支付比例不得低于签约合同价（扣除暂列金额）的 10%，不宜高于签约合同价（扣除暂列金额）的 30%。

③承包人应在签订合同或向发包人提供与预付款等额的预付款保函后向发包人提交预付款支付申请。

④发包人应在收到支付申请的 7 天内进行核实，向承包人发出预付款支付证书，并在

签发支付证书后的7天内向承包人支付预付款。

⑤发包人没有按合同约定按时支付预付款的，承包人可催告发包人支付；发包人在预付款期满后的7天内仍未支付的，承包人可在付款期满后的第8天起暂停施工。发包人应承担由此增加的费用和延误的工期，并应向承包人支付合理利润。

⑥预付款应从每一个支付期应支付给承包人的工程进度款中扣回，直到扣回的金额达到合同约定的预付款金额为止。

⑦承包人的预付款保函的担保金额根据预付款扣回的数额相应递减，但在预付款全部扣回之前一直保持有效。发包人应在预付款扣完后的14天内将预付款保函退还给承包人。

2）预付款的扣回方法。发包人支付给承包人的预付款的性质是预支。随着工程进度的推进，拨付的工程进度款数额不断增加，原已支付的预付款应以抵扣的方式予以陆续扣回，抵扣的方式必须在合同中约定。扣款的方法主要有以下两种：

①从起扣点开始起扣的方法。起扣点是指工程预付款开始扣回时的累计完成工程量金额，根据未完工程所需主要材料和构件的费用等于工程预付款数额时确定累计工作量的起扣点，从每次结算工程价款中按材料比重抵扣工程价款，竣工前全部扣清。其计算公式为

$$T = P - \frac{M}{N}$$

式中　T——起扣点；

　　　M——工程预付款数额；

　　　N——主要材料及构件占工程价款总额的比重；

　　　P——承包工程价款总额。

②等比率或等额扣款的方法。承发包双方可以约定在承包人完成工程金额累积达到合同总价的10％以后，由承包人开始向发包人还款，发包人从每次应付给承包人的金额中扣回工程预付款，发包人至少在合同规定的完工期前三个月将工程预付款的总计金额以等比率或等额扣款的办法扣回。

（2）"13计价规范"中对安全文明施工费的规定。

1）安全文明施工费包括的内容和使用范围，应符合国家有关文件和计量规范的规定。

2）发包人应在工程开工后的28天内预付不低于当年施工进度计划的安全文明施工费总额的60％，其余部分应按照提前安排的原则进行分解，并应与进度款同期支付。

3）发包人没有按时支付安全文明施工费的，承包人可催告发包人支付；发包人在付款期满后的7天内仍未支付的，若发生安全事故，发包人应承担相应责任。

4）承包人对安全文明施工费应专款专用，在财务账目中应单独列项备查，不得挪作他用，否则发包人有权要求其限期改正；逾期未改正的，造成的损失和延误的工期应由承包人承担。

（3）工程进度款的期中支付。"13计价规范"中对工程进度款期中支付的规定如下：

1）发承包双方应按照合同约定的时间、程序和方法，根据工程计量结果，办理期中价款结算，支付进度款。

2）进度款支付周期应与合同约定的工程计量周期一致。

3）已标价工程量清单中的单价项目，承包人应按工程计量确认的工程量与综合单价计算；综合单价发生调整的，以发承包双方确认调整的综合单价计算进度款。

4)已标价工程量清单中的总价项目和按照"13计价规范"相关规定形成的总价合同，承包人应按合同中约定的进度款支付分解，分别列入进度款支付申请中的安全文明施工费和本周期应支付的总价项目的金额中。

5)发料金额，应按照发包人签约提供的单价和数量从进度款支付中扣除，列入本周期应扣减的金额中。

6)承包人现场签证和得到发包人确认的索赔金额应列入本周期应增加的金额中。

7)进度款的支付比例按照合同约定，按期中结算价款总额计，不低于60%，不高于90%。

8)承包人应在每个计量周期到期后的7天内向发包人提交已完工程进度款支付申请一式四份，详细说明此周期认为有权得到的款额，包括分包人已完工程的价款。支付申请应包括下列内容：

①累计已完成的合同价款；

②累计已实际支付的合同价款；

③本周期合计完成的合同价款：

a. 本周期已完成单价项目的金额；

b. 本周期应支付的总价项目的金额；

c. 本周期已完成的计日工价款；

d. 本周期应支付的安全文明施工费；

e. 本周期应增加的金额。

④本周期合计应扣减的金额：

a. 本周期应扣回的预付款；

b. 本周期应扣减的金额。

⑤本周期实际应支付的合同价款。

9)发包人应在收到承包人进度款支付申请后的14天内，根据计量结果和合同约定对申请内容予以核实，确认后向承包人出具进度款支付证书。若发承包双方对部分清单项目的计量结果出现争议，发包人应对无争议部分的工程计量结果向承包人出具进度款支付证书。

10)发包人应在签发进度款支付证书后的14天内，按照支付证书列明的金额向承包人支付进度款。

11)若发包人逾期未签发进度款支付证书，则视为承包人提交的进度款支付申请已被发包人认可，承包人可向发包人发出催告付款的通知。发包人应在收到通知后的14天内，按照承包人支付申请的金额向承包人支付进度款。

12)发包人未按"13计价规范"相应条款的规定支付进度款的，承包人可催告发包人支付，并有权获得延迟支付的利息；发包人在付款期满后的7天内仍未支付的，承包人可在付款期满后的第8天起暂停施工。发包人应承担由此增加的费用和延误的工期，向承包人支付合理利润，并应承担违约责任。

13)发现已签发的任何支付证书有错、漏或重复的数额，发包人有权予以修正，承包人也有权提出修正申请。经发承包双方复核同意修正的，应在本次到期的进度款中支付或扣除。

(4)竣工结算与支付。

1)竣工结算。竣工结算是指施工企业按照合同规定的内容全部完成所承包的工程，经验收质量合格，并符合合同要求之后，向发包单位进行的最终工程价款结算。竣工结算分为单位工程竣工结算、单项工程竣工结算和建设项目竣工总结算。其计算公式为

竣工结算工程价款＝合同价款＋合同价款调整数额－预付及已结算工程价款－保修金

2)"13 计价规范"对竣工结算与支付的一般规定。

①工程完工后，发承包双方必须在合同约定时间内办理工程竣工结算。

②工程竣工结算应由承包人或受其委托具有相应资质的工程造价咨询人编制，并应由发包人或受其委托具有相应资质的工程造价咨询人核对。

③当发承包双方或一方对工程造价咨询人出具的竣工结算文件有异议时，可向工程造价管理机构投诉，申请对其进行执业质量鉴定。

④工程造价管理机构对投诉的竣工结算文件进行质量鉴定，宜按"13 计价规范"第 14 章的相关规定进行。

⑤竣工结算办理完毕，发包人应将竣工结算文件报送工程所在地或有该工程管辖权的行业管理部门的工程造价管理机构备案，竣工结算文件应作为工程竣工验收备案、交付使用的必备文件。

3)"13 计价规范"对工程价款编制与复核的规定。

①工程竣工结算应根据下列依据编制和复核：

a."13 计价规范"；

b. 工程合同；

c. 发承包双方实施过程中已确认的工程量及其结算的合同价款；

d. 发承包双方实施过程中已确认调整后追加(减)的合同价款；

e. 建设工程设计文件及相关资料；

f. 投标文件；

g. 其他依据。

②分部分项工程和措施项目中的单价项目应依据发承包双方确认的工程量与已标价工程量清单的综合单价计算；发生调整的，应以发承包双方确认调整的综合单价计算。

③措施项目中的总价项目应依据已标价工程量清单的项目和金额计算；发生调整的，应以发承包双方确认调整的金额计算。其中，安全文明施工费应按"13 计价规范"相关条款的规定计算。

④其他项目应按下列规定计价：

a. 计日工应按发包人实际签证确认的事项计算；

b. 暂估价应按"13 计价规范"相关条款的规定计算；

c. 总承包服务费应依据已标价工程量清单金额计算；发生调整的，应以发承包双方确认调整的金额计算；

d. 索赔费用应依据发承包双方确认的索赔事项和金额计算；

e. 现场签证费用应依据发承包双方签证资料确认的金额计算；

f. 暂列金额应减去合同价款调整(包括索赔、现场签证)金额计算，如有余额归发包人。

⑤规费和税金应按"13 计价规范"相关条款的规定计算。规费中的工程排污费应按工程所在地环境保护部门规定的标准缴纳后按实列入。

⑥发承包双方在合同工程实施过程中已经确认的工程计量结果和合同价款，在竣工结

算办理中应直接进入结算。

4)"13 计价规范"对竣工结算的规定。

①合同工程完工后，承包人应在经发承包双方确认的合同工程期中价款结算的基础上汇总编制完成竣工结算文件，应在提交竣工验收申请的同时向发包人提交竣工结算文件。承包人未在合同约定的时间内提交竣工结算文件，经发包人催告后 14 天内仍未提交或没有明确答复的，发包人有权根据已有资料编制竣工结算文件，作为办理竣工结算和支付结算款的依据，承包人应予以认可。

②发包人应在收到承包人提交的竣工结算文件后的 28 天内核对。发包人经核实，认为承包人应进一步补充资料和修改结算文件，应在上述时限内向承包人提出核实意见，承包人在收到核实意见后 28 天内应按照发包人提出的合理要求补充资料，修改竣工结算文件，并应再次提交给发包人复核后批准。

③发包人应在收到承包人再次提交的竣工结算文件后的 28 天内予以复核，将复核结果通知承人，并应遵守下列规定：

a. 发包人、承包人对复核结果无异议的，应在 7 天内在竣工结算文件上签字确认，竣工结算办理完毕；

b. 发包人或承包人对复核结果认为有误的，无异议部分按照上述"a."规定办理不完全竣工结算；有异议部分由发承包双方协商解决；协商不成的，应按照合同约定的争议解决方式处理。

④发包人在收到承包人竣工结算文件后的 28 天内，不核对竣工结算或未提出核对意见的，应视为承包人提交的竣工结算文件已被发包人认可，竣工结算办理完毕。

⑤承包人在收到发包人提出的核实意见后的 28 天内，不确认也未提出异议的，应视为发包人提出的核实意见已被承包人认可，竣工结算办理完毕。

⑥发包人委托工程造价咨询人核对竣工结算的，工程造价咨询人应在 28 天内核对完毕，核对结论与承包人竣工结算文件不一致的，应提交给承包人复核；承包人应在 14 天内将同意核对结论或不同意见的说明提交工程造价咨询人。工程造价咨询人收到承包人提出的异议后，应再次复核，复核无异议的，应按"13 计价规范"相关条款的规定办理，复核后仍有异议的，按"13 计价规范"相关条款的规定办理。承包人逾期未提出书面异议的，应视为工程造价咨询人核对的竣工结算文件已经承包人认可。

⑦对发包人或发包人委托的工程造价咨询人指派的专业人员与承包人指派的专业人员经核对后无异议并签名确认的竣工结算文件，除非发承包人能提出具体、详细的不同意见，发承包人都应在竣工结算文件上签名确认，如其中一方拒不签认的，按下列规定办理：

a. 若发包人拒不签认的，承包人可不提供竣工验收备案资料，并有权拒绝与发包人或其上级部门委托的工程造价咨询人重新核对竣工结算文件。

b. 若承包人拒不签认的，发包人要求办理竣工验收备案的，承包人不得拒绝提供竣工验收资料，否则，由此造成的损失，承包人承担相应责任。

⑧合同工程竣工结算核对完成，发承包双方签字确认后，发包人不得要求承包人与另一个或多个工程造价咨询人重复核对竣工结算。

⑨发包人对工程质量有异议，拒绝办理工程竣工结算的，已竣工验收或已竣工未验收但实际投入使用的工程，其质量争议应按该工程保修合同执行，竣工结算应按合同约定办

理；已竣工未验收且未实际投入使用的工程以及停工、停建工程的质量争议，双方应就有争议的部分委托有资质的检测鉴定机构进行检测，并应根据检测结果确定解决方案，或按工程质量监督机构的处理决定执行后办理竣工结算，无争议部分的竣工结算应按合同约定办理。

5)"13 计价规范"对结算款支付的规定。

①承包人应根据办理的竣工结算文件向发包人提交竣工结算款支付申请。申请应包括下列内容：

a. 竣工结算合同价款总额；

b. 累计已实际支付的合同价款；

c. 应预留的质量保证金；

d. 实际应支付的竣工结算款金额。

②发包人应在收到承包人提交竣工结算款支付申请后 7 天内予以核实，向承包人签发竣工结算支付证书。

③发包人签发竣工结算支付证书后的 14 天内，应按照竣工结算支付证书列明的金额向承包人支付结算款。

④发包人在收到承包人提交的竣工结算款支付申请后 7 天内不予核实，不向承包人签发竣工结算支付证书的，视为承包人的竣工结算款支付申请已被发包人认可；发包人应在收到承包人提交的竣工结算款支付申请 7 天后的 14 天内，按照承包人提交的竣工结算款支付申请列明的金额向承包人支付结算款。

⑤发包人未按照"13 计价规范"相关条款的规定支付竣工结算款的，承包人可催告发包人支付，并有权获得延迟支付的利息。发包人在竣工结算支付证书签发后或者在收到承包人提交的竣工结算款支付申请 7 天后的 56 天内仍未支付的，除法律另有规定外，承包人可与发包人协商将该工程折价，也可直接向人民法院申请将该工程依法拍卖。承包人应就该工程折价或拍卖的价款优先受偿。

6)"13 计价规范"对质量保证金的规定。

①发包人应按照合同约定的质量保证金比例从结算款中预留质量保证金。

②承包人未按照合同约定履行属于自身责任的工程缺陷修复义务的，发包人有权从质量保证金中扣除用于缺陷修复的各项支出。经查验，工程缺陷属于发包人原因造成的，应由发包人承担查验和缺陷修复的费用。

③在合同约定的缺陷责任期终止后，发包人应按照"13 计价规范"相关条款的规定，将剩余的质量保证金返还给承包人。

7)"13 计价规范"对最终结清的规定。

①缺陷责任期终止后，承包人应按照合同约定向发包人提交最终结清支付申请。发包人对最终结清支付申请有异议的，有权要求承包人进行修正和提供补充资料。承包人修正后，应再次向发包人提交修正后的最终结清支付申请。

②发包人应在收到最终结清支付申请后的 14 天内予以核实，并应向承包人签发最终结清支付证书。

③发包人应在签发最终结清支付证书后的 14 天内，按照最终结清支付证书列明的金额向承包人支付最终结清款。

④发包人未在约定的时间内核实，又未提出具体意见的，应视为承包人提交的最终结清支付申请已被发包人认可。

⑤发包人未按期最终结清支付的，承包人可催告发包人支付，并有权获得延迟支付的利息。

⑥最终结清时，承包人被预留的质量保证金不足以抵减发包人工程缺陷修复费用的，承包人应承担不足部分的补偿责任。

⑦承包人对发包人支付的最终结清款有异议的，应按照合同约定的争议解决方式处理。

【例6-1】 某建筑工程安装与建筑工程量计600万元，计划当年上半年内完工，主要材料和结构构件金额占施工总产值的62.5%，预付备料款占工程款的25%，当年上半年各月实际完成施工产值和合同调整额见表6-1。

表6-1 当年上半年各月实际完成施工产值和合同调整额   万元

月份	1	2	3	4	5	6	合同调整额
实际产值	60	80	100	120	120	120	80

问题：如何按月结算工程款？竣工结算工程款是多少？预付备料款是多少？

解：（1）预付备料款：$M = 600 \times 25\% = 150$（万元）

（2）起扣点：$Q = 600 - 150 \div 62.5\% = 360$（万元）

（3）各月结算工程款：

1）1月份应结算工程款60万元，累计60万元；

2）2月份应结算工程款80万元，累计140万元；

3）3月份应结算工程款100万元，累计240万元；

4）4月份应结算工程款120万元，累计360万元；

5）5月份完成工程量120万元，$360 + 120 = 480 > 360$万元，应扣备料款。

5月份应结工程款为$120 \times (1 - 62.5\%) = 45$（万元）

累计拨款额为$360 + 45 = 405$（万元）

6）6月份应结算工程款$120 \times (1 - 62.5\%) = 45$（万元）

累计拨款额为$405 + 45 = 450$（万元）

（4）6月份累计拨款额为450万元，加上预付款150万元，共计拨款600万元，另外，合同调整额增加80万元，总结算工程款为680万元。

【例6-2】 某承包商承接到某项目的建安工程施工任务，并与业主签订了承包合同，该合同总价为1 000万元，合同工期为5个月，元月1日开工，合同中关于价款的结算有如下规定：

（1）预付款为合同价款的25%；

（2）工程进度款逐月结算；

（3）预付款加进度款达合同价的40%的下月起开始抵扣预付款，按以后各月平均扣除；

（4）保修金按合同价的5%扣除，第一个月开始按月结进度款的10%扣留，扣完为止；

（5）从第一个月始物价调整统一按系数1.1计算，随进度款一并支付；

（6）每月实际产值见表6-2。

表 6-2　每月实际产值　　　　　　　　　　　　　　　　　　万元

月份	1	2	3	4	5
产值	180	200	220	220	180

问题：(1)预付款、保修金、起扣点分别为多少？

(2)1～4月份，每月实际支付工程款为多少？

(3)5月份办理竣工结算，该工程结算总造价为多少？

解：(1)预付款为：$1\,000 \times 25\% = 250$(万元)

保修金为：$1\,000 \times 5\% = 50$(万元)

起扣点为：$1\,000 \times 40\% = 400$(万元)

(2)1月份：实际完成180万元。

应支付：$1.1 \times 180 \times 0.9 = 178.2$(万元)

累计支付：$250 + 178.2 = 428.2$(万元)

因已超出起扣点，下月开始起扣，每月扣除$250 \div 4 = 62.5$万元的预付款。

2月份：实际完成200万元。

应支付：$1.1 \times 200 \times 0.9 - 62.5 = 135.5$(万元)

3月份：实际完成220万元。

应支付：$(1.1 \times 220 - 8.2) - 62.5 = 171.3$(万元)

4月份：实际完成220万元。

应支付：$1.1 \times 220 - 62.5 = 179.5$(万元)

3、5月份：实际完成180万元。

应支付：$1.1 \times 180 - 62.5 = 135.5$(万元)

保修金：50万元。

6.2　竣工决算

6.2.1　竣工决算的概念及作用

(1)竣工决算的概念。竣工决算是指所有建设的项目竣工后，建设单位按照国家有关规定在新建、改建和扩建工程建设项目竣工验收阶段编制的竣工决算报告。竣工决算是以实物数量和货币指标为计量单位，综合反映竣工项目从筹建到项目竣工交付使用为止的全部建设费用、建设成果和财务情况的总结性文件，是竣工验收报告的重要组成部分，竣工决算是正确核定新增固定价值，考核分析投资效果，建立健全经济责任制的依据，是反映建设项目实际造价和投资效果的文件。

(2)竣工决算的作用。竣工决算的作用主要表现在以下几个方面：

1)竣工决算是综合、全面地反映竣工项目建设成果及财务情况的总结性文件，它采用货币指标、实物数量、建设工期和各种技术经济指标，综合、全面地反映建设项目自开始建设到竣工为止的全部建设成果和财务状况。

2）竣工决算是办理交付使用资产的依据，也是竣工验收报告的重要组成部分。建设单位与使用单位在办理交付资产的验收交接手续时，通过竣工决算反映了交付使用资产的全部价值，包括固定资产、流动资产、无形资产和递延资产的价值，同时，还详细提供了交付使用资产的名称、规格、数量、型号和价值等明细资料，是使用单位确立各项新增资产价格并登记入账的依据。

3）竣工决算是分析和检查设计概算的执行情况，考核投资效果的依据。竣工决算反映了竣工项目计划、实际的建设规模、建设工期以及设计和实际的生产能力，反映了概算总投资和实际的建设成本，同时，还反映了所达到的主要技术经济指标。通过对这些指标计划数、概算数与实际数进行对比分析，不仅可以全面掌握建设项目计划和概算执行情况，还可以考核建设项目投资效果，为今后制定基建计划，降低建设成本，提高投资效果提供必要的资料。

6.2.2 竣工结算与竣工决算的区别

竣工结算是承包方将所承包的工程按照合同规定全部完工交付之后，向发包单位进行的最终工程价款结算。竣工决算由发包方的财务部门负责编制。

竣工决算与竣工结算的区别见表 6-3。

表 6-3 竣工结算与竣工决算的区别

区别项目	竣工结算	竣工决算
编制单位及部门	承包方的预算部门	项目业主的财务部门
内容	承包方承包施工的建筑安装工程的全部费用。它最终反映承包方完成的施工产值	建设工程从筹建开始到竣工交付使用为止的全部建设费用。它反映建设工程的投资效益
性质和作用	（1）承包方与业主办理工程款项最终结算的依据； （2）双方签订的建筑安装工程承包合同终结的凭证； （3）业主编制竣工决算的主要资料	（1）业主办理交付、验收、动用新增各类资产的依据； （2）竣工验收报告的重要组成部分

6.2.3 竣工决算的编制依据

（1）国家有关法律法规。

（2）经批准的可行性研究报告、初步设计、概算及概算调整文件。

（3）招标文件及招标投标书，施工、代建、勘察设计、监理及设备采购等合同，政府采购审批文件、采购合同。

（4）历年下达的项目年度财政资金投资计划、预算。

（5）工程结算资料。

（6）有关的会计及财务管理资料。

（7）其他有关资料。

6.2.4　竣工决算的内容

项目竣工财算的内容主要包括：项目竣工决算报表、竣工决算说明书、竣工决（结）算审核情况及相关资料。

（1）竣工决算说明书主要包括以下内容：

1）项目概况；

2）会计账务处理、财产物资清理及债权债务的清偿情况；

3）项目建设资金计划及到位情况，财政资金支出预算、投资计划及到位情况；

4）项目建设资金使用、项目结余资金分配情况；

5）项目概（预）算执行情况及分析，竣工实际完成投资与概算差异及原因分析；

6）尾工工程情况；

7）历次审计、检查、审核、稽查意见及整改落实情况；

8）主要技术经济指标的分析、计算情况；

9）项目管理经验、主要问题和建议；

10）预备费动用情况；

11）项目建设管理制度执行情况、政府采购情况、合同履行情况；

12）征地拆迁补偿情况、移民安置情况；

13）需说明的其他事项。

（2）项目竣工决（结）算经有关部门或单位进行项目竣工决（结）算审核的，需附完整的审核报告及审核表，审核报告内容应当翔实，主要包括审核说明、审核依据、审核结果、意见、建议。

（3）相关资料主要包括以下内容：

1）项目立项、可行性研究报告、初步设计报告及概算、概算调整批复文件的复印件；

2）项目历年投资计划及财政资金预算下达文件的复印件；

3）审计、检查意见或文件的复印件；

4）其他与项目决算相关资料。

本章小结

本章内容主要包括工程价款结算和竣工决算两部分。

首先，介绍了"13 计价规范"中有关工程价款结算的概念。

其次，重点介绍了"13 计价规范"中有关工程价款结算和调整的相关规定。

最后，介绍了竣工决算的相关概念及其与竣工结算的区别。

 思考题

(1)什么是工程价款结算？我国现行的工程价款结算方式有哪些？

(2)什么是工程预付款？什么是起扣点？起扣点如何计算？

(3)什么是竣工结算？如何计算？

(4)什么是工程变更？包括哪些内容？

(5)什么是竣工决算？有什么作用？与竣工结算的区别是什么？竣工决算的费用内容有哪些？

附录 ××办公楼施工图

附录一 ××办公楼建筑施工图

建筑设计说明

1.1 设计依据

1.1.1 城建规划部门批复的初步设计方案。

1.1.2 与建设单位签订的建筑设计合同。

1.1.3 建设单位提供的设计条件。

1.1.4 国家及当地现行有关建筑设计规范。

1.2 项目概况

1.2.1 建筑占地面积为 500.5 m^2，建筑面积为 1 857.88 m^2，地上 4 层，室内外高差为 0.45 m。

1.2.2 建筑工程设计使用年限为 50 年。

1.2.3 屋面防水等级：Ⅱ级。

1.3 施工说明

1.3.1 墙体工程

(1)外墙、楼梯间隔墙：200 mm 厚烧结多孔砖。

(2)内墙：200 mm 厚加气混凝土砌块；卫生间隔墙：100 mm 厚加气混凝土砌块。

(3)墙身防潮层：室内地坪以下 60 mm 处 20 mm 厚 1∶2.5 水泥砂浆(含 5% 防水剂)。

(4)卫生间墙根部做 C20 现浇混凝土条带，高 200 mm，同墙宽。

1.3.2 屋面工程

本工程屋面防水等级为Ⅱ级，采用有组织排水，屋面排水坡度为 2%。屋面排水方向和雨水口、雨水管位置布置详见屋顶平面图。屋面雨水管均采用 PVC 材料，屋面雨水管选用

Φ110 PVC 管及配套的雨水斗。

1.3.3 门窗工程

本项目外门窗采用普通铝合金单框中空玻璃(6+9A+6)，颜色另定。

1.3.4 油漆工程

(1)所有木门、门套及木扶手均理平，腻子打底，醇酸漆一底二度，清水木纹。

(2)所有钢构件(除大样详注外)均除锈红丹打底面漆二度。

1.3.5 楼梯

楼梯井宽 100 mm。

1.4 室内外装修做法

1.4.1 地面

(1)卫生间地面：

20 mm 厚 1∶2 水泥砂浆找平扫毛

纯水泥浆一道

60 mm 厚 C15 混凝土垫层

素土夯实

(2)其他房间地面：

20 mm 厚 1∶2 水泥砂浆找平扫毛

纯水泥浆一道

1.5 mm 厚防水涂料层，沿墙上翻 250 mm

20 mm 厚 1∶2 水泥砂浆找平

60 mm 厚 C15 混凝土垫层

素土夯实

1.4.2 楼面

(1)卫生间楼面：

20 mm 厚 1∶2 水泥砂浆找平扫毛

纯水泥浆一道

20 mm 厚胶粉聚苯颗粒保温浆料

现浇钢筋混凝土楼板

(2)其他房间楼面：

20 mm 厚 1∶2 水泥砂浆找平扫毛

纯水泥浆一道

1.5 mm 厚防水涂料层，沿墙上翻 250 mm

现浇钢筋混凝土楼板

1.4.3 内外墙面

(1)卫生间内墙面：

8 mm 厚 1∶2.5 水泥砂浆压实找平(内掺 3.8%防水粉)，表面做拉毛处理

12 mm 厚 1∶3 水泥砂浆打底(内掺 3.8%防水粉)

混凝土表面批 1.5 mm 厚界面剂刷

混凝土与砖墙连接处订 300 mm 宽钢丝网

加气混凝土砌块

(2)其他房间内墙面：

8 mm 厚 1：1：6 混合砂浆压实找平

10 mm 厚 1：1：6 混合砂浆打底

混凝土表面批 1.5 mm 厚界面剂刷

混凝土与砖墙连接处订 300 mm 宽钢丝网

加气混凝土砌块

(3)外墙面：

外墙涂料饰面

4 mm 厚抗裂砂浆保护层

60 mm 厚 YT 无机活性保温材料(敷设六角镀锌钢丝网一层，丝径 0.8 mm，孔径 25 mm)

烧结多孔砖

1.4.4 踢脚板(150 mm 高)

8 mm 厚 1：2.5 水泥砂浆压实找平

12 mm 厚 1：3 水泥砂浆打底

混凝土表面批 1.5 mm 厚界面剂刷

普通实心砖

1.4.5 天棚抹灰

喷水性耐擦洗涂料

2 mm 厚纸筋灰罩面

5 mm 厚 1：0.5：3 水泥石膏砂浆扫毛

素水泥浆一道甩毛(内掺建筑胶)

1.4.6 屋面工程

(1)平屋面：

40 mm 厚 C20 细石混凝土，内配 Φ4@150 双向钢筋网片，设间距≤3 m 的分格缝，宽 5 mm，缝内嵌改性沥青封胶嵌缝

4 mm 厚高聚物改性沥青防水卷材

40 mm 厚现喷硬质发泡聚氨保温层

水泥砂浆找坡层，最薄处厚 30 mm

20 mm 厚水泥砂浆找平

现浇钢筋混凝土楼板

(2)瓦屋面：

安装水泥瓦

40 mm 厚 C20 细石混凝土，内配 Φ4@150 双向钢筋网片，设间距≤3 m 的分格缝，宽 5 mm，缝内嵌改性沥青封胶嵌缝

40 mm 厚挤塑聚苯板隔热层

4 mm 厚高聚物改性沥青防水卷材

屋面结构板原浆收光

附录二

××办公楼结构施工图

结构设计说明

2.1 本"结构设计总说明"适用于混凝土结构，并与《混凝土结构施工图平面整体表示法制图规则和构造详图》(16G101－1、2、3)及有关规范、规程配合使用。

2.2 工程概况及结构抗震等级

本工程地下室0层，地上3层，框架结构，柱下独立基础，抗震等级为四级，抗震设防烈度为6度，土壤类型为三类。

2.3 钢筋及混凝土构造

2.2.1 抗震等级为特一级时，纵向受力钢筋最小锚固长度同抗震等级一、二级。

2.2.2 HRB335、HRB400、RRB400级钢筋：为环氧树脂涂层钢筋时，其锚固长度应乘以修正系数1.25。

2.2.3 HPB300级钢筋的末端应做180°弯钩，其弯钩平直段长度不小于$3d$。

2.2.4 梁、柱箍筋的末端应做135°弯钩，弯钩的直段长度不小于$10d$，且不小于75 mm。

2.2.5 钢筋接头及形式要求。本工程钢筋采用焊接。

2.2.6 纵向受力钢筋混凝土保护层厚度不应小于纵向受力钢筋的公称直径，且应符合：柱、梁最小保护层厚度为20 mm；板最小保护层厚度为15 mm；基础底面钢筋的保护层厚度，有混凝土垫层时应从垫层顶面算起，且不应小于40 mm，当无素混凝土垫层时不应小于70 mm。

2.2.7 混凝土强度等级。砌体填充墙的构造柱及圈梁：C20；楼梯板、梯梁(TL)及梯柱(TZ)：同各层楼面梁板，其他构件见结施图。

2.3 楼面板、屋面板等板构件

2.3.1 板底筋的锚固长度：

(1)支座为梁时，板底筋锚固长度不小于$5d$及100 mm；板底平梁底时，板底筋置于梁底筋之上。

(2)支座为混凝土墙和柱时(或双层双向拉通板筋时)，板底筋的锚固长度均为l_a。

2.3.2 板面筋的锚固长度

(1)板面筋在中间支座范围内拉通，两端头应加直钩(悬臂板的悬臂端也应加直钩)。

(2)板面筋在端支座内的锚固长度均为l_a，且锚固水平段应伸过支座中心线。

(3)板面筋直钩长度＝板厚－两倍板面筋混凝土保护层厚度。

(4)单体设计图中，板面筋标注长度不包括支座内长度。

(5)除单体设计图另有注明外，板分布筋为φ6@180。

2.4 梁

2.4.1 梁箍筋肢数大于两肢时，各肢距离a宜相等或相差不应大于100 mm。

2.4.2 梁箍筋肢数在单体设计图中未注明时，均为两肢箍筋。

2.4.3 梁拉筋的构造见 16G101-1。

2.4.4 主梁截面高度范围内的集中荷载(次梁)处，附加横向钢筋的设置：

(1)主、次梁相交的节点区段内，不得漏放主梁箍筋；井式梁相交节点区段内，放置较短跨梁箍筋。

(2)主、次梁截面高度相同(且梁底及梁面平齐)或井式梁时，相交节点区段的每侧附加两排箍筋。

(3)附加吊筋弯起角度一律为 60 mm，吊筋距次梁底面应不大于 200 mm。

(4)单体设计图中未注明时，在次梁每侧附加两排@50 的主梁箍筋。

2.5 柱

2.5.1 框架边柱和框架角柱的柱顶纵向钢筋构造，除单体设计图另注明外，应按 16G101-1 采用。

2.5.2 抗震等级为三、四级的框架柱，其"柱根"的箍筋加密范围内，任何情况下应满足以下要求：

(1)箍筋最大间距不大于 8d 和 100 的较小值(d 为柱纵向钢筋直径)；

(2)箍筋最小直径不小于 8 mm；

(3)"柱根"位置：有地下室时，地下室顶板面、地下一层板面；无地下室时，基础顶面、承台顶面；转换梁顶面。

2.6 非承重砌体填充墙及连接构造

2.6.1 砌体填充墙的门、窗等洞顶过梁的选用。采用 C20 混凝土；过梁长度=门、窗洞口宽+250×2，过梁高为 120 mm，上部筋 2ϕ10，下部筋 2ϕ10，箍筋 ϕ6@200.

2.6.2 单体设计图未注明时，填充墙通用构造柱编号"GZ"：截面尺寸=墙厚×200、C20 混凝土、纵筋 4ϕ10、箍筋 ϕ6@200。

2.6.3 施工钢筋混凝土构造柱时，应先砌筑填充墙，再浇捣构造柱，构造柱纵筋上下端均应锚入结构楼面梁内；填充墙与构造柱连接处应砌成马牙槎，并沿连接面全高范围内，每间隔 400 mm(外墙)、600 mm(内墙)设置拉结筋 2ϕ6，拉结筋伸入填充墙内长度 1 000 mm。

2.6.4 填充墙与混凝土墙、柱连接时，应沿连接面全高布置拉结筋 2ϕ6@500，拉结筋伸入填充墙长度 700 mm。

2.7 施工注意事项

2.7.1 结构设计图内有关其他各专业预留洞、预留套管等的标注，仅为预留施工的配合参考，预留施工时应详见各相关专业的施工详图。

2.7.2 浇捣混凝土施工前，应密切配合其他各专业施工图，做好预埋件、预留孔洞、预留套管、过梁等插筋、避雷件焊接等工作，待其他各专业施工人员核实后，方可进行下一道工序。

2.7.3 建筑立面线角、节点等建筑造型构件施工时，应与建筑施工图认真核对。

2.7.4 板面钢筋的支撑，应根据钢筋直径、施工方法和既实用又省的原则确定板面筋的支撑形式和用料。

2.7.5 悬臂板在浇捣混凝土前，应进行检查板面筋间距、保护层厚度及锚固长度等。

参 考 文 献

[1] 中华人民共和国国家标准．GB 50500—2013 建设工程工程量清单计价规范[S]．北京：中国计划出版社，2013.

[2] 中华人民共和国国家标准．GB 50854—2013 房屋建筑与装饰工程工程量计算规范[S]．北京：中国计划出版社，2013.

[3] 中华人民共和国国家标准．GB 50353—2013 建筑工程建筑面积计算规范[S]．北京：中国计划出版社，2013.

[4] 规范编制组．2013 建设工程计价计量规范辅导[M]．北京：中国计划出版社，2013.

[5] 江西省建设工程造价管理站．江西省建筑工程消耗量定额及统一基价表（上、下）[M]．长沙：湖南科学技术出版社，2006.

[6] 江西省建设工程造价管理站．江西省装饰装修工程消耗量定额及统一基价表[M]．长沙：湖南科学技术出版社，2006.

[7] 江西省建设工程造价管理站．江西省建筑安装工程费用定额[S]．长沙：湖南科学技术出版社，2006.

[8] 吴贤国．建筑工程概预算[M]．北京：中国建筑工业出版社，2007.

[9] 闫文周，李芊．工程估价[M]．2 版．北京：化学工业出版社，2014.

[10] 刘钟莹．工程估价[M]．3 版．南京：东南大学出版社，2016.

[11] 王燕，贺玲．建筑工程估价[M]．北京：中国建材工业出版社，2015.

[12] 邢莉燕，周景阳．房屋建筑与装饰工程估价[M]．北京：中国电力出版社，2016.

[13] 刘长滨，李芊．土木工程估价[M]．2 版．武汉：武汉理工大学出版社，2014.

[14] 黄昌铁，齐宝库．工程估价[M]．北京：清华大学出版社，2016.

[15] 王艳玉，陆嫒．建筑与装饰工程估价[M]．哈尔滨：哈尔滨工程大学出版社，2014.

[16] 许炳．工程估价[M]．2 版．北京：北京交通大学出版社，2016.

[17] 许程洁．建筑工程估价[M]．3 版．北京：机械工业出版社，2015.

[18] 张建平．工程估价[M]．3 版．北京：科学出版社，2015

[19] 谭大璐．工程估价[M]．4 版．北京：中国建筑工业出版社，2014.